普通高等教育"十三五"规划教材

中国石油和石化工程教材出版基金资助项目

食品化学

主　编　李春海

副主编　赵俊仁　姜　薇

中国石化出版社

内 容 提 要

　　本书系统论述食品化学的基础知识，结合编者的教学实践和科研成果，参考国内外有关食品化学的教材和文献，重点讲述水分、糖类、脂类、蛋白质、维生素与矿物质、酶、色素与着色剂、食品中的有害物质、食品风味物质等内容，在阐述食品成分化学结构和性质的基础上，着重讨论食品在加工和储藏过程中对食品品质与营养、食品质量与安全的影响和作用。

　　本书可以作为食品科学与工程及其相关专业的本专科教材，也可以作为食品领域技术人员的参考资料。

图书在版编目（CIP）数据

食品化学 / 李春海主编 . —北京：中国石化出版社，
2019.8
普通高等教育 "十三五" 规划教材
ISBN 978-7-5114-5392-1

Ⅰ. ①食… Ⅱ. ①李… Ⅲ. ①食品化学-高等学校-
教材 Ⅳ. ①TS201. 2

中国版本图书馆 CIP 数据核字（2019）第 129879 号

中国石化出版社出版发行
地址：北京市朝阳区吉市口路 9 号
邮编：100020　电话：(010)59964500
发行部电话：(010)59964526
http://www.sinopec-press.com
E-mail：press@sinopec.com
北京富泰印刷有限责任公司印刷
全国各地新华书店经销
＊
787×1092 毫米 16 开本 15 印张 371 千字
2019 年 8 月第 1 版　2019 年 8 月第 1 次印刷
定价：46.00 元

前　　言

　　食品化学是从化学的角度和分子水平上认识和研究食品及其原料的组成、结构、理化性质、生理功能、营养价值、安全性及在加工储运中的变化、变化本质及对食品品质和安全性影响的一门新兴、综合、交叉性学科。食品、化学、生物学、农业、医药和材料科学都在不断地向食品化学输入新鲜血液，也都在利用食品化学的研究成果。食品化学是"食品科学与工程"和"食品质量与安全"各个学科中发展很快的一个领域。随着经济的空前发展和人民生活水平的不断提高，人们对食品安全的关注度日益增强，食品行业已成为支撑国民经济的重要产业和社会的敏感领域。

　　同时，食品化学为食品科学和食品工业的发展奠定理论基础和技术方案，对改善食品品质、开发食品新资源、革新食品加工工艺和储运技术、调整国民膳食结构、改进食品包装、加强食品质量与安全控制、提高食品原料加工和综合利用水平等具有重要的意义。

　　本教材由广东石油化工学院李春海教授主编，广东石油化工学院赵俊仁副教授和黄山学院姜薇副教授副主编。各章节的编者为：食品化学导论（李春海）、水分（赵俊仁）、糖类（姜薇）、脂类（李春海）、蛋白质（张玲）、维生素与矿物质（赵俊仁）、酶（邱松山）、色素与着色剂（赵俊仁）、食物中的有害物质（熊岑）、食品风味物质（郭先霞）。本书侧重于系统性、应用性和可操作性，突出对应用型人才的培养；注意把握科学性、先进性和实用性原则。

　　本书在撰写过程中，参考和引用了很多国内外的书刊，并得到了相关部门及单位的大力支持与帮助，在此谨致以深切的谢意。由于食品化学及其相关领域的发展日新月异，各种理论知识正在不断地扩充与完善。鉴于作者水平与学识所限，本书中错误、缺点在所难免，恳请读者批评指正，以便再版时得以更正。

目　　录

第1章　食品化学导论

1.1　食品化学的概念与内涵

食物(foodstuff)是维持人类生存和健康的物质基础，指含有营养素的可食性物料。人类的食物绝大多数都是经过加工后才食用的，经过加工的食物称为食品(food)，但通常也泛指一切食物为食品。

食品的化学组成成分可概括表示为：天然成分，包括水分、碳水化合物、蛋白质、脂类、矿质元素、维生素、色素、激素、风味成分、有害成分；非天然成分，包括食品添加剂(天然食品添加剂、人工合成食品添加剂)、污染物(加工过程污染物、环境污染物)，如图1-1所示。

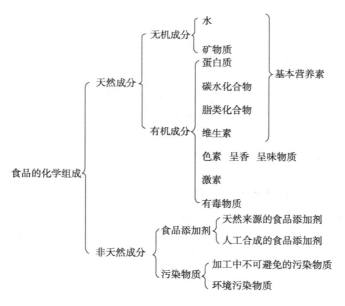

图1-1　食品的来源和组成

食品化学(food chemistry)是利用化学的理论和方法研究食品本质的一门科学，即从化学角度和分子水平上研究食品的化学组成、结构、理化性质、营养和安全性质以及它们在生产、加工、储藏和运销过程中的变化及其对食品品质和安全性的影响。它属于应用化学的一个分支，是"食品科学与工程"和"食品质量与安全"专业的一门基础课程。

营养素是指那些能维持人体正常生长发育和新陈代谢所必需的物质，目前已知的有40~45种人体必需的营养素。

作为食品必须具备以下的基本要求。

1

（1）具备营养功能

任何一种食品中必须至少含有六大营养素蛋白质、糖类、脂类、矿物质、维生素、水分中的一种以上，满足人们营养代谢需求。

（2）良好的感官特征

食品应具有符合人们嗜好的风味特征，满足人们的感觉需要。

（3）对人体安全无害

"民以食为天，食以安为要"，所有食品都必须对人体绝对安全无害。

根据研究对象的不同，可以将食品化学进行如表1-1所示的分类。

表1-1 食品化学的分类

分类	研究对象
食品成分化学	研究食品中各种化学成分的含量和理化性质等
食品分析化学	研究食品成分分析和食品分析方法
食品生物化学	研究食品的生理变化
食品工艺化学	研究食品在加工和储藏过程中的化学变化
食品功能化学	研究食物成分对人体的作用
食品风味化学	研究食品风味的形成、消失及食品风味成分

1.2 食品化学的发展简史

食品化学成为一门独立学科的时间不长，它的起源虽然可追溯到远古时代，但与食品化学相关的研究和报道则始于18世纪末期。1847年出版的《食品化学研究》是本学科第一本有关食品化学方面的书籍。在1820—1850年期间，化学及食品化学研究开始在欧洲有重要地位。1860年，德国学者Hanneberg W. 和Stohman F. 介绍了一种综合测定食品中不同成分的方法。

到了20世纪，随着分析技术的进步及生物化学等学科发展，特别是食品工业的快速发展，面临着食品加工新工艺的出现、储藏期的延长等需要，食品化学得到了较快发展，有关食品化学方面的研究及论文也日渐增多，刊载食品化学方面论文的期刊也日益增多，主要有Agricultural and Biological Chemistry（1923年创刊）、Journal of Food Nutrition（1928年创刊）、Archives of Biochemistry and Biophysics（1942年创刊）、Journal of Food Science and Agricultural（1950年创刊）、Journal of Agricultural and Food Chemistry（1953年创刊）及Food Chemistry（1966年创刊）等刊物。随着食品化学研究的文献的日益增多和有关食品化学方面研究的深入及系统性增加，逐渐形成了食品化学较为完整的体系。

近20年来，一些食品化学著作与世人见面，例如，英文版的《食品科学》《食品化学》《食品加工过程中的化学变化》《水产食品化学》《食品中的碳水化合物》《食品蛋白质化学》《蛋白质在食品中的功能性质》等反映了当代食品化学的水平。权威性的食品化学教科书应首推美国Owen R. Fennema主编的Food Chemistry（已出版第四版）和德国H. D. Belitz主编的Food Chemistry（已出版第五版），它们已广泛流传世界。

近年来，食品化学的研究领域更加拓宽，研究手段日趋现代化，研究成果的应用周期越来越短。现在食品化学的研究正向反应机理、风味物的结构和性质研究、特殊营养成分的结构和功能性质研究、食品材料的改性研究、食品现代和快速的分析方法研究、高新分离技术的研究、未来食品包装技术的化学研究、现代化储藏保鲜技术和生理生化研究以及新食源、新工艺和新添加剂等方向发展。

随着世界范围的社会、经济和科学技术的快速发展和各国人民生活水平的明显提高，为更好地满足人们对食品安全、营养、美味、方便食品的越来越高的需求，以及传统的食品加工快速向规模化、标准化、工程化及现代化方向发展，新工艺、新材料、新装备不断应用，极大地推动了食品化学的快速发展。另外，基础化学、生物化学、仪器分析等相关科学的快速发展也为食品化学的发展提供了条件和保证。食品化学已成为食品科学的一个重要方面。

我国的食品化学研究和教育多集中在高等院校，都把它作为研究和教学的重点之一，已成为"食品科学与工程"和"食品质量与安全"专业的专业基础课，对我国食品工业的发展产生了重要影响。

1.3 食品化学在食品科学中的地位和作用

食品化学是根据现代食品工业发展的需要，在多种相关学科理论与技术发展的基础上形成和发展起来的，它具有显著的多源性、综合性及应用性。食品化学已成为食品科学理论和食品工业技术发展与进步的支柱学科之一。

1.3.1 食品化学对食品工业技术发展的作用

现代食品正向着强调营养、卫生与感官品质，注重保健作用，包装精良和食用方便的方向发展。现代食品工业的发展方向是：科学开发新型天然原辅料；利用现代化农业，发展农产品深加工；利用生物工程和化工技术提高原辅料品质和改造原料性能；发展添加剂，优化食品工艺，加强质量控制；革新设备与加强自动化水平等。这种发展主要依靠材料科学、生物科学和信息科学，当然也滋润和鞭策着食品化学，使它成长为保证食品工业健康而持续发展的指导性学科之一，直接受食品化学指导的方面见表1-2。

表1-2 食品化学指导下现代食品工业的发展

受指导方面	过去	发展
食品配方	依靠经验	依据原料组成、性质分析和理性设计
工艺	依据传统，经验和粗放小试	依据原料及同类产品组成、特性的分析，根据优化理论设计
开发食品	依据传统和感觉盲目地开发	依据科学研究资料，目的明确地开发，并增大了功能性食品的开发
控制储藏加工变化	依据经验，尝试性简单控制	依据变化机理，科学控制
开发食品资源	盲目甚至破坏性地开发	科学地、综合地开发现有和新资源
深加工	规模小、浪费大、效益低	规模增大、范围加宽、浪费少、效益高

由于食品化学的发展，有了对美拉德反应、焦糖化反应、自动氧化反应、酶促褐变、淀粉的糊化与老化、多糖水解反应、蛋白质水解反应、蛋白质变性反应、色素变色与褪色反应、维生素降解反应、金属催化反应、菌的催化反应、脂肪水解、氧化与酯交换反应、脂肪热解、热聚、热氧化分解和热氧化聚合反应、风味物的产生途径和分解变化、生物性食品原

料的产后生理生化反应、原料改性反应等越来越清楚的认识。也有了对食品成分迁移特性、结晶特性、水化特性、质构特性、风味特性、食品体系的稳定性和流变性、食品分散系的特性、食品原料的组织特性等物理、物理化学、生物化学和功能性质的越来越深刻的认识。这些认识极大地武装了食品战线上的工作者，因而对现代食品加工和储藏技术的发展产生了广泛而深刻的影响。

表1–3介绍了食品化学在食品工业各行业中正在发挥直接影响的方面。

表1–3 食品化学对各食品行业技术进步的影响

食品工业	影响方面
果蔬加工储藏	化学去皮、护色、质构控制、维生素保留、打蜡涂膜、化学保鲜、气调储藏、活性包装、酶促榨汁、过滤和澄清及化学防腐等
肉品加工	宰后处理、保汁和嫩化、提高肉糜乳化力、凝胶性和黏弹性，超市鲜肉包装，熏肉剂的生产和应用，人造肉的生产，内脏的综合利用(制药)等
饮料工业	速溶、克服上浮下沉、稳定蛋白饮料、水质处理、稳定带肉果汁、果汁护色、控制澄清度、提高风味、白酒降度、啤酒澄清、啤酒泡沫和苦味改善、防止啤酒馊味、果汁脱涩、大豆饮料脱腥等
乳品工业	稳定酸乳和果汁乳、开发凝乳酶代用品及再制乳酪、乳清的利用、乳品的营养强化等
焙烤工业	生产高效膨松剂、增加酥脆性、改善面包皮色和质构、防止产品老化和霉变等
食用油脂工业	精炼，冬化，调温，脂肪改性，DHA、EPA及MCT的开发利用，食用乳化剂生产，抗氧化剂，减少油炸食品吸油量等
调味品工业	生产肉味汤料、核苷酸鲜味剂、碘盐和有机硒盐等
发酵食品工业	发酵产品的后处理、后发酵期间的风味变化、菌体和残渣的综合利用等

1.3.2 食品化学对保障人类营养和健康的作用

自发现蛋白质、糖类和脂肪三大营养素以来，距今已有2个多世纪。食品的最基本属性是为人们提供营养和感官享受，而食品化学的主要要素之一就是研究食品原料和最终产品中的营养成分和色、香、味、形的构成成分，以及加工和储藏过程中它们的相互反应、对营养价值及享受性的影响。现代食品化学的责任不仅要保证食品中的成分有益健康和享受性，而且要帮助和指导社会及消费者正确选择食品和认识食品的营养价值，以达到合理饮食。现今营养的概念已随着社会的发展和人类健康状况的变化发生了显著变化。从解决温饱问题转变为有效降低和控制主要疾病(如心脑血管疾病、癌症和糖尿病等)的风险、减少亚健康人群的比例，这就给食品化学在新的历史时期提出了新的任务，从天然资源或食物中寻找具有重要生物活性的物质，研究和开发在一定时期内能有效降低主要疾病的健康食品。社会的进步对健康食品的要求也有别于过去，除了有益健康和预防疾病，还需具有食品的"享乐"要素，达到营养、保健和风味的一体化。解决上述问题，同过去的食品化学在人类社会文明和科技进步的作用一样，也将有益于人类和谐社会的建设和国家经济的繁荣。反过来，社会文明和科技进步也将推动食品化学的发展。随着生物技术和食品加工新技术的出现，更需要了解产品和加工过程中的化学与安全问题，保证食品的质量与安全，提供公众需要的多样化具有营养、享乐及安全的食品。

关于危害人类健康的污染物质，是当今世界上共同关注的重要问题。微量和超微量化合物的分析与鉴定，对食品营养价值和享乐价值及有毒物质的控制，高质量食品的大量生产都是十分重要的。由此可见，食品化学不同于其他分支化学，需要考虑特别的化合物或特殊的分析方法，以建立完整的特殊研究体系。食品化学的发展不仅与人类健康和文明息息相关，同时还指导消费者对食物的认知和选择，这对于人类健康和社会和谐是十分重要和有益的。

1.4 食品化学研究方法

一方面，食品化学的研究方法与一般化学研究方法的共同点是通过试验和理论从分子水平上分析、探讨和研究物质的变化。另一方面，由于食品中存在多种成分，是一个复杂的成分体系，因此食品化学的研究方法也与一般化学的研究方法有很大的不同，它应将食品的化学组成、理化性质及其变化的研究与食品的营养性和安全性联系起来，其研究的主要目的是阐明食品加工过程品质或安全性变化及如何防止或促进这些变化的发生，为食品实际生产加工提供依据。食品是一个非常复杂的体系，食品加工和储藏过程中将发生许多复杂的变化。因此，研究食品化学时，通常采用一个简化的、模拟的食品体系来进行试验，再将所得的试验结果应用于真实的食品体系，进而进一步解释真实的食品体系中的情况。

食品化学的试验应包括理化试验和感官试验。理化试验主要是对食品进行成分分析和结构分析，即分析试验系统中的营养成分、有害成分、色素和风味物的存在、分解、生成量和性质及其化学结构；感官试验是通过人的直观检评来分析试验系统的质构、风味和颜色的变化。

根据实验结果和资料查证，可在变化的起始物和终产物间建立化学反应方程，也可能得出比较合理的假设机理，并预测这种反应对食品品质和安全性的影响，然后再用实验来验证。在以上研究的基础上再研究这种反应的反应动力学，这一方面是为了深入了解反应机理，另一方面是为了探索影响反应速度的因素，以便为控制这种反应奠定理论依据和寻求控制方法。

食品化学研究成果最终要转化为：合理的原料配比，有效反应接触屏障的建立，适当的保护或催化措施的应用，最佳反应时间和温度的设定、光照、氧含量、pH、水分活度等的确定，从而得出最佳的食品加工储藏方法。

上述的食品化学研究成果将为食品产品的生产和储运提供配方、生产工艺、加工参数、储存参数等理论和技术依据（图1-2），进而实现食品的科学合理生产，为人们提供安全、营养的食品产品。

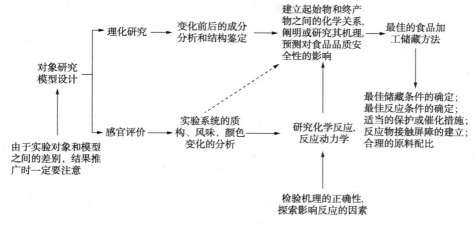

图1-2 食品化学的研究方法

第2章 水 分

2.1 水在食物中的作用

水在地球上是一种平常的物质，广泛分布于江、河、湖、泊、地下、大气和海洋等周围环境和生物体中。水是食品中的重要组分(表2-1)，在食品中起着不寻常的作用，水在食品中的含量、分布、状态决定了食品的色、香、味、形、营养性、安全性等特性。所有的动植物性食品都含有水，特别是天然食品。但是食品的种类不同，其水分含量也不同；即使是同一个体，不同生长阶段、不同组织器官，含水量也是不同的。如植物，其根、茎、叶等营养器官含水量较高，为鲜重的70%~90%，甚至更高；而植物的种子含水量通常只有12%~15%。

表2-1 部分食品的含水量

	食品种类	含水量/%
蔬菜	甜玉米、青豌豆	74~80
	胡萝卜、硬花甘蓝、甜菜、马铃薯	80~90
	青大豆、芦笋、花菜、莴苣、西红柿、大白菜	90~95
水果	香蕉	75
	葡萄、梨、柿子、猕猴桃、菠萝、樱桃	80~85
	桃、苹果、李子、橘、甜橙、葡萄柚、无花果	85~90
	草莓、杏、椰子、西瓜	90~95
谷物	全粒谷物	10~12
	粗燕麦粉、粗面粉	10~13
肉类	猪肉	53~60
	牛肉(碎块)	50~70
	鸡(无皮肉)	74
乳制品	奶油	15
	山羊奶	87
	奶酪(含水量与品种有关)	40~75
	奶粉	4
	冰淇淋	65
	人造奶油	15
焙烤食品	饼干	5~8
	面包	35~45
	馅饼	43~59
糖及其制品	蜂蜜	20
	果冻、果酱	≤35
	蔗糖、硬糖、纯巧克力	≤1

水是一种溶剂，能够溶解和分散各种不同分子量的物质，使食品呈现出溶液或凝胶状态，同时也决定了食品的溶解度、硬度、流动性等性质。

水作为食品的重要组成，也对食品的新鲜度、呈味、耐储性和加工适应性具有重要影响。在食品加工过程中，水起着膨润、浸透、均匀化等功能。从食品储藏性来看，水分对食品微生物的活动产生很大影响，较高的水分含量有利于微生物的生长繁殖，易造成食品的腐败变质；水分还与食品中营养成分变化、风味物质变化以及外观形态变化有密切关系。蛋白质变性、脂肪氧化酸败、淀粉老化、维生素损失、香气物质挥发、色素分解、褐变反应、黏度变化等都与水分相关。控制食品中水分含量及活度，可防止食品的腐败变质和营养成分的水解。部分食品的水分含量的国家标准如表 2-2 所示。

表 2-2　部分食品的水分含量的国家标准

食品名称	水分含量/%			引用标准
肉松(福建式)	≤8			GB/T 23968—2009
肉松(太仓式)	≤20			GB/T 23968—2009
广式腊肉	≤25			GB/T 3603—1999
蛋制品(巴氏消毒冰鸡全蛋)	≤76			GB 2749—2015
蛋制品(冰鸡蛋黄)	≤55			GB 2749—2015
蛋制品(冰鸡蛋白)	≤88.50			GB 2749—2015
蛋制品(巴氏消毒鸡全蛋粉)	≤4.50			GB 2749—2015
蛋制品(鸡蛋黄粉)	≤4.00			GB 2749—2015
蛋制品(鸡蛋白片)	≤16.00			GB 2749—2015
全脂乳粉	特级	一级	二级	GB 5410—1999
	≤2.50	≤2.75	≤3.00	
脱脂乳粉	≤4.00	≤4.50	≤5.00	GB 5410—1999
全脂加糖乳粉	≤2.50	≤2.75	≤3.00	GB 5410—1999
奶油	无盐奶油	加盐奶油	重制奶油	GB 19646—2010
	≤16.00	≤16.00	≤1.00	
全脂加糖炼乳(甜炼乳)	≤26.50			GB/T 5418—1985
硬质干酪	≤42			GB/T3776—1999
麦乳精(含乳固体饮料)	≤2.50			NY/T 1323—2007
香肠(腊肠)、香肚	≤25			GB 10147—1988
食品工业用甜炼乳	≤27			GB 13102—1991
人造奶油	A 级	≤16		GB/T 5009.77—2003
	B 级	≤20		GB/T 5009.77—2003

2.2　水分的存在状态

在食品或食品原料中，由于非水物质的存在，水与它们以多种方式相互作用后，便形成了不同的存在状态。根据水分子存在的状态一般把食品中的水分为游离水和结合水。

游离水(或称体相水)是指没有被非水物质化学结合的水，它又可以分为自由流动水、毛细管水和截留水三类。自由流动水是指存在于动物的血浆、淋巴和尿液，植物的导管和细胞内液泡中的那部分可以自由流动的水。毛细管水是位于生物组织的细胞间隙和食品的组织结构中的一种由毛细管力系留的水。截留水是被组织中的显微和亚显微结构与膜阻留住的水，由于不能自由流动，所以称为截留水。

结合水（或称束缚水）是指存在于食品中的与非水成分通过氢键结合的水，是食品中与非水成分结合得最牢固的水。不能被微生物利用，在-40℃下不结冰，无溶剂能力（溶解溶质的能力）。

根据结合水被结合的牢固程度的不同，结合水又分为化合水、邻近水和多层水。化合水（或称构成水）是指结合得最牢固的构成非水物质组成的那部分水，作为化学水合物中的水，它们在-40℃下不结冰，无溶剂能力。邻近水是指处在非水组分亲水性最强的基团周围的第一层位置且与离子或离子基团缔合的水，也包括毛细管中的水（直径<0.1μm），在-40℃下不结冰，无溶剂能力。多层水是指位于以上所说的第一层的剩余位置的水和邻近水的外层形成的几个水层，主要靠水–水和水–溶质间氢键形成。

2.3　食品中水与非水物质的相互作用

2.3.1　水与离子或离子基团的相互作用

水分子与离子或离子基团（Na^+、Cl^-、$—COO^-$、$—NH_3^+$ 等）发生偶极产生静电相互作用，即发生水合作用（hydration）。离子在水中对水本来的结构产生破坏，例如在水中加入盐类，水的冰点就会变低。

由于水分子具有较大的偶极矩，因此能与离子产生相互作用。图 2-1 表示 NaCl 邻近的水分子（仅指出了纸平面上的第一层水分子）可能出现的相互作用（排列）方式。

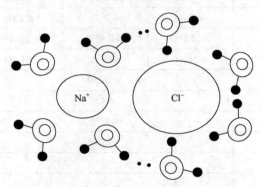

图 2-1　NaCl 邻近的水分子可能出现的排列方式
（图中仅表示出纸平面上的水分子）

在不同的稀盐溶液中，离子对水结构的影响是不同的，某些离子半径大、电场强度弱，如 K^+、Rb^+、Cs^+、NH_4^+、Cl^-、Br^-、I^-、NO_3^-、BrO_3^-、IO_3^- 和 ClO_4^- 等可以破坏水结构，溶液流动性比水增强。而对于半径小的离子，其电场强度较强，如 Li^+、Na^+、H_3O^+、Ca^{2+}、Ba^{2+}、Mg^{2+}、Al^{3+}、F^- 和 OH^- 等可以使水的结构更加牢固，溶液流动性比水降低。

离子还能改变水的介电常数、胶体粒子双电子层的厚度。因此，离子的种类和数量对蛋白质构象和胶体稳定性有很大影响。

2.3.2　水与具有氢键键合能力的中性基团(亲水性溶质)的相互作用

食品中淀粉、蛋白质、纤维素、果胶等成分通过氢键与水结合。水-亲水性溶质的相互作用弱于水-离子相互作用，强于水-溶质之间的相互作用，后者主要取决于水-溶质氢键的强度。

氢键结合水及其邻近水虽数量有限，但其作用和性质却非常重要。例如，水能与各种潜在的合适基团(如羟基、氨基、羰基、酰胺或亚胺基)形成氢键。它们有时可形成"水桥"(指一个水分子与一个或多个溶质分子的两个合适的氢键部位相互作用)，维持大分子的特定构象。图 2-2 和图 2-3 所示分别为水与木瓜蛋白酶分子中的两种功能团之间形成的氢键(虚线)和木瓜蛋白酶肽链之间存在一个三分子水构成的"水桥"，木瓜蛋白酶和核糖核酸酶肽键之间由水分子构成"水桥"，将肽键之间维持在一定的构象，很显然这三分子水成了该酶的整体构成部分。

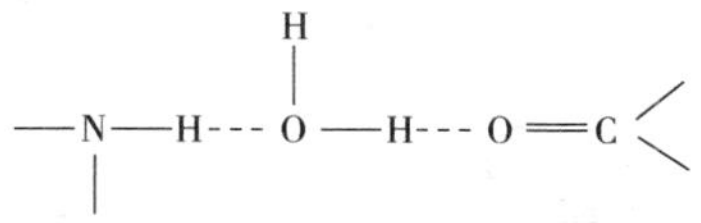

图 2-2　水与蛋白质分子中两种功能基团之间形成的氢键(虚线)

2.3.3　水与非极性基团的相互作用

把疏水物质加入水中后，由于基团间的极性上的差异会导致体系的熵减少，此过程称为疏水水合(hydrophobic hydration)，如图 2-4(a)所示。水对于非极性物质产生的结构形成响应，其中有两个重要的结果：笼形水合物(clathrate hydrates)的形成和蛋白质中的疏水相互作用(hydrophobic interaction)。

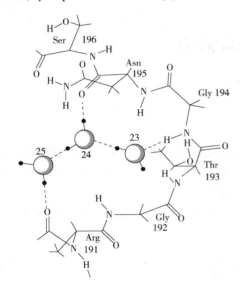

图 2-3　水在木瓜蛋白酶中的一个三分子水桥

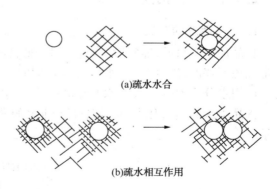

(a)疏水水合

(b)疏水相互作用

图 2-4　疏水水合和疏水相互作用

注：空心圈球代表疏水基，而影线的区域代表水

1. 笼形水合物

笼形水合物❶代表水对疏水物质的最大结构形成响应。一些笼形水合物具有较高的稳定性。

笼形水合物的微结晶与冰的晶体很相似，但当形成大的晶体时，在外表上与冰的结构存在很大差异。笼形水合物晶体在0℃以上和适当压力下仍能保持稳定的晶体结构。

2. 疏水相互作用

疏水相互作用是指疏水基团尽可能聚集在一起以减少它们与水的接触，如图2-4(b)所示。这是一个热力学上有利的过程（$\Delta G<0$），是疏水水合的部分逆转。

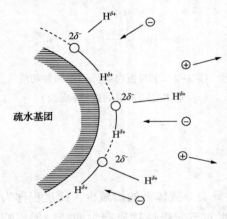

图2-5　水在疏水基团表面的取向

疏水相互作用对于维持蛋白质分子的结构发挥重要作用。大多数蛋白质中，40%的氨基酸具有非极性侧链，如苯丙氨酸的苯基、丙氨酸的甲基、半胱氨酸的巯甲基、缬氨酸的异丙基、异亮氨酸的第二丁基和亮氨酸的异丁基等可与水产生疏水相互作用，而其他化合物如醇、脂肪酸、游离氨基酸的非极性基团都能参与疏水相互作用，但后者的疏水相互作用不如蛋白质的疏水相互作用重要。

蛋白质的水溶液环境中尽管产生疏水相互作用，但它的非极性基团大约有1/3仍然暴露在水中，暴露的疏水基团与邻近的水除了产生微弱的范德华力外，它们相互之间并无吸引力。从图2-5可看出，疏水基团周围的水分子对正离子产生排斥，吸引负离子，这与许多蛋白质在等电点以上pH时能结合某些负离子的实验结果一致。

2.4　水对食品的影响

2.4.1　水分活度

1. 水分活度的定义

食品加工的目的是降低水含量，以降低食品腐败的敏感性。但仅以水分含量预测食品的稳定性还不够准确，例如在水分含量相同时，不同食品的腐败难易程度存在明显差异。因此，可用水分活度（a_w）表示水与食品成分之间的结合程度。

食品中水的蒸气压与相同温度下纯水的蒸气压的比值称为水分活度。可用式（2-1）表示。

$$a_w = \frac{p}{p_0} = ERH = N = \frac{n_0}{n_1+n_2} \tag{2-1}$$

---

❶笼形水合物是冰状包合物，其中水为"主体"物质，通过氢键形成笼状结构，物理截留另一种被称为"客体"的分子。笼形水合物的"主体"由20~74个水分子组成；"客体"是低分子量化合物，典型的客体包括低分子量的烃类及卤代烃，稀有气体，SO_2，CO_2，乙醇，环氧乙烷，短链的伯胺、仲胺及叔胺、烷基铵等。此外，分子量大的糖类、蛋白质、脂类和生物细胞内的其他物质也能与水形成笼形水合物，使水合物的凝固点降低。

式中，a_w 为水分活度；p 为某种食品在密闭容器中达到平衡状态时的水蒸气分压；p_0 为相同温度下纯水的蒸气压；ERH（equilibrium relative humidity）为样品周围的空气平衡相对湿度；N 为溶剂摩尔分数；n_0 为水的物质的量；n_1 为溶质的物质的量。

n_1 可通过测定样品的冰点，然后按式（2-2）计算求得。

$$n_1 = \frac{G \cdot \Delta T_t}{1000 K_t} \tag{2-2}$$

式中，G 为样品中溶剂的质量 g；ΔT_t 为冰点降低，℃；K_t 为水的摩尔冰点降低常数，取 1.86。

由于物质溶于水后该溶液的蒸气压总要低于纯水的蒸气压，所以水分活度值介于 0 与 1 之间。部分溶质水溶液的 a_w 值见表 2-3。

表 2-3　1mol/kg 溶质水溶液的 a_w

溶质[a]	a_w	溶质[a]	a_w
理想溶剂	0.9823[b]	氯化钠	0.967
丙三醇	0.9816	氯化钙	0.945
蔗糖	0.9806		

注：a. 1kg 水（55.56mol）中溶解 1mol 溶质；b. $a_w = \frac{55.56}{1+55.56} = 0.9823$。

水分活度的测定方法有以下几种。

（1）冰点测定法

先测定样品的冰点降低和含水量，然后按式（2-1）和式（2-2）计算水分活度（a_w），其误差（包括冰点测定和 a_w 的计算）很小。

（2）相对湿度传感器测定方法

将已知含水量的样品置于恒温密闭的小容器中，使其达到平衡，然后用电子式湿度测量仪测定样品和环境空气平衡的相对湿度，按式（2-1）计算即可得到 a_w。

（3）恒定相对湿度平衡室法

置样品于恒温密闭的小容器中，用一定种类的饱和盐溶液使容器内样品的环境空气的相对湿度恒定，待平衡后测定样品的含水量。在通常情况下，温度恒定在 25℃，扩散时间为 20min，样品量为 1g，并且是在一种水分活度较高和另一种水分活度较低的饱和盐溶液下分别测定样品的吸收或散失水分的质量，然后按式（2-3）计算 a_w。

$$a_w = \frac{ax+by}{x+y} \tag{2-3}$$

式中，x 为使用 B 液时样品质量的净增值；y 为使用 A 液时样品质量的净减值；a 为水分活度较低的饱和盐溶液的标准水分活度；b 为水分活度较高的饱和盐溶液的标准水分活度。

2. 水分活度与温度的关系

由于蒸气压和平衡相对湿度都是温度的函数，所以水分活度也是温度的函数。水分活度与温度的函数可用克劳修斯-克拉伯龙（Clausius-Clapeyron）方程式（2-4）来表示。

$$\frac{\mathrm{d}\ln a_w}{\mathrm{d}(1/T)} = \frac{-\Delta H}{R} \tag{2-4}$$

式中，T 为绝对温度；R 为气体常数；ΔH 为在样品的水分含量下等量净吸附热。

整理式(2-4)，可推出式(2-5)：

$$\ln a_w = -\frac{\Delta H}{RT} + c \tag{2-5}$$

式中，a_w 和 R、T、ΔH 的意义与式(2-4)相同；c 为常数。

由式(2-5)可知，$\ln a_w$ 与 $1/T$ 之间为一直线关系，其意义在于：一定样品水分活度的对数在不太宽的温度范围内随绝对温度的升高而成正比地升高。这对密封在包装内的食品稳定性有很大影响。具有不同水分含量的天然马铃薯淀粉的 $\ln a_w - 1/T$ 实验图证明了这种理论推断，见图2-6。从图可见两者间有良好的线性关系，且水分活度对温度的相依性是含水量的函数。

在较大的温度范围内，$\ln a_w$ 与 $1/T$ 之间并非始终为一直线关系；在冰点温度出现断点，冰点以下 $\ln a_w$ 与 $1/T$ 的变化率明显加大了，并且不再受样品中非水物质影响，见图2-7。因为此时水的汽化潜热应由冰的升华热代替，也就是说，前述的 a_w 与温度的关系方程中的 ΔH 值大大增加了。冰点以下 a_w 与样品的组成无关，因为在冰点以下样品的蒸气分压等于相同温度下冰的蒸气压，并且水分活度的定义式中的 p_0 此时应采用过冷纯水的蒸气压，即

$$a_w = \frac{p_{(ff)}}{p_{0(scw)}} = \frac{p_{0(ice)}}{p_{0(scw)}} \tag{2-6}$$

式中，$p_{(ff)}$ 为未完全冷冻的食品中水蒸气分压；$p_{0(scw)}$ 为相同温度下纯过冷水的蒸气压；$p_{0(scw)}$ 为纯冰在相同温度下的蒸气压。

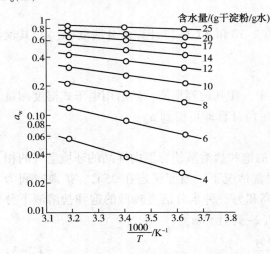

图2-6　天然马铃薯淀粉的水分活度和
温度的克劳修斯-克拉伯龙关系

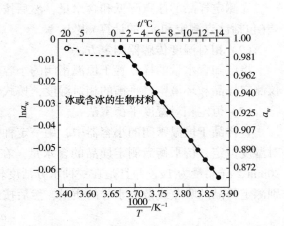

图2-7　在冰点以上及以下时，
样品的水分活度与温度的关系

表2-4中列举了以冰和过冷水的蒸气压计算的冷冻食品的 a_w 值。

表2-4　水、冰和食品在低于冰点下的不同温度时蒸气压和水分活度

温度/℃	液态水[a] 的蒸气压/kPa	冰和含冰食品的蒸气压/kPa	a_w
0	0.6104[b]	0.6104	1.004[d]
−5	0.4216[b]	0.4016	0.953
−10	0.2865[b]	0.2599	0.907

温度/℃	液态水ª 的蒸气压/kPa	冰和含冰食品的蒸气压/kPa	a_w
−15	0.1914ᵇ	0.1654	0.86
−20	0.1254ᶜ	0.1034	0.82
−25	0.0806ᶜ	0.0635	0.79
−30	0.0509ᶜ	0.0381	0.75
−40	0.0189ᶜ	0.0129	0.68
−50	0.0064ᶜ	0.0039	0.62

注：a. 除0℃外为所有温度下的过冷水；b. 观测数据；c. 计算的根据；d. 仅适用于纯水。

在比较高于和低于冰点的水分活度值(a_w)时得到两个重要区别：第一，在冰点以上，a_w是样品组分和温度的函数；在冻结点以下时，a_w与样品中的组分无关，只取决于温度。第二，冰点以上和冰点以下水分活度对食品稳定性的影响是不同的。

2.4.2 水分活度与食品稳定性的关系

虽然在食品冻结后不能用水分活度来预测食物的稳定性，但在未冻结时，食品的稳定性确实与食品的水分活度有着密切的关系。总的趋势是，水分活度越小的食品越稳定，较少出现腐败变质现象。

1. 水分活度与微生物生长的关系

食品在储藏和销售过程中，微生物可能在食品中生长繁殖，影响食品质量，甚至产生有害物质。只有食品的水分活度高于最低限度值时，特定的微生物才能生长。一般来说，细菌为 $a_w>0.90$，酵母为 $a_w>0.87$，霉菌为 $a_w>0.80$（图2-8）。一些耐渗透压微生物除外（表2-5）。

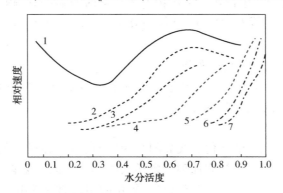

图2-8 水分活度与食品安全性的关系

1—脂质氧化作用；2—美拉德反应；3—水解反应；4—酶活力；5—霉菌生长；6—酵母生长；7—细菌生长

表2-5 食品中水分活度与微生物生长之间的关系

a_w	此范围内的最低 a_w 一般能抑制的微生物	食 品
1.00~0.95	大肠杆菌变形菌、假单胞菌、克雷伯氏菌属、志贺氏菌属、产气荚膜梭状芽孢杆菌、一些酵母、芽孢杆菌	蔬菜、鱼、肉、牛乳、罐头水果、香肠和面包，含有约40%蔗糖或7%食盐的食品，极易腐败的食品
0.95~0.91	肉毒梭状芽孢杆菌、沙门氏杆菌属、乳酸杆菌属、一些霉菌、沙雷氏杆菌、红酵母、毕赤氏酵母	腌制肉、部分奶酪、水果浓缩汁、含有55%蔗糖或12%食盐的食品

a_w	此范围内的最低 a_w 一般能抑制的微生物	食　品
0.91~0.87	部分酵母(球拟酵母、假丝酵母、汉逊酵母)、小球菌	干奶酪、发酵香肠、人造奶油、含有65%蔗糖或15%食盐的食品
0.87~0.80	金黄色葡萄球菌、大多数霉菌(产毒素的青霉菌)、德巴利氏酵母菌、大多数酵母菌属	甜炼乳、大多数浓缩水果汁、糖浆、面粉、米、含有15%~17%水分的豆类食品、家庭自制的火腿
0.80~0.75	产真菌毒素的曲霉、大多数嗜盐细菌	糖渍水果、果酱、杏仁酥糖
0.75~0.65	二孢酵母、嗜旱霉菌	果干、含10%水分的燕麦片、坚果、棉花糖、粗蔗糖、牛轧糖块
0.65~0.60	耐渗透压酵母(鲁酵母)、少数霉菌(刺孢曲霉、二孢红曲霉)	含有15%~20%水分的果干、太妃糖、焦糖、蜂蜜
0.50	不繁殖	含12%水分的酱、含10%水分的调料
0.40	不繁殖	含5%水分的全蛋粉
0.30	不繁殖	饼干、曲奇饼、面包硬皮
0.20	不繁殖	含2%~3%水分的全脂奶粉、含5%水分的脱水蔬菜或玉米片、家庭自制饼干

微生物在不同生长阶段，所需的最低限度的 a_w 也不一样，细菌形成芽孢时比繁殖生长时要高，例如魏氏芽孢杆菌繁殖生长时的 a_w 阈值为 0.96，而芽孢形成的 a_w 阈值为 0.97。霉菌孢子发芽的 a_w 阈值低于孢子发芽后菌丝生长所需的 a_w 值，例如灰绿曲霉发芽时的 a_w 值为 0.73~0.75，而菌丝生长所需的 a_w 值在 0.85 以上，最适宜的 a_w 值必须在 0.93~0.97。有些微生物在繁殖中还会产生毒素，微生物产生毒素时所需的 a_w 阈值则高于生长时所需的 a_w 值，例如黄曲霉生长时所需的现 a_w 阈值为 0.78~0.80，而产生毒素时要求的现 a_w 阈值是 0.83。

2. 水分活度与食品化学反应的关系

食品在加工或储藏过程中，食品组分容易发生一些酶促反应和非酶反应而影响食品品质。而水分活度对这些反应有很大的影响。

（1）脂类氧化

脂类氧化反应速率随 a_w 的变化曲线如图 2-9(c)所示。在极低的 a_w 范围内，脂类氧化速率随 a_w 增加而降低，因为最初添加到干燥样品中的水可以与来自自由基反应生成的氢过氧化物结合，并阻止其分解，从而使脂类自动氧化的初始速率减小，$a_w \approx 0.2 \sim 0.3$ 时脂类氧化速率最小。

（2）非酶褐变

非酶褐变反应速率随 a_w 的变化曲线如图 2-9(d)所示。当 a_w 在 0.2 以下时，褐变反应停止；随着 a_w 增加，反应速率随之增加，a_w 增加到 0.6~0.7 之间时褐变速率最快；但 a_w 继续增加，大于褐变反应高峰的水分活度值后，则由于溶质浓度下降而导致褐变速率减慢。

（3）酶促褐变

a_w 和酶引起的反应之间有一定的关系。一般来说，$a_w < 0.8$，大多数酶活力受抑制；$a_w = 0.25 \sim 0.30$，淀粉酶、多酚氧化酶和过氧化物酶丧失活力；$a_w = 0.1$，脂肪酶有活力。所以，当 a_w 降低到 0.25~0.30 的范围，就能减慢或阻止酶促褐变的进行。

除了以上影响食品品质的化学变化与水分活度有一定关系外，还有一些反应，它们和水分活度之间的关系见图2-9。

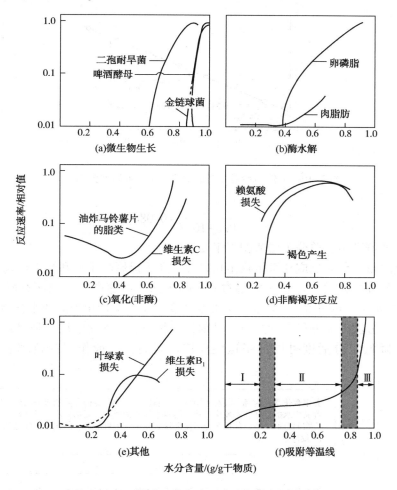

图2-9　水分活度与食品稳定性间的关系

可以通过的 BET 数学方程计算食品的 BET 单分子层值，从而准确预测食品保持最大稳定性时的含水量。

$$\frac{a_{\mathrm{w}}}{(1-a_{\mathrm{w}})m}=\frac{1}{m_1-1}+\frac{a_{\mathrm{w}}(C-1)}{m_1 C} \tag{2-7}$$

式中，a_{w} 为水分活度；m 为水分含量，g/g 干物质；m_1 为单分子层值，g/g 干物质；C 为常数。

根据此方程，以 $\dfrac{a_{\mathrm{w}}}{(1-a_{\mathrm{w}})m}$ 对 a_{w} 作图得到一条直线，称为 BET 直线。图 2-10 表示马铃薯淀粉的 BET 图，仅在 $a_{\mathrm{w}}>0.35$ 时线形关系开始出现偏差。

$$单分子层值(m_1)=\frac{1}{Y_{截距}+斜率}$$

根据图 2-10 查得 $Y_{截距}=0.6$，斜率 =10.7，于是可求出 m_1：

15

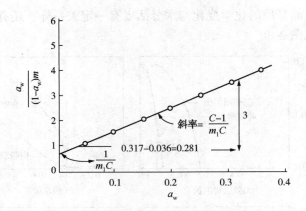

图 2-10　天然马铃薯淀粉的 BET 图（回吸温度为 20℃）

$$m_1 = \frac{1}{0.6 + 10.7} = 0.088$$

在此特定的例子中，单分子层值相当于 $a_w = 0.2$。

水分活度除影响化学反应和微生物生长以外，还可以影响干燥和半干燥食品的质地。要保持干燥食品的理想品质，a_w 值不能超过 $0.35 \sim 0.50$，但随产品不同而有所变化。对于软质构的食品（含水量高的食品），为了避免失水变硬，需要保持相当高的水分活度。

总之，低水分活度能够稳定食品质量是因为食品中发生的化学反应是引起食品品质变化的重要原因，降低水分活度可以抑制这些反应的进行，一般作用的机理表现如图 2-11 所示。

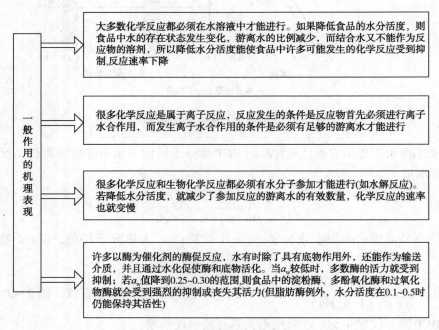

图 2-11　一般作用的机理表现

另外，食品中微生物的生长繁殖都有最低限度的 a_w，大多数细菌为 $0.94 \sim 0.99$，大多数霉菌为 $0.80 \sim 0.94$，大多数耐盐细菌为 0.75，耐干燥霉菌和耐高渗透压酵母为 $0.60 \sim$

16

0.65。当水分活度低于 0.60 时，绝大多数微生物无法生长。

2.5 分子流动性与食品稳定性

2.5.1 基本概念

水的存在状态有液态、固态和气态三种，在热力学上都属于稳定态，其中水分在固态时是以稳定的结晶态存在的。但是复杂的食品与其他生物大分子一样，往往是以无定形状态存在的。这时，食品虽然保持着其品质，但是稳定性低。食品加工的任务就是在保证食品品质的同时使食品处于亚稳态或处于相对于其他非平衡态来说比较稳定的非平衡态。

随着温度由低到高，无定形聚合物可经历以下三个状态（图 2-12），各反映了不同的分子运动模式。

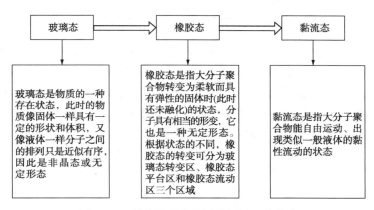

图 2-12　无定形聚合物可经历的三个状态

① 当 $T<T_g$❶ 时，大分子聚合物的分子运动能量很低，此时大分子链段不能运动，大分子聚合物呈玻璃态。

② 当 $T=T_g$ 时，分子热运动能增加，链段运动被激发，玻璃态逐渐转变为橡胶态，此时大分子聚合物处于玻璃化转变区域。玻璃化转变发生在一个温度区间内，而不是在某个特定的单一温度处。

③ 当 $T_g>T>T_m$（T_m 为熔化温度）时，聚合物柔软而具有弹性，黏度处于橡胶态平台区。聚合物的分子量越大，橡胶态平台区的温度范围越宽。

④ 当 $T=T_m$ 时，橡胶态开始向黏流态转变，除了具有弹性外，出现明显的无定形流动性。此时大分子聚合物处于橡胶态流动区。

⑤ 当 $T>T_m$ 时，大分子聚合物链能自由运动，出现类似一般液态的黏性流动，大分子聚合物处于黏流态。

2.5.2 状态图

应用体系状态图（state diagram）可以说明 M_m（分子移动性）和食品稳定性的关系。在恒压

---

❶玻璃化转变温度（glass transition temperature，T_g，T_g'）：T_g 是指非晶态食品从玻璃态到橡胶态的转变（玻璃化转变）时的温度；T_g' 是特殊的 T_g，是指食品体系在冰形成时具有最大冷冻浓缩效应的玻璃化转变温度。

下以溶质含量为横坐标、以温度为纵坐标作出的二元体系状态图如图2-13所示。

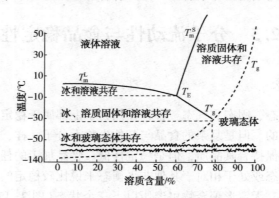

图2-13　二元食品体系状态图

T_m^L—融化平衡曲线；T_m^S—溶解平衡曲线；T_E—低共溶点（即共熔点）；

T_g—玻璃化曲线；T'_g—特定溶质的最大冷冻浓缩溶液的玻璃化转变温度

由图2-13中的融化平衡曲线T_g可知，食品在低温冷冻过程中，水不断以冰晶形式析出，未冻结相溶质浓度不断提高，冰点逐渐降低，直到食品中非水组分也开始结晶，这时的温度为T_E（共结晶温度），这个温度也是食品体系从未冻结的橡胶态转变为玻璃态的温度。当食品温度低于冰点而高于T_E时，食品中部分水结冰而非水组分未结冰，此时食品可维持较长时间的黏稠液体过饱和状态，而黏度又未显著增加，这时的状态为橡胶态，处于这种状态下的食品物理、化学及生物化学反应依然存在，并导致食品腐败。当温度低于T_E时，食品非水组分开始结冰，未冻结相的高浓度溶质的黏度开始显著增加，冰限制了溶质晶核的分子移动与水分的扩散。

玻璃态下的未冻结的水不是按前述的氢键方式结合的，其分子被束缚在具有极高黏度的玻璃态下，这种水分不具有反应活性，使整个食品体系以不具反应活性的非结晶性固体形式存在。因此，在T_g下，食品具有高度的稳定性。故低温冷冻食品的稳定性可以用该食品的T_g与储藏温度t的差（$t-T_g$）决定，差值越大，食品的稳定性就越差。

食品中水分含量和溶质种类对食品的T_g有显著影响。一般而言，每增加1%的水分含量，T_g降低5~10℃。食品的T_g随溶质分子量的增加而成比例增加，但当溶质的分子量大于3000时，就不再依赖其分子量。对于具有相同分子量的同一类聚合物来说，化学结构的微小变化也会导致T_g的显著变化。不同种类的淀粉，支链淀粉分子侧链越短且数量越多，T_g相应越低。虽然T_g强烈依赖溶质类别和水含量，但T'_g只依赖溶质种类。

食品中T_g的测定方法主要有差式扫描量热法（DSC）、动力学分析法（DMA）和热力学分析法（DMTA）。除此之外，还包括热机械分析（TMA）、热高频分析（TDEA）、热刺敷流法、高频光谱法、Mossbauer光谱法、Brillouin扫描光谱法、机械光谱测定法、动力学流变仪测定法、黏度仪测定法和Instron分析法。T_g值与测定条件和测定方法有很大关系，所以在研究食品玻璃化转变的T_g时一般可采用不同的方法进行研究。

表2-6给出了一些食品的T'_g值。蔬菜、畜肉、鱼肉和乳制品的T'_g一般高于果汁和水果的T'_g，所以冷藏或冻藏时前4类食品的稳定性就相对高于果汁和水果。但是在动物食品中，大部分脂肪由于和肌纤维蛋白质同时存在，在低温下并不被玻璃态物质保护，因此即使在冻藏温度下动物食品的脂类仍具有高不稳定性。

表 2-6　一些食品的 T'_g 值

食品名称	T'_g/℃	食品名称	T'_g/℃
橘子汁	−37.5±1.0	花椰菜	−25
菠萝汁	−37	菜豆(冻)	−2.5
梨汁、苹果汁	−40	青豆	−27
桃	−36	菠菜	−17
香蕉	−35	冰淇淋	−37～−33
苹果	−42～−41	干酪	−24
甜玉米	−15～−8	鳕鱼肌肉	−11.7±0.6
鲜马铃薯	−12	牛肌肉	−12.0±0.3

2.5.3　分子流动性、状态图与食品性质的关系

1. 理化反应的速率与 M_m 的关系

大多数食品都是以亚稳态或非平衡状态存在，而且食品中 M_m 取决于限制性扩散速率。通过状态图可知亚稳态和非平衡状态下温度与存在状态之间的相关性。然而，在讨论 M_m 与食品性质的关系时，还应注意以下几点：

① 化学反应的反应速率受扩散影响较小。

② 控制特定反应条件(例如改变 pH 或氧分压)达到需宜或不需宜的效应。

③ 试样的 M_m 是根据聚合物组分估算的，而实际上渗透到聚合物的小分子才是决定产品重要性质的决定因素。

④ 微生物的生长(因为 a_w 是比 M_m 更可靠的估计指标)。

溶液中的化学反应速率主要受三方面影响：扩散系数(D，一个反应的进行，反应物必须相互碰撞)、碰撞频率因子(A，单位时间内碰撞次数)和化学反应的活化能因子(E_a，反应物能量必须超过使它转变成产物的能量)。如果 D 对反应的限制性大于 A 和 E_a，那么该反应就是扩散限制反应。

高含水量食品，在室温下有的反应是限制性扩散，而对于如非催化的慢反应则是非限制性扩散，当温度降低到冰点以下和水分含量减少到溶质饱和(或过饱和)状态时，这些非限制性扩散反应也可能成为限制性扩散反应，主要原因可能是黏度增加引起的。

2. 自由体积与分子流动性的关系

温度降低使体系中自由体积减小，分子的平动和转动也就变得困难，因此也就影响聚合物链段的运动和食品的局部黏度。当温度降至 T_g，自由体积则显著变小，以致使聚合物链段的平动停止。因此，在温度低于 T_g 时，食品的限制扩散性质的稳定性良好。增加自由体积(一般是不期望的)的方法是添加小分子溶剂例如水，或者提高温度，两者的作用都是增加分子的平动，不利于食品的稳定性。

3. 碳水化合物及蛋白质对 T_g 的影响

碳水化合物和蛋白质是食品中的主要成分，各种碳水化合物，尤其是可溶性的小分子碳水化合物和可溶性蛋白质对 T_g 有重要的影响(表 2-7)。

表 2-7　不同 DE 值的麦芽糊精的 T_g 比较

DE5		DE10		DE15	
含湿量	T_g/℃	含湿量	T_g/℃	含湿量	T_g/℃
0.00	188	0.00	160	0.00	99
0.02	135	0.02	103	0.02	83
0.04	102	0.05	84	0.05	65
0.11	44	0.10	30	0.11	8
0.18	23	0.19	-6	0.20	-15

注：DE 值指还原糖所占干物质的百分数。

一般说来，T_g 显著地依赖于溶质的种类和水分含量，而 T'_g 则主要与溶质的类型有关，水分含量影响较小。对于糖苷和多元醇（最大分子量约为 1200），T'_g 或 T_g 随着溶质分子量的增加成比例地提高。当平均分子量 M_w 大于 3000（淀粉水解物，其葡萄糖当量 DE 约大于 6）时，T_g 或 T'_g 与 M_w 关系较弱。但有一些例外，当大分子是以形成"缠结网络"（entanglement networks，EN）的形式时，T_g 将会随着 M_w 的增加而继续升高。

图 2-14 所示为不同水解程度的淀粉水解产物的平均分子量与 T'_g 的关系。由图可知，位于垂直部分的产品主要是一些水解所得到的小分子，而位于该曲线水平部分的产品主要是一些水解所得到的大分子。

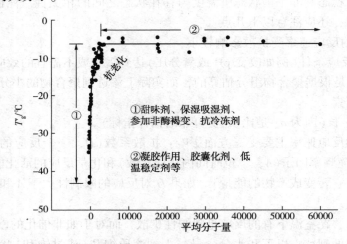

图 2-14　淀粉水解产物的平均分子量（M_w）与 T'_g 的关系

大多数生物大分子化合物具有非常类似的玻璃化曲线。这些大分子主要是多糖类（淀粉、糊精、纤维素、半纤维素、羧甲基纤维素、葡聚糖和黄原胶等）和蛋白质（面筋蛋白、麦谷蛋白、麦醇溶蛋白、玉米醇溶蛋白、胶原蛋白、弹性蛋白、角蛋白、清蛋白、球蛋白、酪蛋白和明胶等）。

2.5.4　根据状态图判断食品的稳定性

已知 a_w 是判断食品稳定性的有效指标。由以上讨论可知，根据状态图可粗略判断食品的相对稳定性，从而达到预测食品货架期的目的。图 2-13 表示的是食品稳定性依赖于扩散性质的温度-组成状态图，指出了食品不同稳定性的区域。当食品处在图的左上角时具有很高的流动性，食品的稳定性差。

食品在低于 T_g 和 T'_g 温度下储藏，对于受扩散限制影响的食品是非常有利的，可以明显提高食品的货架期。相反，食品在高于 T_g 和 T'_g 温度储藏时，食品容易腐败和变质。在食品储藏过程中应使储藏温度低于 T_g 和 T'_g，即使不能满足此要求，也应尽量减小储藏温度与 T_g 和 T'_g 的差别。

思 考 题

1. 试述食品中的自由水和结合水在性质上有何区别？
2. 说明为什么水分活度（a_w）比水分含量更能体现食品的稳定性？
3. 试述食品中水分与溶质之间的相互作用。
4. 试述食品中的化学反应与水分活度之间的关系。
5. 说明食品中水分的存在状态。

第3章 糖 类

3.1 概 述

糖类(saccharides)，也称碳水化合物(carbohydrates)，在化学组成上，它们中的大多数仅由碳、氢和氧三种元素按化学式 $C_n(H_2O)_m$ 组成，其中 $n \geqslant 3$。从组成上看，好像是碳与水的化合物，因此称为碳水化合物。但有些糖，如鼠李糖($C_6H_{12}O_5$)、脱氧核糖($C_5H_{10}O_4$)、氨基糖等并不符合这一通式，一些非糖物质，如乳酸($C_3H_6O_3$)、醋酸($C_2H_4O_2$)、甲醛(CH_2O)等虽符合这一通式，但不是碳水化合物，因此"碳水化合物"的名称并不确切。1927年，国际化学名词重审委员会曾建议用"糖质"(glucide)一词来代替碳水化合物，但由于"碳水化合物"一词表达了绝大多数这类化合物中的化学组成特征，沿用已久，因此目前仍然被广泛使用。

碳水化合物在食品中最重要的作用就是提供能量和作为甜味剂，其作为甜味剂可分为提供能量型和不提供能量型两类。提供能量型甜味剂主要是天然糖类，如蔗糖、果糖、葡萄糖、山梨糖(醇)及甘露醇等，一般可提供 2.6~4.0cal/g (1cal=4.1868J)的能量；不提供能量型的甜味剂主要是合成糖类，如糖精和天冬氨酰苯丙酸甲酯，这类甜味剂不(或几乎不)提供能量，也被称为人工甜味剂或糖替代品。

碳水化合物占植物体干重的 80%左右，含量丰富，用途广泛而且价格低廉。碳水化合物是食品的常见组分，以天然组分形式或是添加的配料等形式存在。碳水化合物具有许多不同的分子结构、大小和形状以及各种化学及物理性质，它们可通过各种化学和生物化学反应进行改性，商业上采用这两种方法改性以改进它的加工应用性能。

糖类化合物一般分为以下三类。

1. 单糖(monosaccharides)及其衍生物

单糖即不能再被水解为更小的糖分子的糖类。按所含碳原子数目的不同称为丙糖(三碳糖，triose)、丁糖(四碳糖，tetrose)、戊糖(五碳糖，pentose)和己糖(六碳糖，hexose)等，其中以戊糖、己糖最为重要，如葡萄糖(glucose)和果糖(fructose)等，根据单糖分子中所含的羰基的特点又分为醛糖(aldoses)和酮糖(ketoses)。

2. 低聚糖(oligosacchrides)

低聚糖也称寡糖，是由 2~10 个单糖聚合而成的糖类，按水解后生成单糖数目的不同，低聚糖又分为二糖(disaccharides)、三糖(trisaccharides)、四糖(tetrasaccharides)、五糖(pentasaccharides)等，其中以二糖最为重要，如蔗糖(sucrose)、麦芽糖(maltose)和乳糖(lactose)等。

3. 多糖(polysaccharides)

一般指聚合度大于 10 的糖类，如淀粉(starch)、纤维素(cellose)和肝糖原(glycogen)，根据组成不同，可分为同聚多糖(由相同的单糖分子缩合而成)和杂聚多糖(由不相同的单糖分子缩合而成)两种，纤维素、淀粉、糖原等属于同聚多糖，卡拉胶、半纤维素、阿拉伯胶等属于杂聚多糖。按分子中有无支链，则分为直链、支链多糖。按照功能不同，则可分为结构多糖、储存多糖、抗原多糖等。

作为食品成分之一的糖类是人类获得能量最经济和最主要的来源，也是构成人体组织的主要成分，同时具有可以保护肝功能、节约蛋白质、参与脂肪代谢和增强肠道功能等作用。

植物性食品中最普通储存能量的糖类物质是淀粉，在种籽、根和块茎类食品中最丰富。天然淀粉的结构紧密，在低相对湿度的环境中容易干燥，同水接触又很快变软，并且能够水解成葡萄糖。

动物产品所含的糖类化合物比其他食品少，肌肉和肝脏中的糖原以及结构与支链淀粉相似的葡聚糖，在人体内都以与淀粉代谢相同的方式进行代谢。表 3-1 列出几种食品中所含糖的种类和含量。

表 3-1　几种食品中所含糖的种类和含量

名　称	碳水化合物质量分数/%		
	总糖	单糖和二糖	多糖
苹果	14.5	葡萄糖 1.17，果糖 6.04，蔗糖 3.78，甘露糖微量	淀粉 1.5，纤维素 1.0
葡萄	17.3	葡萄糖 5.35，果糖 5.33，蔗糖 1.32，甘露糖 2.19	纤维素 0.6
胡萝卜	9.7	葡萄糖 0.85，果糖 0.85，蔗糖 4.25	淀粉 7.8，纤维素 1.0
洋葱	8.7	葡萄糖 2.07，果糖 1.09，蔗糖 0.89	纤维素 0.71
甜玉米	22.1	蔗糖 12~17	纤维素 0.7
甘蔗汁	14~28	葡萄糖+果糖 4~8，蔗糖 10~20	—

3.2　非酶促褐变反应

食品褐变是食品中比较普遍的一种变色现象，分为酶促褐变和非酶促褐变两种。非酶促褐变反应是食品中常见的一类重要反应，包括美拉德反应、焦糖化反应和抗坏血酸反应。

3.2.1　美拉德反应

美拉德反应(Maillard reaction)是化合物中羰基与氨基的缩合、聚合反应，所以又称为羰氨反应，反应生成类黑色素的化合物引起食品颜色变化。

美拉德反应历程如图 3-1 所示，反应过程可分为初期、中期、末期 3 个阶段，每一个阶段又包括若干个反应。

1. 初期阶段

初期阶段包括羰氨缩合和分子重排两种作用。美拉德反应开始于一个非解离氨基(如赖氨酸 ε-NH$_2$ 或 N 端的 NH$_2$)和一个还原糖的缩合。

羰氨缩合：羰氨反应的第一步是氨基化合物中的游离氨基与羰基化合物的游离羧基之间的缩合反应，然后脱去一分子水生成一个不稳定的亚胺衍生物，称为薛夫碱(Schiff's base)，此产物随即环化为 N-葡萄糖基胺，如图 3-2 所示。

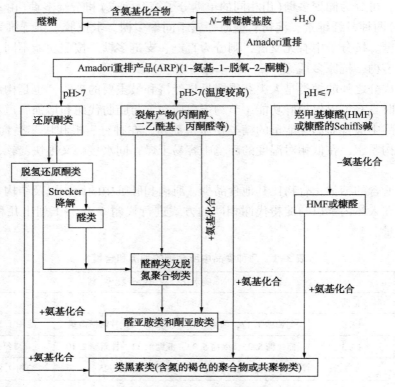

图 3-1 美拉德反应历程示意图

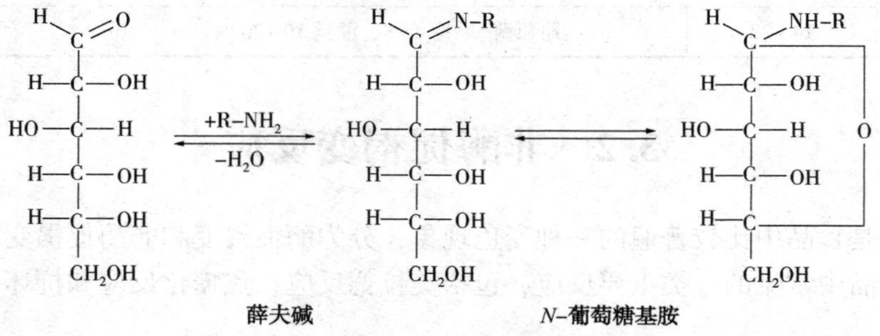

图 3-2 羰氨缩合反应

薛夫碱   N-葡萄糖基胺

反应体系中，如果有亚硫酸根存在，亚硫酸根可与醛基发生加成反应，产物可以和 R—NH$_2$ 缩合，缩合产物不能再进一步生成薛夫碱和 N-葡萄糖基胺（图 3-3）。

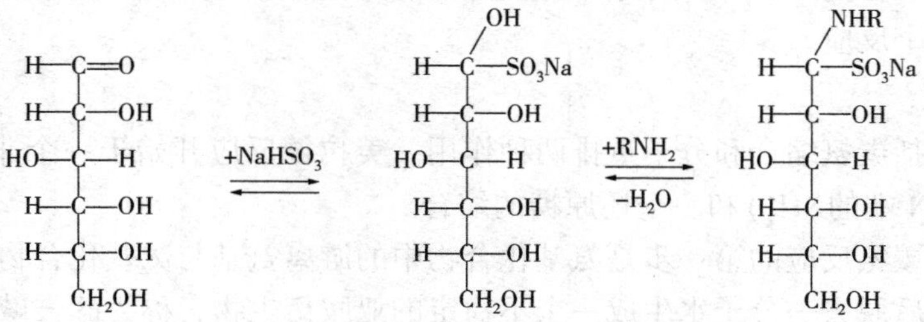

图 3-3 亚硫酸根与醛的加成反应

分子重排：N-葡萄糖基胺在酸的催化下经过阿姆德瑞(Amadori)分子重排作用(图 3-4)，酮糖基胺可经过海因斯(Heyenes)分子重排作用(图 3-5)异构成 2-氨基-2-脱氧葡萄糖。

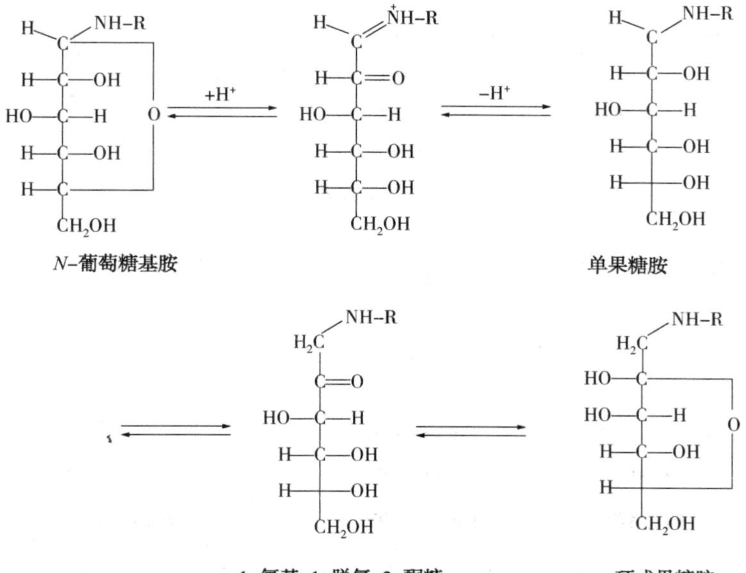

图 3-4　阿姆德瑞分子重排

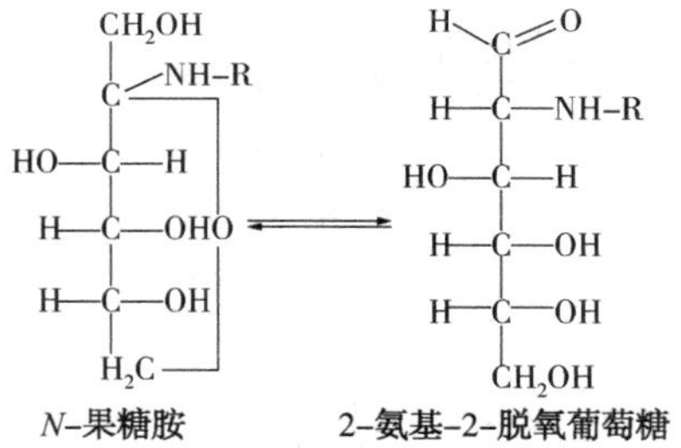

图 3-5　海因斯分子重排

2. 中期阶段

重排产物 1-氨基-1-脱氧-2-己酮糖(果糖基胺)可能经过不止一条途径进一步降解，生成各种羰基化合物。

果糖基胺脱水生成羟甲基糠醛(hydroxymethylfur fural，HMF)：这一过程的总结果是脱去胺残基(R—NH₂)和糖衍生物的逐步脱水，如图 3-6 所示。

果糖基胺脱去胺残基重排生成还原酮：果糖基胺经过 2,3-烯醇化最后生成还原酮类(reductones)化合物。由果糖基胺生成还原酮的历程如图 3-7 所示。

斯特克勒尔(Strecker)降解反应：α-氨基酸与 α-二羰基化合物反应时，α-氨基酸氧化脱羧生成比原来氨基酸少二个碳原子的醛(图 3-8)，氨基与二羰基化合物结合并缩合成吡嗪，进一步形成褐色色素；此外，还可降解生成较小分子的双乙酰、乙酸、丙酮醛等。斯特克勒尔反应生成吡嗪的反应过程如图 3-9 所示。

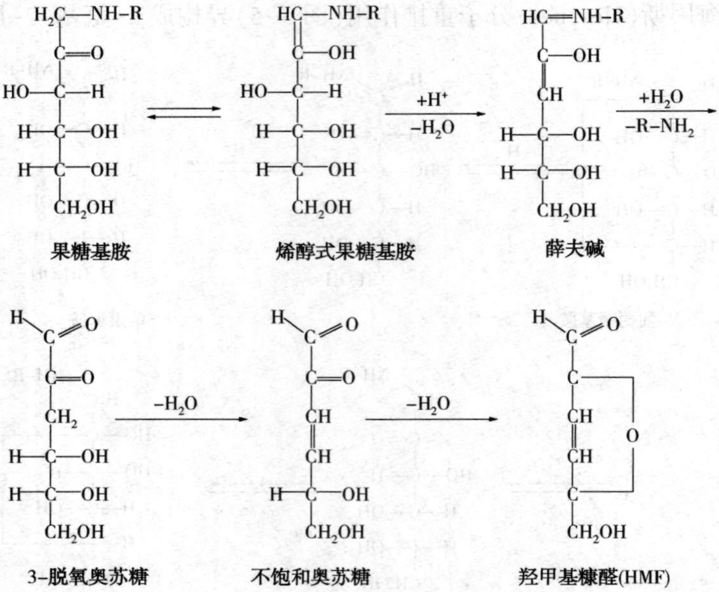

图 3-6 果糖基胺脱水生成羟甲基糠醛的反应

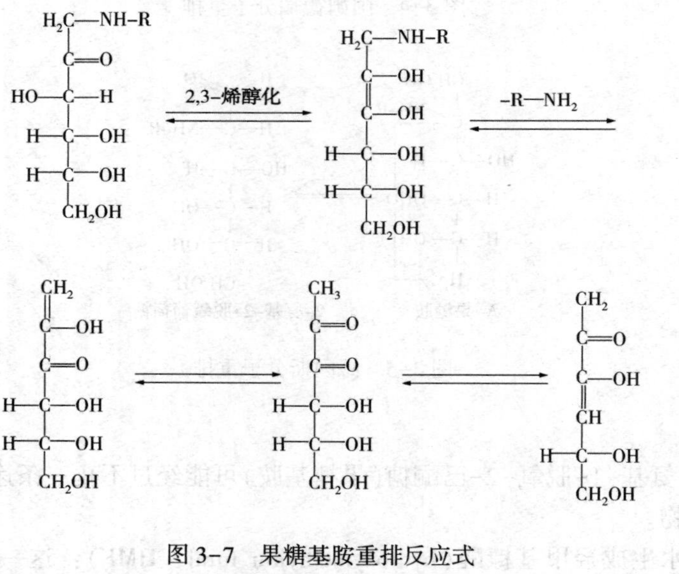

图 3-7 果糖基胺重排反应式

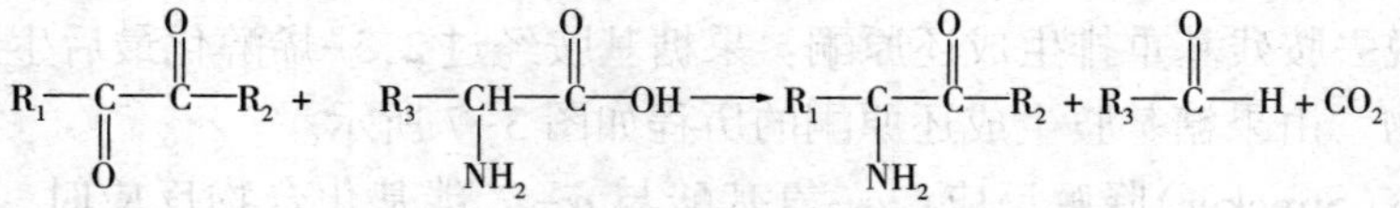

图 3-8 α-氨基酸与α-二羰基化合物反应式

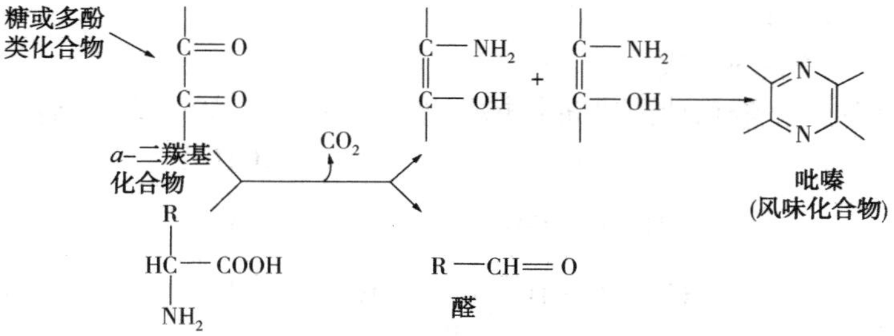

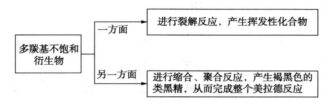

图 3-9　斯特克勒尔反应生成吡嗪的反应过程

3. 末期阶段

羰氨反应的末期阶段包括以下两类反应。

醇醛缩合：醇醛缩合是两分子醛的自相缩合作用，并进一步脱水生成不饱和醛的过程，如图 3-10 所示。

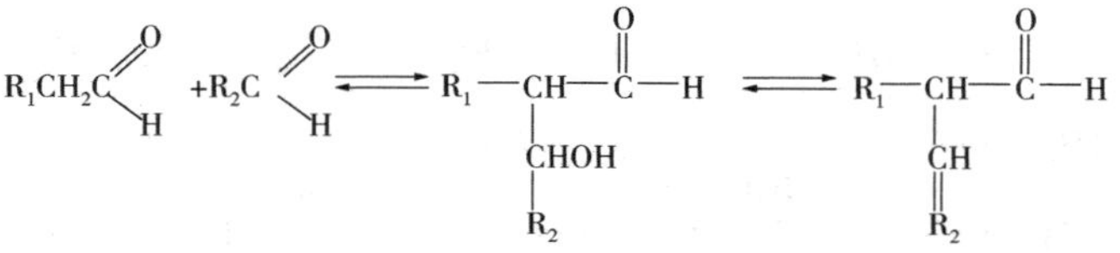

图 3-10　醇醛缩合反应

生成黑色素的聚合反应：该反应是经过中期反应后，产物中有糠醛及其衍生物、二羰基化合物、还原酮类、由斯特勒克降解和糖裂解所产生的醛等（图 3-11）。

多羰基不饱和衍生物 ——一方面—→ 进行裂解反应，产生挥发性化合物

多羰基不饱和衍生物 ——另一方面—→ 进行缩合、聚合反应，产生褐黑色的类黑精，从而完成整个美拉德反应

图 3-11　多羰基不饱和衍生物

3.2.2　焦糖化反应

焦糖化作用的历程可概括如下。

1. 焦糖的形成

糖类在无水及含氨基化合物存在条件下加热或高浓度时经稀酸处理，可发生焦糖化作用。图 3-12 为焦糖形成示意图。

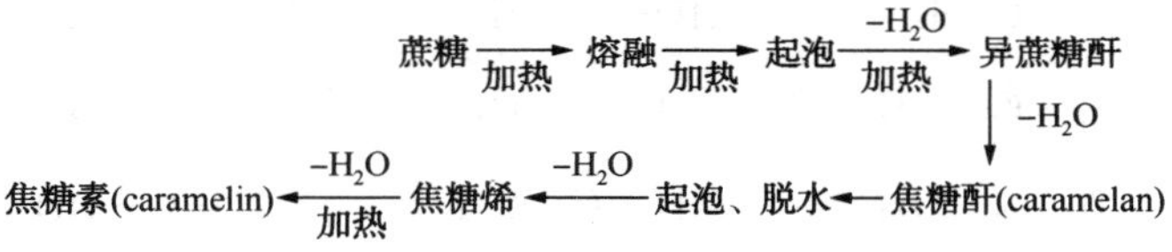

蔗糖 —加热→ 熔融 —加热→ 起泡 —$-H_2O$/加热→ 异蔗糖酐 —$-H_2O$→ 焦糖酐(caramelan) → 起泡、脱水 —$-H_2O$→ 焦糖烯 —$-H_2O$/加热→ 焦糖素(caramelin)

图 3-12　焦糖形成示意图

2. 热降解产物的产生

（1）酸性条件下醛类的形成

在酸性条件下加热，醛糖或酮糖进行烯醇化，生成 1,2-烯醇式己糖：

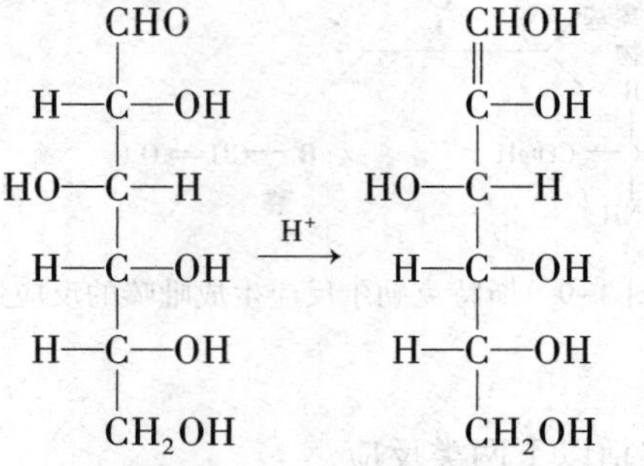

葡萄糖　　　　　　　1,2-烯醇式己糖

随后进行一系列的脱水步骤：

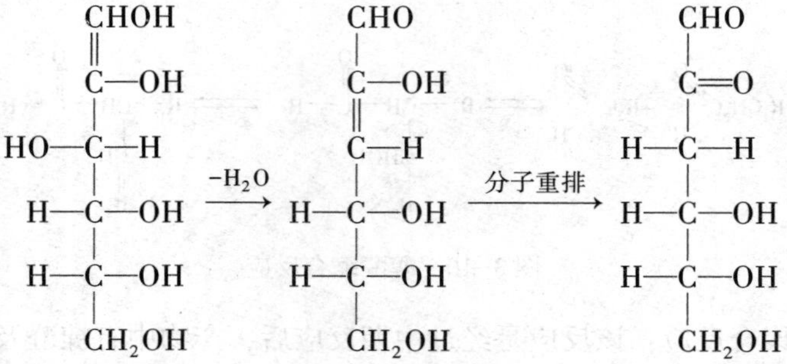

1,2-烯醇式己糖　　　　　　　　　　　3-脱氧葡萄糖醛酮

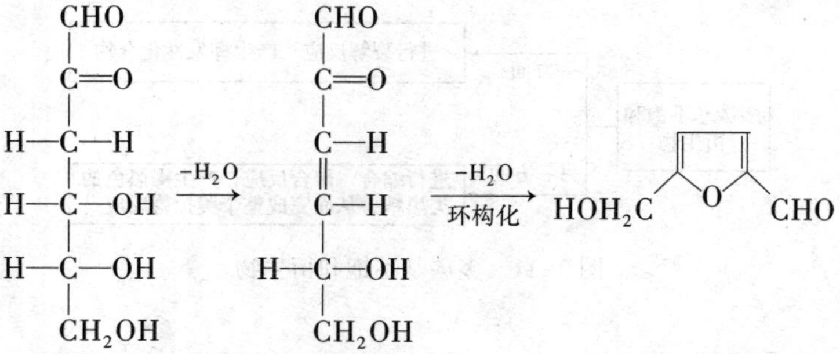

3-脱氧葡萄糖醛酮　　　　　　　　羟甲基糠醛

（2）碱性条件下醛类的形成

还原糖在碱性条件下发生互变异构作用，形成中间产物 1,2-烯醇式己糖，例如果糖。

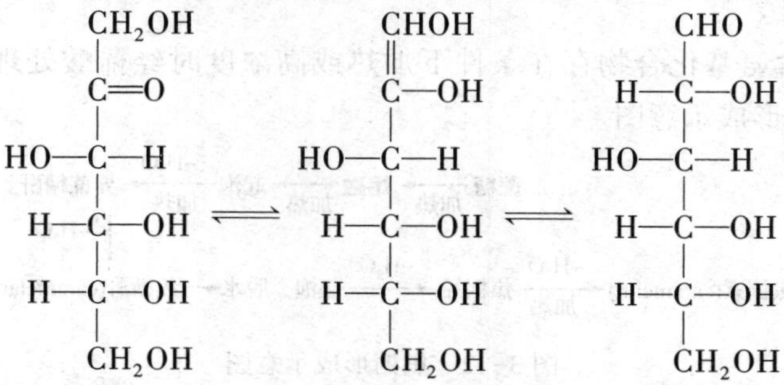

果糖　　　　　　　1,2-烯醇式己糖　　　　　　葡萄糖

28

1,2-烯醇式己糖形成后，在强热下可裂解(图 3-13)。

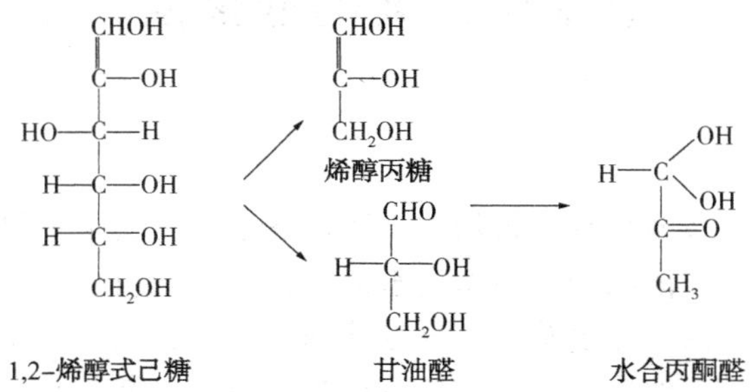

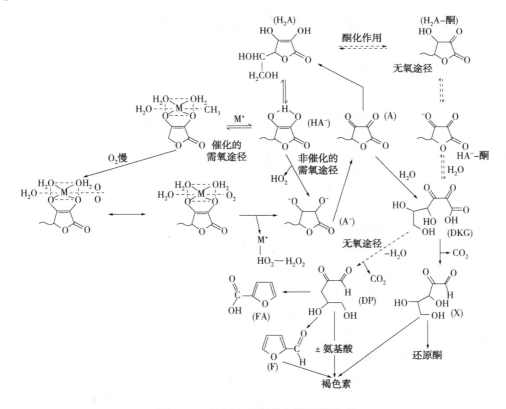

图 3-13　1,2-烯醇式己糖在强热下裂解示意图

3.2.3　抗坏血酸反应

抗坏血酸(维生素 C，V_C)不仅具有酸性而且具有还原性，因此常作为天然抗氧化剂。抗坏血酸在对其他成分的抗氧化的同时它自身也极易氧化。其氧化有两种途径，如图 3-14 所示。

图 3-14　抗坏血酸氧化与褐色的形成

3.3　食品中重要的低聚糖和多糖

3.3.1　低聚糖

低聚糖又称为寡糖，普遍存在于自然界中，可溶于水，其中主要的是二糖和三糖。二糖是低聚糖中最重要的一类，由两分子单糖失水形成，其单糖组成可以是相同的，也可以是不同的，故可分为：同聚二糖，如麦芽糖、异麦芽糖、纤维二糖、海藻二糖等；杂聚二糖，如蔗糖、乳糖、蜜二糖等。天然存在的二糖还可分为还原性二糖和非还原性二糖。

1. 低聚糖的生理学性质

低聚糖不但具有良好的物理及感官性质，更引人注目的是它具有以下优越的生理学功能（图3-15）。

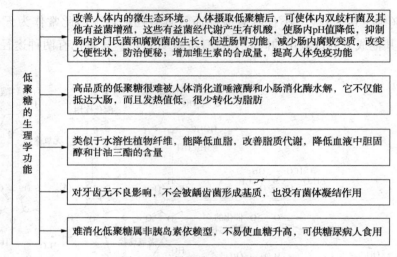

图3-15　低聚糖的生理学性质

2. 低聚果糖及其在食品中的应用

低聚果糖（fructooligosaccharide）的结构式可表示为 $G—F—F_n$（G为葡萄糖，F为果糖，$n=1\sim3$），结构如图3-16所示。

低聚果糖多存在于天然植物中，具有促进肠胃功能及有抗龋齿等诸多优点，因此，近年来备受人们的重视与开发，尤其欧洲、日本对其的开发应用走在世界的前列。目前低聚果糖多采用适度酶解菊芋粉的方法得到。

3. 低聚木糖及其在食品中的应用

低聚木糖（xylooligosaccharide）是由2~7个木糖以 β-1,4-糖苷键连接而成的低聚糖，其中以木二糖为主要有效成分，木二糖含量越多，其产品质量越好。低聚木糖的甜度为蔗糖的50%，甜味特性类似于蔗糖。其最大的特点是稳定性好，具有独特的耐酸、耐热及不分解性。低聚木糖（包括单糖、木二糖、木三糖）有显著的双歧杆菌增殖作用，它是使双歧杆菌增殖所需用量最小的低聚糖。此外，它对肠道菌群有明显的改善作用，还可促进机体对钙的吸收，并且有抗龋齿作用，它在体内的代谢不依赖胰岛素。

30

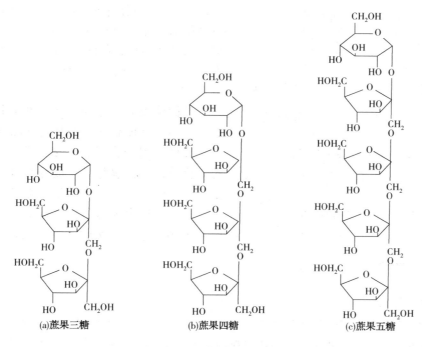

(a)蔗果三糖   (b)蔗果四糖   (c)蔗果五糖

图 3-16   几种常见低聚糖结构式

低聚木糖具有稳定的耐酸性，非常适用于酸性饮料及发酵食品。木二糖的化学结构如图 3-17 所示。

4. 异麦芽酮糖及其在食品中的应用

异麦芽酮糖（isomaltulose），又称为帕拉金糖（palatinose），其结构式为 6-α-D-吡喃葡萄糖基-D-果糖，是一种结晶状的还原性双糖。其结构如图 3-18 所示。

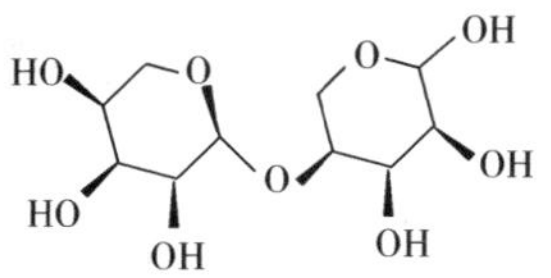

图 3-17   木二糖的结构式 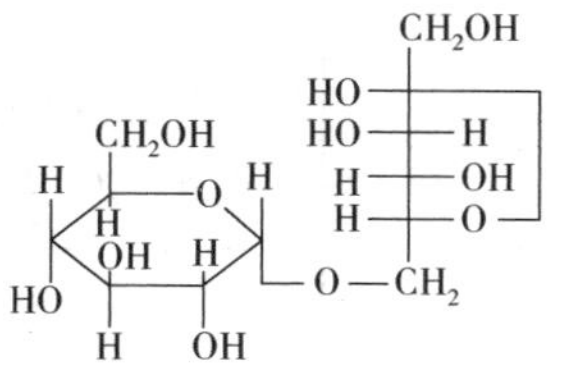   图 3-18   异麦芽酮糖的结构式

异麦芽酮糖具有与蔗糖类似的甜味特性，其甜度为蔗糖的 42%。室温下，其溶解性较小，为蔗糖的 1/2，但随温度的升高，其溶解度急剧增加，80℃时可达蔗糖的 85%。异麦芽酮糖的结晶体含有 1 分子的水，与果糖相同，是正交晶体，有旋光性，比旋光度 $[\alpha]_D^{20} = +97.2°$，它的熔点为 122~123℃，还原性为葡萄糖的 52%，没有吸湿性且抗酸水解性强，不为大多数细菌和酵母所发酵利用，故常应用于酸性食品和发酵食品中。异麦芽酮糖的最大生理功能就是具有很低的致龋齿性，它首先发现于甜菜制糖的过程中，目前工业上多以蔗糖为原料，经 α-葡糖基转移酶转化而得。

5. 环糊精及其在食品中的应用

环糊精（cyclodextrin），又名沙丁格糊精（schardinger-dextrin）或环状淀粉，是由 D-葡萄

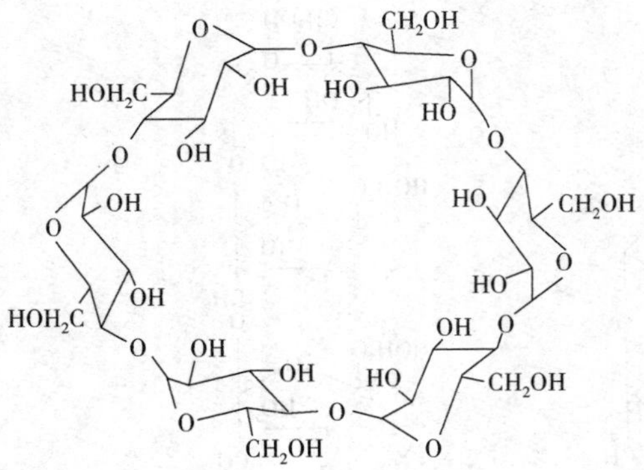

图 3-19 环糊精的结构

糖以 α-1,4-糖苷键连接而成的环状低聚糖。该糊精是由软化芽孢杆菌作用于淀粉的产物。环糊精为环状结构，如图 3-19 所示。它的聚合度有 6、7、8 三种，依次称为 α-、β-、γ-环糊精。

环糊精吸湿性能弱，保水性能较强，在食品、药品、化妆品和营养品行业得到了广泛应用。环糊精用于食品，主要是保护敏感成分，控制释放作用，避免风味成分与其他食品成分反应。环糊精的主要作用是能够实现风味的修饰、风味的稳定和增溶。市场上应用最多的是 β-环糊精，其次是 α-和 γ-环糊精。

3.3.2 多糖

1. 多糖的定义

多糖是糖单元连接在一起而形成的长链聚合物，超过 10 个单糖的聚合物称为多糖(表 3-2)。按质量计，多糖约占天然糖类的 90% 以上。植物体内由光合作用生成的单糖经缩合生成多糖，作为储存物质或结构物质。动物将摄入的多糖先经消化变为单糖，以供机体的需要，而多余部分则重新构成特有的多糖(肝糖原)，储存于肝脏中。

表 3-2　食品中常见的多糖

	名称	结构单糖	结构	溶解性	相对分子质量	存在形式
同多糖	直链淀粉	葡萄糖	α-1,4-葡聚糖直链上形成支链	稀碱溶液	$10^4 \sim 10^5$	谷物和其他植物
	支链淀粉	D-葡萄糖	直链淀粉的直链上连有 α-1,6-键构成的支链	水	$10^4 \sim 10^6$	淀粉的主要组成成分
	纤维素	D-葡萄糖	聚 β-1,4-葡聚糖直链，有支链	—	$10^4 \sim 10^5$	植物结构多糖
	几丁质	N-乙酰-D-葡糖胺	β-1,4-键形成的直链状聚合物，有支链	稀、浓盐酸、硫酸、碱溶液	—	甲壳类动物，昆虫的表皮
	糖原	D-葡萄糖	类似支链淀粉的高度支化结构 α-1,4-键和 α-1,6-键	水	$3 \times 10^5 \sim 4 \times 10^6$	动物肝脏
	木聚糖	D-木糖	β-1,4 键结合构成直链结构	稀碱溶液	$1 \times 10^4 \sim 2 \times 10^4$	玉米芯等植物的纤维素
	果胶	D-半乳糖醛酸	α-1,4-D-吡喃半乳糖	水	$2 \times 10^4 \sim 4 \times 10^5$	—

	名称	结构单糖	结构	溶解性	相对分子质量	存在形式
杂多糖	海藻酸	D-甘露糖醛酸和L-古洛糖醛酸的共聚物	碱溶液	10^5	藻类细胞壁的结构多糖
	阿拉伯胶	D-半乳糖、D-葡萄糖醛酸、L-鼠李糖、L-阿拉伯糖组成	水	$10^5 \sim 10^6$	金合欢属植物皮的渗出物
	瓜尔豆胶	D-甘露糖和D-半乳糖组成的半乳甘露聚糖，组成比2:1，甘露糖以β-1,4-键连接成主链，每隔一个糖单位连接一个α-1,6-半乳糖	水	$2\times10^5 \sim 3\times10^5$	瓜尔豆种子
	葡甘露聚糖	D-甘露糖和D-葡萄糖由2:1、3:2或5:3组成，依植物种类不同而异。甘露糖和葡萄糖以β-1,4-键连接成主链，在甘露糖C(3)位上存在β-1,3-键连接的支链	水	$1\times10^5 \sim 1\times10^6$	魔芋的主要成分
	果胶	β-1,4-D-吡喃半乳糖醛酸单元组成的聚合物，主链上存在α-L-鼠李糖残基	水	$2\times10^4 \sim 4\times10^5$	植物细胞壁构成多糖

多糖分为直链多糖和支链多糖两种。直链多糖和支链多糖都是单糖分子通过糖苷键相互结合形成的高分子化合物，一般有1,4-糖苷键和1,6-糖苷键两种。多糖可据其水解后生成相同或不同的单糖而分为均一多糖和混合多糖。还可根据多糖水解后产物，仅产生糖类的称为单纯多糖；水解产物中还有糖以外的成分的多糖称为复合多糖。

多糖广泛存在于动物、植物、微生物中，多糖中的纤维素、半纤维素、果胶、壳质、硫酸软骨素等作为结构物质起着支撑作用；淀粉、糖原等作为储藏物质起着储藏作用。在动物体内，过量的葡萄糖的多糖是以糖原的形式储存，而多数植物葡萄糖的多糖是以淀粉的形式储存，细菌和酵母葡萄糖的多糖是以葡聚糖的形式储存。在不同的情况下，这些多糖是营养的仓库，当机体需要时，多糖被降解，形成的单糖产物经代谢得到能量。

多糖命名时，系统命名法要将单糖名先叫出，后面冠之聚糖即可，如甘露聚糖。不过多用习惯名称，如淀粉、纤维素。

多糖广泛分布于自然界，食品中多糖有淀粉、糖原、纤维素、半纤维素、果胶质和植物胶等。大部分膳食多糖不溶于水，也不易被消化，它主要是蔬菜、水果中的纤维素和半纤维素，对健康有益。

2. 多糖的性质

（1）多糖的溶解性

多糖分子链是由己糖和戊糖基单位构成，含有大量羟基，每个羟基均可和一个或多个水分子形成氢键。此外，环上的氧原子以及糖苷键上的氧原子也可与水形成氢键，因此，除了高度有序、具有结晶的多糖不溶于水外，大部分多糖不能结晶，易于水合和溶解，每个单糖单位能够完全被溶剂化，使之具有较强的持水能力和亲水性。在食品体系中多糖能控制或改变水的流动性，同时水又是影响多糖物理和功能特性的重要因素。因而，食品的许多功能性质，包括质地都与多糖和水有关。

高度有序的多糖一般是完全线型的，在大分子碳水化合物中只占少数，分子链因相互紧密结合而形成结晶结构，最大限度地减少了同水接触的机会，因此不溶于水。在剧烈的碱性条件下或其他适当的溶剂中，可使分子链间氢键断裂而增溶，例如纤维素，由于它的结构中β中-D-吡喃葡萄糖基单位的有序排列和线型伸展，使得纤维素分子的长链和另一个纤维素分子中相同的部分相结合，导致纤维素分子在结晶区平行排列，使得水不能与纤维素的这些部位发生氢键键合，所以纤维素的结晶区不溶于水，而且非常稳定。水溶性多糖和改性多糖通常以不同粒度在食品工业和其他工业中作为胶或亲水性物质应用。

（2）黏度与稳定性

可溶性大分子多糖都可以形成黏稠溶液。在天然多糖中，如果按单位体积中同等质量百分数计，阿拉伯树胶溶液的黏度最小，而瓜尔胶（guargum）或瓜尔聚糖（guaran）及魔芋葡甘聚糖溶液的黏度最大。多糖的增稠性和胶凝性是在食品中的主要功能，此外，还可控制液体食品及饮料的流动性与质地，改变半固体食品的形态及 O/W 乳浊液的稳定性。在食品加工中，多糖的使用量一般在 0.25% ~ 0.50% 范围，即可产生很高的黏度甚至形成凝胶。

大分子溶液的黏度取决于分子的大小、形状、所带净电荷及溶液中的构象。多糖分子一般呈无序状态的构象有较大的可变性。多糖的链是柔顺性的，在溶液中为紊乱或无规线团状态（图 3-20）。但是大多数多糖不同于典型的无规线团，所形成的线团是刚性的，有时紧密，有时伸展，线团的性质与单糖的组成和连接方式相关。

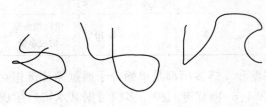

图 3-20　多糖分子无规则线图

线型多糖在溶液中具有较大的屈绕回转空间，其"有效体积"和流动产生的阻力一般都比支链多糖大，分子链段之间相互碰撞的频率也较高。分子间由于碰撞产生摩擦而消耗能量，因此，线型多糖即使在低浓度时也能产生很高的黏度（如魔芋葡甘聚糖）。如果线型多糖带一种电荷，由于产生静电排斥作用，使得分子伸展，链长增加和阻止分子间缔合，这类多糖溶液呈现高的黏度，而且 pH 值对其黏度大小有较显著的影响。含羧基的多糖在 pH 为 2.8 时电荷效应最小，这时羧基电离受到了抑制，这种聚合物的行为如同不带电荷的分子。其黏度大小取决于多糖的聚合度（分子量）、伸展程度和刚性，也与多糖链溶剂化后的形状和柔顺性有关。

支链多糖在溶液中链与链之间的相互作用不太明显，因而分子的溶剂化程度较线型多糖高，更易溶于水。特别是高度支化的多糖"有效体积"的回转空间比分子量相同的线型分子小得多，分子之间相互碰撞的频率也较低，这意味着支链多糖溶液的黏度远低于聚合度相同的线型多糖。

胶体溶液是以水合分子或水合分子的集聚态分散，溶液的流动性与这些水合分子或聚集态的大小、形状、柔顺性和所带电荷多少相关。

多糖溶液包括假塑性流体和触变流体两类。假塑性流体具有剪切稀化的流变学特性，流速随剪切速率增加而迅速增大，此时溶液黏度显著下降。液体的流速可因应力增大而提高，黏度的变化与时间无关。线型高分子通常为假塑性流体。一般而言，分子量越大，假塑性越大。假塑性小的多糖，从流体力学的现象可知，称为"长流"，有黏性感觉；而假塑性大的流体为"短流"，其口感不黏。

触变流体同样具有剪切稀化的特征，但是黏度降低不是随流速增加而瞬间发生。当流速恒定时，溶液的黏度降低是时间的函数。剪切停止后一定时间，溶液黏度即可恢复到起始值，这是一个胶体-溶液-胶体的转变。换言之，触变溶液在静止时是一种弱的凝胶结构。

（3）凝胶

胶凝作用是多糖的又一重要特性。在食品加工中，多糖或蛋白质等大分子，可通过氢键、疏水相互作用、范德华力、离子桥接（ionic cross bridges）、缠结或共价键等相互作用，在多个分子间形成多个联结区。这些分子与分散的溶剂水分子缔合，最终形成由水分子布满的连续的三维空间网络结构（图3-21）。

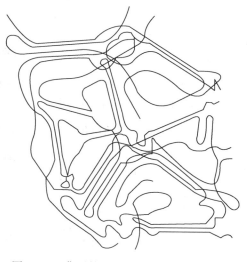

图3-21 典型的三维网络凝胶结构示意图

当大分子链间的相互作用超过分子链长的时候，每个多糖分子可参与两个或多个分子连接区的形成，这种作用的结果使原来流动的液体转变为有弹性的、类似为海绵的三维空间网络结构的凝胶，可显著抵抗外界应力作用。凝胶中含有大量的水，有时甚至高达99%，例如带果块的果冻、肉冻、鱼冻等。

凝胶强度依赖于连结区结构的强度，如果连结区不长，链与链不能牢固地结合在一起，那么，在压力或温度升高时，聚合物链的运动增大，于是分子分开，这样的凝胶属于易破坏和热不稳定凝胶。若连结区包含长的链段，则链与链之间的作用力非常强，足可耐受所施加的压力或热的刺激，这类凝胶硬而且稳定。因此，适当地控制连结区的长度可以形成多种不同硬度和稳定性的凝胶。支链分子、杂聚糖分子或带电荷基团的分子间不能很好地结合，因此不能形成足够大的连结区和一定强度的凝胶，这类多糖分子只形成黏稠、稳定的溶胶。

（4）水解

多糖水解的难易程度，除了同它的结构有关外，还受pH值、时间、温度和酶的活力等因素的影响。在某些食品加工和储藏过程中，碳水化合物的水解影响很大，因为它能使食品出现非需宜的颜色变化，并使多糖失去胶凝能力。糖苷键在碱性介质中是相当稳定的，但在酸性介质中容易断裂。在食品加工中常利用酶作催化剂水解多糖。

3. 食品中主要的多糖

1）淀粉

淀粉主要以颗粒形式分布在植物的种子、根部、块茎和果实中。淀粉颗粒结构比较紧密，因此不溶于水，它们分散于水中，形成低黏度浆料。当淀粉浆料烧煮时，黏度显著提高，起到增稠作用。例如，将5%淀粉颗粒浆料边搅拌边加热至80℃，黏度大大提高。

（1）淀粉的结构

淀粉是多糖中最重要的一种物质。它在自然界中广泛地存在。组成淀粉的单糖是葡萄糖。在酸性溶液中用麦芽糖酶来水解淀粉可得出一系列的物质：淀粉→各种糊精→麦芽糖→α-D-(+)-葡萄糖。淀粉按化学结构可分为直链淀粉和支链淀粉，它们都是以糖苷键相结合。直链淀粉是以α-1,4-糖苷键结合的方式相结合（图3-22）。

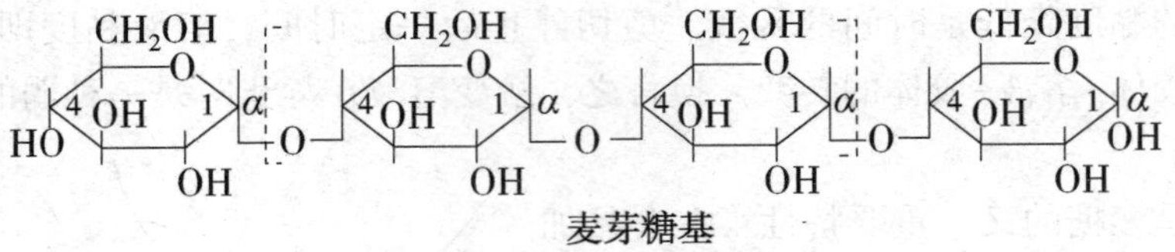

麦芽糖基

图 3-22　直链淀粉的结构(α-1,4-糖苷键)的一部分

支链淀粉的分子比较复杂。它的结构特点是除 α-C(1)-C(4)键外(1,4 结合),还有 α-C(1)-C(6)键(1,6 结合),见图 3-23。

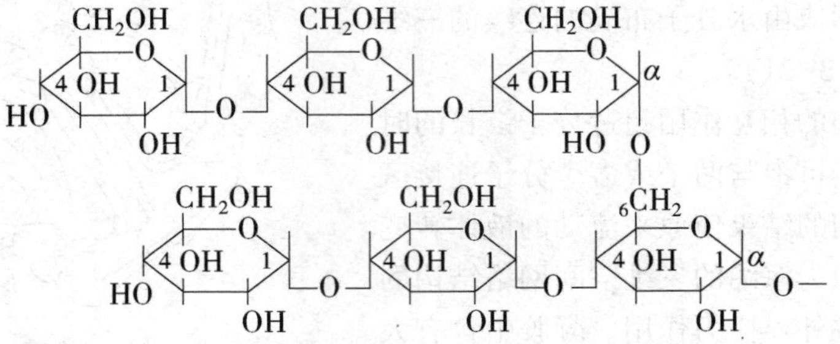

图 3-23　支链淀粉的结构(α-1,4-糖苷键和 α-1,6-糖苷键)的一部分

淀粉具有独特的化学与物理性质以及营养功能。淀粉和淀粉的水解产品是人类膳食中可消化的碳水化合物,它为人类提供营养和热量,而且价格低廉。淀粉存在于谷物、面粉、水果和蔬菜中,淀粉消耗量远远超过所有其他的食品亲水胶体。商品淀粉是从谷物(如玉米、小麦、米)以及块根类(如马铃薯、甘薯以及木薯等)制得的。淀粉与改性淀粉在食品工业中应用极为广泛,可作为黏结剂、混浊剂、成膜剂、稳泡剂、保鲜剂、胶凝剂、持水剂以及增稠剂等。

(2) 淀粉的水解

淀粉同其他多糖分子一样,其糖苷键在酸的催化下受热而水解,糖苷键水解是随机的。淀粉分子用酸进行轻度水解,只有少量的糖苷键被水解,这个过程即为变稀,产物也称为酸改性淀粉或变稀淀粉。酸改性淀粉提高了所形成凝胶的透明度,并增加了凝胶强度。它有多种用途,可作为成膜剂和黏结剂。在食品加工中,由于它们具有较好的成膜性和黏结性,通常用作焙烤果仁和糖果的涂层、风味保护剂或风味物质微胶囊化的壁材和微乳化的保护剂。

目前淀粉水解的方法有酸水解法、酶水解法和酸酶水解法。工业上利用此反应生产淀粉糖浆。淀粉水解的程度通常用 DE 值表示,DE 值是指还原糖所占干物质的百分数。$DE<20$ 的产品为麦芽糊精,DE 值在 20~60 的为淀粉糖浆。

2) 纤维素和半纤维素

(1) 纤维素

纤维素是由葡萄糖组成的大分子多糖,是植物细胞壁的主要成分,占植物界碳含量的 50%以上。纤维素不溶于水和乙醇、乙醚等有机溶剂,能溶于铜氨[$Cu(NH_3)_4(OH)_2$]溶液和铜乙二胺{[$NH_2CH_2CH_2NH_2$]$Cu(OH)_2$}溶液等。

(2) 半纤维素

半纤维素是由几种不同类型的单糖构成的异质多聚体,木质组织中占总量的 50%,具有亲水性能。

3）果胶

果胶是一组聚半乳糖醛酸。它具有水溶性，其分子量为 5 万~30 万。果胶存在于植物的细胞壁和细胞内层，为内部细胞的支撑物质。果胶组成如图 3-24 所示。

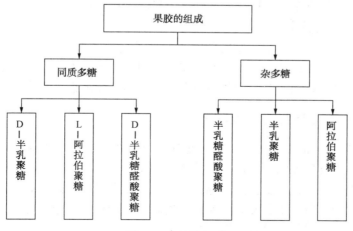

图 3-24　果胶组成

果胶是一种天然高分子化合物，已广泛用于食品、医药、日化及纺织行业。适量的果胶能使冰淇淋、果酱和果汁凝胶化。

柚果皮富含果胶，其含量达 6% 左右，是制取果胶的理想原料。

4）微生物多糖

微生物多糖是由微生物合成的食用胶，例如葡聚糖和黄原胶。葡聚糖是由 α-D-吡喃葡萄糖单位构成的多糖，各种葡聚糖的糖苷键和数量都不相同。葡聚糖可提高糖果的保湿性、黏度，在口香糖和软糖中作为胶凝剂，并可防止糖结晶，在冰淇淋中抑制冰晶的形成，对布丁混合物可提供适宜的黏性和口感。

3.4　以蔗渣为原料生产生物柴油

3.4.1　生物柴油的发展现状

1. 国外生物柴油的发展现状

（1）生物柴油在欧洲的发展

德国是较早开发利用生物柴油的国家。在欧洲，奥迪、大众、奔驰、亚菲特等汽车均允许其生产的各款柴油车上使用达到欧盟标准（EN14214）的 2001—09 的生物柴油，并保证给予相应机械保证和保养，扫清了用户使用生物柴油的顾虑。

（2）生物柴油在美国的发展

美国是较早研究生物柴油的国家之一。1983 年美国科学家 Gtraham 首先将亚麻子油甲酯用于发动机。1992 年美国能源署及环保署都提出生物柴油为燃料的要求。1999 年美国总统克林顿签署法令将生物柴油 B20 列为重点发展清洁能源之一。2000 年在旧金山 Green Team 公司的 94 辆垃圾车上全部使用纯生物柴油（B100）。2002 年，100 多个主要能源用户如美国邮政公司、空军、陆军、能源部及国家航空和宇航局等部门开始使用生物柴油，其中美国空军 Scott 基地所有柴油车均使用生物柴油。2001 年 12 月，美国 ASTM 颁布了生物柴油标（ASTMD6751）。美国生物柴油的产量发展迅速，生产原料主要是大豆油。2015 年生物柴油产量约为 6481kt，其中大豆生物柴油量约为 5444kt。同样美国各大汽车制造商如福特、通用等公司允许用户在柴油汽车上使用符合 ASTM PSl21—99 标准的生物柴油。

2. 我国生物柴油发展现状

由于油料产量、价格等因素影响，我国生物柴油的研究和开发起步较晚。据报道在河北、福建、四川等地已建成多条生物柴油装置。近两年，由于国家对再生能源的支持和世界石油价格的不断上涨，新的一轮生物柴油研发投资高潮已经来临。

3.4.2 生物柴油产业的发展动力

从 20 世纪的生物柴油发展史可以看出近 20 年中生物柴油的发展速度异常迅猛。这里既有能源危机因素，亦有环保问题，还有科技进步的促进。分析其发展动力有以下几个方面：

（1）石化柴油资源日益减少，急需寻找其替代品是发展生物柴油的原动力

随着科学技术和手段的不断发展，人们已逐渐认识到目前地球上可供人类使用的石油资源是不可再生的，是有限的，总有一天会被开采枯竭。《BP 世界能源统计 2006》显示，可开采的石油资源（含海底石油资源）为 $1.37×10^{11}$t，按目前 $3×10^9$t 年开采速度，石油储量仅供给 41 年。如果新发现石油资源速度为 10%，那么石油储量也仅够开采 50~80 年。这就产生一种去寻找可以替代石化柴油新能源的动力。而生物柴油是生物油脂经加工生产出来的，其燃烧性能与石化柴油相近，有些指标尚优于石化柴油。生物柴油与太阳能、风能、潮汐能一道成为 21 世纪最有发展潜力的可再生资源。而生物柴油与其他三种能源相比又具有易储备、原料来源广泛以及不受当时自然因素影响等优点，成为替代石化柴油首选能源。

（2）环保要求是发展生物柴油的强制动力

随着石化柴油的大量使用，给人类环境带来诸多问题，如石化柴油含有许多有害物质通过燃烧排入大气，已经严重危害人类的生存环境。21 世纪是绿色革命的世纪，石化燃料带来的大量温室气体排放已成为全世界关注的焦点，《京都协议书》中对温室气体排放制定了限制性强制条款，迫使包括美国、中国在内的所有国家限制 CO_2 的排放仅仅是早晚的事。而生物柴油的最原始原料是能源植物，能源植物通过光合作用将 CO_2 和水结合形成碳氢化合物，并通过新陈代谢将太阳能源储存起来。燃烧生物柴油所产生的 CO_2 低于能源植物在生长过程中吸收的 CO_2。

3.4.3 我国发展生物柴油应注意的问题

发展生物柴油产业是我国经济发展的必需，不论是解决由于依赖进口石油对我国能源安全造成的危机，还是解决环境污染，应对《京都协议书》的要求，发展生物柴油产业已经成为我国既定的朝阳产业而不容置疑。当前发展生物产业不能一哄而上，应注意以下几个问题。

1. 原料风险

理论上讲用于生产生物柴油的原料很多，如植物油脂中的菜籽油、棉籽油、大豆油、花生油、胡麻油、蓖麻油及木本油料等，动物油脂中的牛油、猪油、羊油等以及油脂工厂的下脚油、酸化油和餐饮废弃油、地沟废弃油、过期油脂以及化工厂的副产品等。但是仔细分析就会发现，我国每年都要进口近 $2×10^7$t 食用油，根本就没有多余的油脂去生产生物柴油。

我国每年消耗食用油可产生 $4.5 \times 10^6 t$ 以上废弃油，理论上可以收集的地沟油约为 $2 \times 10^6 t$。这个数字可以满足我国现有生物柴油工厂对原料的需求，但实际上由于我国尚未建立起科学合理的可操作的回收体系，所以从战略发展的角度看，我国发展生物柴油的瓶颈是原料问题。要发展生物柴油首先要建立起废弃油的回收机制；要开发荒山荒地建立油料植物基地；要发展农业科技、提高作物油量单产，包括生产转基因高油大豆等措施以便保证原料供给。应该做到没有原料不能立项建厂。

2. 市场风险

市场风险主要是针对现有的生物柴油企业。虽然生物能源在《可再生能源法》中已确定了法律地位，规定了不得以任何方式阻碍生物柴油进入加油站等主要销售渠道。但与发达国家相比，我国的扶持政策及相关配套措施极需加强和细化，至今生物柴油的标准尚未出台，生产销售均无规范可依。

3. 产品质量风险

生物柴油产业在我国刚刚起步。在无法可依的情况下，一些所谓的生物柴油企业利用地沟油简单的加工即进入市场，弄得生物柴油品质参差不齐，极大地影响了生物柴油的形象和声誉。

3.4.4 以蔗渣为原料生产生物柴油的研究意义和主要内容

1. 以蔗渣为原料生产生物柴油的研究意义

人类正面临着发展与环境的双重压力。有限的化石燃料和日益严重的环境问题加速了新型能源取代传统能源的步伐。生物柴油作为一种新型能源，已在全世界范围内引起了高度重视。近年来，欧盟国家和美国政府纷纷制定优惠政策，鼓励本国企业发展生物柴油产业，并提供高额财政补贴支持农民种植油料作物，对生产的生物柴油给予税收优惠，以提高生物柴油的市场竞争力，发展势头十分强劲。但由于我国植物和动物油脂供不应求，根本就没有多余的油脂去生产生物柴油，可见，我国发展生物柴油的瓶颈是原料问题。同时我国农林废弃物资源丰富，仅作物秸秆年产量近 $10^9 t$，主要成分为纤维素（35%~40%）、半纤维素（33%~38%）和木素（14%~17%）。年产半纤维素总量约（3.3~3.8）$\times 10^8 t$。如何实现有效转化利用数量巨大的半纤维素，对实现工农业可持续性健康发展具有积极的意义。

微生物油脂发酵周期短，不受场地、季节、气候变化等的影响，基本不占用额外耕地资源，易于连续工业化生产，对我国油脂资源开发具有特殊的意义。利用蔗渣半纤维素的水解物为底物，培养微生物生产微生物油脂，为生物柴油提供廉价原料，具有双重重大意义：一方面利用了大量废弃的蔗渣半纤维素；另一方面为我们提供了廉价的生物柴油原料，提供了巨大的能源物质。

2. 以蔗渣为原料生产生物柴油研究内容

① 根据蔗渣的组织结构特点，研究经济有效的预处理方法。
② 研究蔗渣水解液的不同脱毒方法。
③ 以木糖为唯一碳源筛选产油酵母。
④ 利用处理过的蔗渣水解物为底物筛选上步筛选出的产油酵母。
⑤ 产油酵母菌种诱变。
⑥ 酵母油脂的提取。

3.4.5 展望

生物能源是现今研究很热门的课题，生物发酵法生产生物柴油，不受地域季节限制、生产周期短、占地面积少、易于控制等特点使其优于农作物油脂生产。

我国生物柴油生产的瓶颈在于原料上。欧洲国家利用农作物果实生产生物柴油。我国粮食每年都要从国外进口很多，根本没有多余的粮食去生产生物柴油。但我国的农作物秸秆如蔗渣、麦草很多。我国每年蔗渣、麦、稻、玉米等秸秆生产总量约为 $7×10^8$ t，半纤维素总量约 $(2.2~2.7)×10^8$ t，如何实现有效转化利用数量巨大的半纤维素，对实现工农业可持续性健康发展具有积极的意义。如果充分利用半纤维素可以很大程度上解决能源问题。以蔗渣为原料生产生物柴油前景很好。

从发酵提取生物油脂的结果发现，在提取过程中选用了酸热法提取，其快捷方便、菌体需要量少的特点很突出。但提取效果比索氏提取法差很多，得油率较索氏提取法低。这样的结果影响了对菌种的分析。建议使用索氏提取法提取生物油脂。

从发酵残糖结果来看，发酵条件需要再优化处理。原发酵培养基糖的利用率均低于 50%。

菌种诱变方法如果选用其他方法如紫外诱变法、Co 照射等效果可能会更好些。

如果有酶活很高的半纤维素水解酶应采用酶解法处理蔗渣。不仅具有高效、节能、环保等优点，而且水解产物后续处理也会简单很多。

❧ 思考题 ❧

1. 试述淀粉糊化的过程及其影响因素。
2. 试述非酶褐变对食品质量的影响，并说明食品加工中常采取哪些措施对其进行控制？
3. 说明膳食纤维的性质与功能？
4. 举例说明食品中的功能性低聚糖有哪些？并简述其特点和作用？
5. 什么是生物柴油？简要说明其发展近况。

第4章 脂 类

4.1 概 述

4.1.1 脂类的定义与分类

脂类化合物(又称脂质)是生物体内一大类不溶于水而溶于有机溶剂(如氯仿、乙醚、丙酮、苯等)的化合物。所有的脂类化合物都由生物体产生并能为生物体所利用。在化学结构上,脂类化合物是脂肪酸与醇类所形成的化合物及其衍生物、萜类、类固醇类及其衍生物的总称。根据其结构特点,脂类化合物可分为五类,如表4-1所示。

表4-1 脂类化合物的分类

类 别		组 成	举 例
单纯脂类(简单脂类):由脂肪酸和醇所形成的酯	油脂(脂肪)	脂肪酸与甘油所成的酯	花生油、大豆油、猪脂等
	蜡	脂肪酸与高级一元醇所成的酯	蜂蜡、羊毛蜡等
复合脂类		由脂肪酸、醇和其他物质所成的酯	卵磷脂(由脂肪酸、甘油、磷酸和胆碱组成)
萜类、类固醇类及其衍生物		化合物一般不含脂肪酸,都是非皂化性物质	胆固醇、麦角固醇等
衍生脂类		上述脂类物质的水解产物	甘油、脂肪酸等
结合脂类		由脂类物质和其他物质(如糖、蛋白质等)结合而成的化合物	糖脂、脂蛋白等

食用油脂是生物体中最重要的一类脂类化合物。人们日常食用的动物油脂(如猪油、牛羊油脂、奶油等)和植物油(如菜油、豆油、芝麻油、花生油、茶油、棉籽油等)等都属于食用油脂。一方面,食用油脂为人体提供热量(1g 油脂含热量 38kJ)和必需脂肪酸,具有重要营养价值;另一方面,食用油脂是食品加工(如焙烤食品)的重要原料,它能使食品具有润滑的口感、光润的外观以及香酥的风味,对改善食品的口味具有重要的作用。

4.1.2 脂质的结构和组成

1. 脂肪酸的结构和命名

1)脂肪酸的结构

饱和脂肪酸:天然食用油脂中的饱和脂肪酸(saturated fatty acid)主要是长链(碳数>14)、直链、具有偶数碳原子的脂肪酸,但在乳脂中也含有一定数量的短链脂肪酸,而奇数碳原子及支链的饱和脂肪酸则很少见。

不饱和脂肪酸:天然食用油脂中的不饱和脂肪酸(unsaturated fatty acid)常含有一个或多

个烯丙基(—CH＝CH—CH$_2$—)结构，两个双键之间夹有一个亚甲基(共轭双键)。双键多为顺式，在油脂加工和储藏过程中部分双键会转变为反式，目前研究多认为这种形式的不饱和脂肪酸对人体无营养。人体内不能合成亚油酸和α-亚麻酸，但它们具有特殊的生理作用，属必需脂肪酸，其最好来源是植物油。

2) 脂肪酸的命名

(1) 系统命名法

选择含羧基的最长的碳链为主链，根据其碳原子数命名为某酸，若是含两个羧基的酸，选择含两个羧基最长的碳链为主链。

主链的碳原子编号从羧基碳原子开始，顺次编为1、2、3……，也可以用甲、乙、丙、丁……表示。

主链碳原子编号除上法外，也常用希腊字母把原子的位置定位为α、β、γ……，以此表示碳原子的位置。

若含双键(叁键)，则选择含羧基和双键(叁键)的最长碳链为主链，命名为某烯(炔)酸，并把双键(叁键)的位置写在某烯(炔)酸前面。如下面所示：

$$CH_3(CH_2)_7CH＝CH(CH_2)_7COOH \quad 9-十八碳一烯酸$$

(2) 俗名或普通名称

许多脂肪酸最初是从某种天然产物中得到的，因此通常根据其来源命名，9-十八碳一烯酸的俗名就为油酸(18：1ω9)。其他如花生酸(20：0)、油酸(18：1)、棕榈酸(16：0)、月桂酸(12：0)、酪酸(4：0)。

(3) 英文缩写

9-十八碳一烯酸的英文全名为 oleic acid，英文缩写名为 O。

常见脂肪酸的各种命名总结见表4-2。

表4-2 常见脂肪酸的命名

分类	分子结构式	系统命名	数字命名	俗名或普通名	英文缩写
饱和脂肪酸	CH$_3$(CH$_2$)$_2$COOH	丁酸	4：0	酪酸	B
	CH$_3$(CH$_2$)$_4$COOH	己酸	6：0	己酸	H
	CH$_3$(CH$_2$)$_6$COOH	辛酸	8：0	辛酸	Oc
	CH$_3$(CH$_2$)$_8$COOH	癸酸	10：0	癸酸	D
	CH$_3$(CH$_2$)$_{10}$COOH	十二酸	12：0	月桂酸	La
	CH$_3$(CH$_2$)$_{12}$COOH	十四酸	14：0	肉豆蔻酸	M
	CH$_3$(CH$_2$)$_{14}$COOH	十六酸	16：0	棕榈酸	P
	CH$_3$(CH$_2$)$_{16}$COOH	十八酸	18：0	硬脂酸	St
	CH$_3$(CH$_2$)$_{18}$COOH	二十酸	20：0	花生酸	Ad
不饱和脂肪酸	CH$_3$(CH$_2$)$_5$CH＝CH(CH$_2$)$_7$COOH	9-十六碳烯酸	16：1	棕榈油酸	Po
	CH$_3$(CH$_2$)$_7$CH＝CH(CH$_2$)$_7$COOH	9-十八碳烯酸	18：1ω9	油酸	O
	CH$_3$(CH$_2$)$_4$CH＝CHCH$_2$CH＝CH(CH$_2$)$_7$COOH	9,12-十八碳二烯酸	18：2ω6	亚油酸	L
	CH$_3$CH$_2$CH＝CHCH$_2$CH＝CHCH$_2$CH＝CH(CH$_2$)$_7$COOH	9,12,15-十八碳三烯酸	18：3ω3	α-亚麻酸	α-Ln

分类	分子结构式	系统命名	数字命名	俗名或普通名	英文缩写
不饱和脂脂肪酸	$CH_3(CH_2)_4CH = CHCH_2CH = CHCH_2CH = CH(CH_2)_4COOH$	6,9,12-十八碳三烯酸	18:3ω6	γ-亚麻酸	γ-Ln
	$CH_3(CH_2)_4(CH = CHCH_2)_4(CH_2)2COOH$	5,8,11,14-二十碳四烯酸	20:4ω6	花生四烯酸	An
	$CH_3CH_2(CH = CHCH_2)_5(CH_2)_2COOH$	5,8,11,14,17-二十碳五烯酸	20:5ω3	二十碳五烯酸	EPA
	$CH_3(CH_2)_7CH = CH(CH_2)_{11}COOH$	13-二十二碳烯酸	22:1ω9	芥子酸	E
	$CH_3CH_2(CH = CHCH_2)_6CH_2COOH$	4,7,10,13,16,19-二十二碳六烯酸	22:6ω3	二十二碳六烯酸	DHA

3）常见动植物油的脂肪酸组成

常见动物油的脂肪酸组成见表4-3。常见植物油的脂肪酸组成见表4-4。

表4-3　常见动物油中脂肪酸的组成　　　　　　　　　　　　　　　　g/100g

动物油	n-3多不饱和脂肪酸的含量	n-6多不饱和脂肪酸的含量	单不饱和脂肪酸的含量	饱和脂肪酸的含量
青鱼油	15	5	55~60	20~25
鲑鱼油	20~25	5~10	40	30
沙丁鱼油	25~30	5~10	30~35	30~35
鸡油	≤3	15~20	45~50	30~35
蛋黄油	≤5	10	50~55	35~40
猪油	≤3	<10	50	40
牛油	≤2	5	45~55	40~50
羊油	5	5	30~40	50~60
奶油	≤2	≤5	23~25	60~70

表4-4　常见植物油中脂肪酸的组成　　　　　　　　　　　　　　　　g/100g

植物油	n-3多不饱和脂肪酸的含量	n-6多不饱和脂肪酸的含量	单不饱和脂肪酸的含量	饱和脂肪酸的含量
菜子油	10	20	60	10
核桃油	10~15	60	15	10~15
葵花子油	0	65~70	20	10~15
玉米油	≤1	50~55	30	15~20
大豆油	10	45	25~30	15~20
橄榄油	≤1	≤4	80	15
花生油	0	40~45	35	20~25
可可油	≤1	≤4	25~35	60~70

2. 脂肪的结构和命名

（1）脂肪的结构

天然脂肪是甘油与脂肪酸酯化的一酯、二酯和三酯，分别称为一酰基甘油、二酰基甘油和三酰基甘油。食用油脂中最丰富的是三酰基甘油类，它是动物脂肪和植物油的主要组成。

中性的酰基甘油是由一分子甘油与三分子脂肪酸酯化而成，见图4-1。

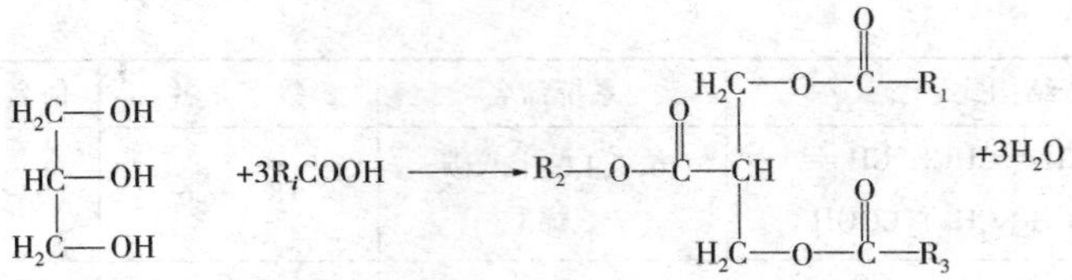

图 4-1 生成酰基甘油酯的反应

如果 R_1、R_2 和 R_3 相同则称为单纯甘油酯，橄榄油中有 70% 以上的三油酸甘油酯；当 R_n 不完全相同时，则称为混合甘油酯，天然油脂多为混合甘油酯。当 R_1 和 R_3 不同时，则 C_2 原子具有手性，且天然油脂多为 L 型。

（2）酰基甘油的命名

酰基甘油的命名比较常用的是立体有择位次编排体系（即 Sn-系统命名），是由赫尔斯曼提出的，可应用于合成脂肪和天然脂肪。这种命名系统规定甘油的费歇尔平面投影式中位于中间的羟基写在中心碳原子的左边，碳原子以 1~3 按自上而下的顺序编排：

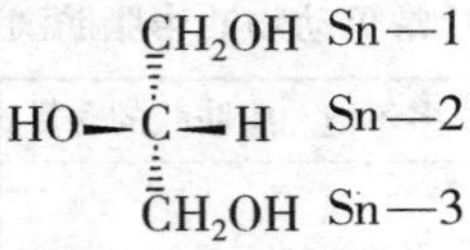

例如，如果硬脂酸在 Sn-1 位置酯化，油酸在 Sn-2 位置酯化，肉豆蔻酸在 Sn-3 位置酯化，可能生成的酰基甘油是：

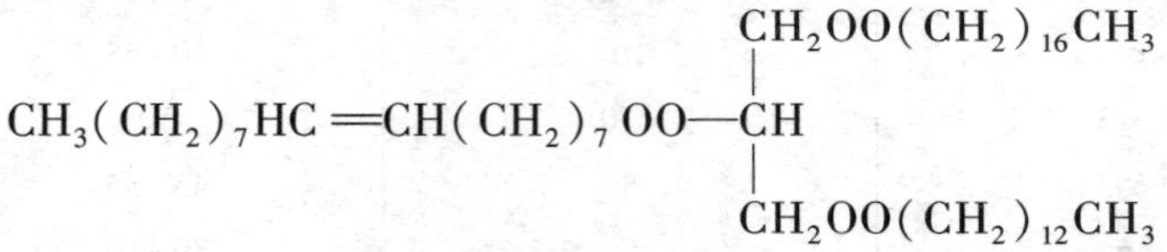

上述甘油酯可称为：中文命名为 1-硬脂酰-2-油酰-3-肉豆蔻酰-Sn-甘油或 Sn-甘油-1-硬脂酸酯-2-油酸酯-3-肉豆蔻酸酯；英文缩写命名为 Sn-StOM；数字命名为 Sn-18：0-18：1-14：0。

4.2 脂类在食品加工中的性质

4.2.1 油脂的水解和皂化

油脂的水解与酯键有关，油脂中的脂肪与其他所有的酯一样，能在酸、加热或酶的作用下发生水解，生成甘油和脂肪酸。在碱性条件下水解出的游离脂肪酸与碱结合生成脂肪酸盐。高级脂肪酸盐通常称作肥皂，所以脂肪在碱性条件下的水解反应称作皂化反应。

反应式如下所示：

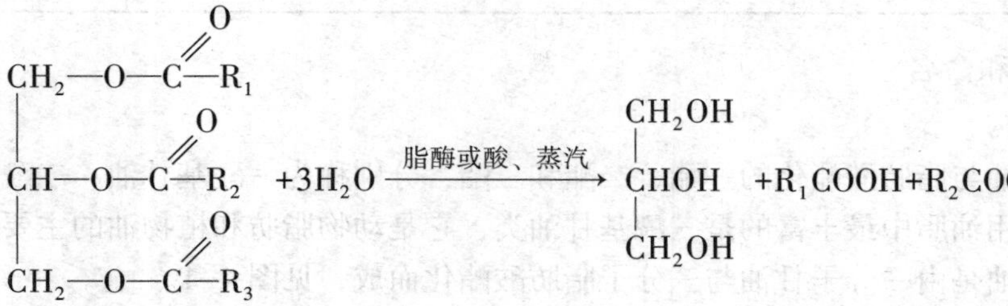

在活体动物组织中的脂肪中并不存在游离的脂肪酸，一旦动物被宰杀后，由于组织中脂肪酶的作用可使其水解生成游离脂肪酸，动物脂肪在加热精炼过程中使脂肪水解酶失活，可减少游离脂肪酸的含量，延长其储藏时间。

与动物脂肪相反，成熟的油料种子在收获时油脂会发生明显的水解，并产生游离的脂肪酸，因此大多数植物油在精炼时需用碱中和。

在消化过程中脂肪的水解反应有利于人体对油脂的乳化和吸收。而脂肪的水解反应对油脂的储存是不利的，油脂中游离脂肪酸的增多是油脂变质的前提。水、空气、光照、加热、酶及其他作用都能加快水解反应的速率。所以在储存油脂时应注意避光，防高温、防水和密封。对已使用过的油脂，要尽可能地缩短储存期。在夏天，更要防止它们由于含杂质、水分、环境温度高而水解变质。

4.2.2 氧化反应

脂类氧化是食品变质的主要原因之一，它能导致油脂及油基食品产生各种不良风味和气味，一般称为酸败。酸败会降低食品的营养价值，有些氧化产物还具有毒性。在某些情况下，对于一些特殊的食品如油炸食品，脂类的轻度氧化是期望的。因此，脂类的氧化对于食品行业是至关重要的。脂类氧化以自动氧化最具代表性。除此之外，不同的氧化条件下还有其他的氧化途径，如脂类的光敏氧化、酶促氧化等。

1. 自动氧化

（1）自动氧化的基本机理

自动氧化（autoxidation）是脂类与分子氧接触的反应，是脂类氧化变质的主要原因。多不饱和脂肪酸以游离脂肪酸、甘油三酸酯、磷脂等形式通过自动氧化过程发生氧化变质。含一个或多个非共轭戊二烯单位（—CH＝CH—CH$_2$—CH＝CH—）的脂肪酸对氧分子特别敏感。

自动氧化过程复杂，涉及许多中间反应物。大量的研究证明，脂肪的自动氧化遵循自由基链式反应历程，它具有如下特征：

$$脂肪自氧化的特征 \begin{cases} 干扰自由基反应的化学物质也能显著地抑制氧化速率 \\ 光和产生自由基的物质对反应有催化作用 \\ 产生大量的氢过氧化物 ROOH \\ 由光引发的氧化反应量子产额超过 1 \\ 用纯底物量，存在一个较长的诱导期 \end{cases}$$

脂类的自动氧化历程包括引发、传递和终止三个阶段，如图 4-2 所示。

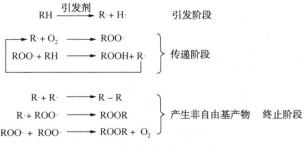

图 4-2　脂类自动氧化的三个阶段

45

通常整个反应过程的熵比引发反应阶段的熵低，而且 RH+O_2 ——→自由基的反应是热力学上难以反应的一步(活化能约 146kJ/mol)，所以通常靠催化方法产生最初几个引发传递反应所必需的自由基，如氢过氧化物的分解、金属催化或光等的活化作用可导致第一步的引发反应。当有足够的自由基形成时，反应物 RH 的双键 α-碳原子上的氢被除去，生成烷基自由基 R·，开始链反应传递，氧在这些位置(R·)发生加成，生成过氧自由基 ROO·，ROO·又从另一些 RH 分子的 α-亚甲基上去氢，形成氢过氧化物(ROOH)和新的自由基(R·)，然后新的 R·与氧反应，重复上述步骤。由于 R·的共振稳定性，反应的结果一般伴随双键位置的移动，生成含有共轭双二烯基的异构化氢过氧化物(对于未氧化的天然酰基甘油是不正常的)。

脂类自动氧化的主要初始产品氢过氧化物不稳定，无挥发性，而且没有气味，它们经历无数的裂解和相互作用等复杂反应，产生很多具有不同分子量、风味阈值以及生物价值的化合物。

（2）氢过氧化物的形成

氢过氧化物是脂类自动氧化的主要初级产物，其结构与底物(不饱和脂肪酸等)的结构有关。现代分析技术已对油酸、亚油酸及亚麻酸自动氧化过程中产生的异构氢过氧化物做了定性和定量分析，如图 4-3 所示。

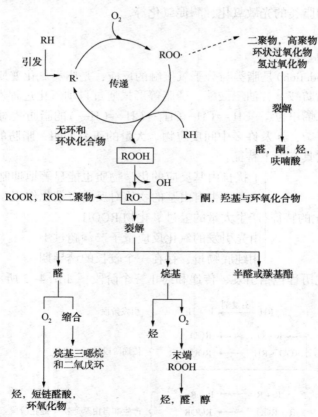

图 4-3 脂类自动氧化的一般过程

油酸：油酸分子的 C-8 和 C-11 脱氢产生两种烯丙基自由基中间物。氧在每个自由基的末端碳上进攻生成 8-、9-、10-、11-烯丙基氢过氧化物的异构混合物，如图 4-4 所示。

46

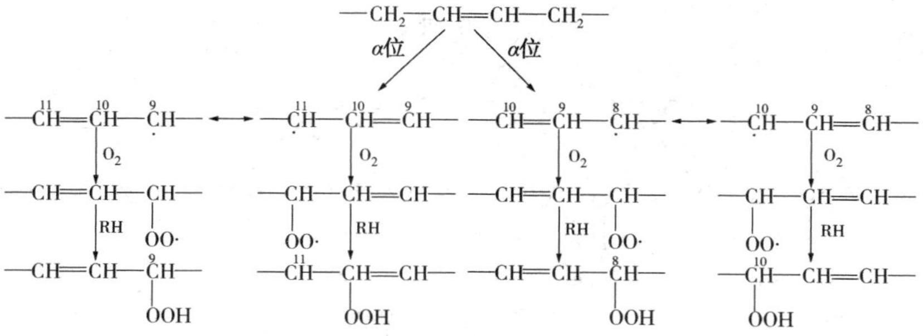

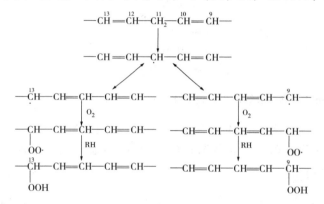

图 4-4 油酸分解产生氢过氧化物

反应中形成的 8-、11-氢过氧化物略多于 9-、10-异构物。在 25℃ 时，顺式和反式的 8-、11-氢过氧化物的数量是相近的，但 9-、10-异构体主要是反式。

亚油酸：亚油酸分子中 1,4-戊二烯结构使其对氧化的敏感性远远超过亚麻酸中的丙烯体系（约为 20 倍），而且 11 位的氢原子特别活泼，受到相邻两个双键的双重活化。11 位自由基只产生两种氢过氧化物，而且产生的 9-、13-氢过氧化物的量是相等的。同时，由于异构化现象的发生，这个反应过程中存在（顺，反）-和（反，反）-异构体，如图 4-5 所示。

图 4-5　亚油酸分解严生氢过氧化物

亚麻酸：亚麻酸分子中存在两个 1,4-戊二烯结构。C-11 和 C-14 的两个活化的亚甲基脱氢后生成两个戊二烯自由基。反应中形成的 9-、16-氢过氧化物明显多于 12-、13-异构体，这是因为：①氧优先与 C-9 和 C-16 反应；②12-、13-氢过氧化物分解较快；③12-、13-氢过氧化物通过 1,4-环化生成六环过氧化物的氢过氧化物，或通过 1,3-环化生成类前列腺素桥环过氧化物。如图 4-6 所示。

2. 光敏氧化

单线态氧与脂肪酸中的双键反应引起的油脂氧化称为光敏氧化（photosensitized oxidation）。

通常情况下脂肪与基态氧直接作用生成氢过氧化物所需的活化能很大，所以脂肪酸与氧作用直接生成自由基是比较困难的。但是，在光的照射下，油脂中存在的一些物质，如色素（天然的叶绿素、血红蛋白，人工合成的赤藓红等）、稠环芳香化合物（蒽、红荧烯等）和染料（曙光红、亚甲基蓝、红铁丹等），能吸收可见光和近紫外光而活化，这些物质称为光敏剂（sensitizer，简写 Sen）。光敏剂能将基态氧（三线态氧 $^3O_2$）转化为反应活性更强的激发态氧（单线态氧 $^1O_2$），如图 4-7 所示。

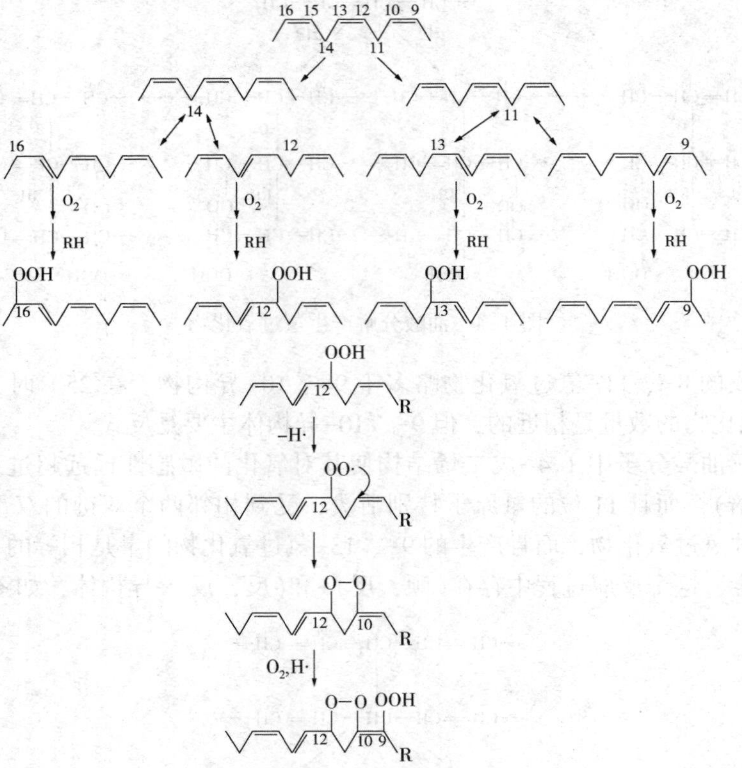

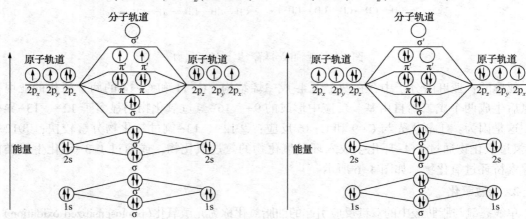

图 4-6　亚麻酸分解产生氢过氧化物及类前列腺素桥环过氧化物的生成

$$Sen(基态)+h\nu \longrightarrow Sen^*(激发态)$$

$$Sen^*(激发态)+{}^3O_2(基态氧) \longrightarrow Sen(基态)+{}^1O_2(激发态氧)$$

图 4-7　三线态氧分子（${}^3O_2$）与单线态氧分子（${}^1O_2$）的分子轨道式

　　单线态氧能迅速和高电子密度部分即油脂中的不饱和双键反应，速度比基态氧大约快1500倍。

　　光敏氧化的机理与自动氧化不同，它是通过"烯"反应进行氧化的，图4-8以亚油酸酯的光敏氧化为例。高亲电性的单线态氧可以直接进攻双键部位上的任一碳原子，进攻的点数

48

是 $2n$(n 为双键数），形成六元环过渡态，然后双键位移，形成反式构型的氢过氧化物，生成的氢过氧化物种类为 $2n$。

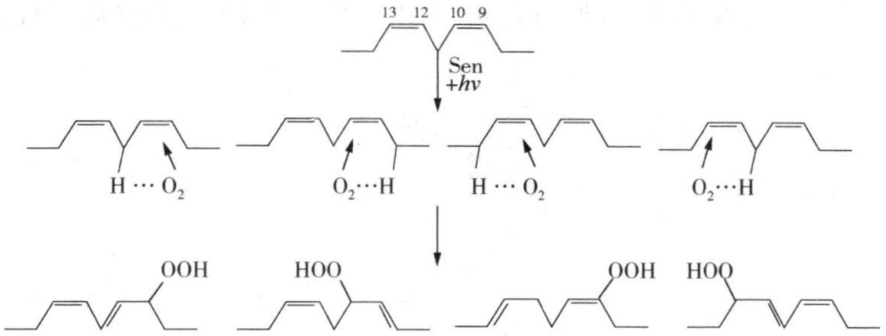

图 4-8　亚油酸酯光敏氧化机理

在脂类光敏氧化过程中单线态氧是自由基活性引发剂，根据单线态氧产生的氢过氧化物的分解特点可用来解释脂类氧化生产的某些产物。一旦形成初始氢过氧化物，自由基反应将成为主要反应历程。

3. 酶促氧化

脂肪在酶参与下发生的氧化反应称为酶促氧化（enzymatic oxidation）。

油脂的酶促氧化与食品中的脂肪氧合酶（lipoxygenase，Lox）有关。脂肪氧合酶的分子量约为 10^5，等电点为 5.4，是一种含有 Fe^{2+} 的结合蛋白，被氢过氧化物作用而激活，Fe^{2+} 转化为 Fe^{3+}，并在 0~20℃ 范围内有很高的反应活性。Lox 专一地作用于顺，顺-1,4-戊二烯酸结构（—CH＝CHCH$_2$CH＝CH—）的脂肪酸并生成相应的氢过氧化物，因此，亚油酸和亚麻酸是植物脂肪氧合酶的优先底物，花生四烯酸是动物脂肪氧合酶的优先底物，油酸不被酶促氧化。脂肪氧合酶酶促氧化机理及产物结构如图 4-9 所示。

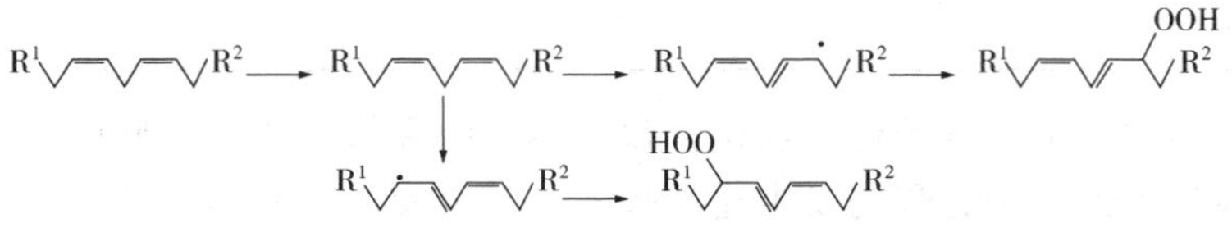

图 4-9　脂肪氧合酶酶促氧化机理及产物结构

此外，通常所称的酮型酸败也属酶促氧化，是由某些微生物如灰绿青霉、曲霉等繁殖时产生的酶（如脱氢酶、脱羧酶、水合酶）的作用引起的。该氧化反应多发生在饱和脂肪酸的 β-碳位上，因而又称为 β-氧化作用，而且氧化产生的最终产物酮酸和甲基酮具有令人不愉快的气味，故称为酮型酸败。其反应过程如图 4-10 所示。

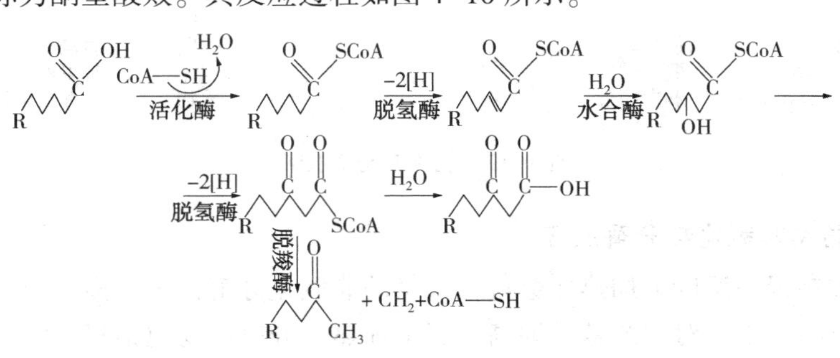

图 4-10　脂肪酶促氧化过程

不同来源的脂肪氧合酶对固定底物作用时，由于专一性，所形成的氢过氧化物的结构不同。大豆在加工中产生的豆腥味与脂肪氧合酶的作用有密切关系，植物中的己醛、己醇、己烯醛是脂肪氧合酶作用下生成的典型青嫩叶臭味物质。亚油酸的酶促氧化过程如图 4-11 所示。

图 4-11　亚油酸的酶促氧化过程

4.2.3　热分解

油脂在高温下的反应十分复杂，在不同条件下会发生聚合、缩合、氧化、分解、热氧化聚合等反应。长时间高温烹调的油脂自身品质也会降低，如黏度增高、碘值下降、酸价升高、发烟点降低、泡沫量增多、遮光率改变，还会产生刺激性气味。表 4-5 列出了部分氢化大豆油在高温加热前后的一些指标变化。

表 4-5　部分氢化大豆油高温加热前后的特征指标

特征指标	新鲜油	加热油
碘值/($gI_2/100g$)	108.9	101.3
皂化值/(mgKOH/g)	191.4	195.9
酸价/(mgKOH/g)	0.03	0.59

在高温下，脂类发生复杂的化学变化，包含热降解和氧化两种类型反应。在氧存在下加热，饱和脂肪酸与不饱和脂肪酸均发生化学降解，其反应历程如图 4-12 所示。

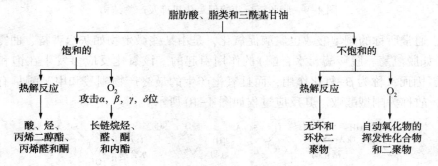

图 4-12　脂类热分解图解

1. 饱和脂肪类非氧化热分解反应

饱和脂肪酸在很高温度下加热才会进行大量的非氧化分解，金属离子（Fe^{3+} 等）的存在可催化热分解反应的发生。对三酰基甘油高温真空加热，分解产物包括醛、酸、酮，主要反应如图 4-13 所示。

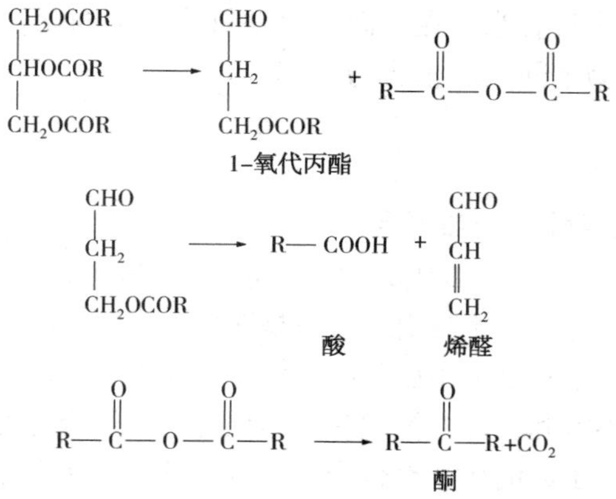

图 4-13　饱和脂肪的非氧化热分解反应

其中，1-氧代丙酯分解生成丙烯醛和 C_n 脂肪酸，酸酐中间体脱羧即形成对称酮，是与三酰基甘油辐射分解相似的自由基历程。这在热解产物的生成过程中同样起着重要的作用，特别是在较高温度下加热油脂。

2. 饱和脂肪类的热氧化反应

饱和脂肪酸及其脂类在常温下较稳定，但加热至高温（>150℃）也会发生氧化，并生成多种产物，如同系列的羧酸、2-链烷酮、直链烷醛内酯、正烷烃和1-链烯。

饱和脂肪酸加热氧化首先形成氢过氧化物，脂肪酸的全部亚甲基都可能受到氧的攻击，一般在 α、β、γ 位优先被氧化。氢过氧化物再进一步分解，生成烃、醛、酮等化合物。图 4-14 所示为氧进攻 β 位置时生成一系列化合物。

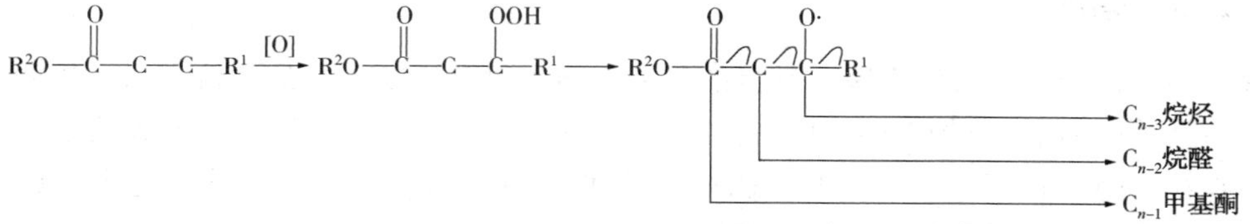

图 4-14　饱和脂肪的氧化热分解反应

脂肪酸 β-碳氧化可生成 β-酮酸，脱羧后形成 C_{n-1} 甲基酮，烷氧基中间体在 α-碳和 β-碳间裂解生成 C_{n-2} 链烷醛，在 β-碳和 γ-碳间断裂则生成 C_{n-3} 烷烃。

3. 不饱和脂肪酸酯非氧化反应

在隔氧条件下，较剧烈的热处理使不饱和脂肪酸发生分解反应，主要产物为二聚化合物，并生成一些低分子量的物质。二聚化合物包括无环单烯和二烯二聚物以及具有环戊烷结构的饱和二聚物，它们都是通过双键的 α-亚甲基脱氢后形成的烯丙基产生的。这类自由基通过歧化反应可形成单烯烃或二烯酸，或是 $\diagdown$C=C$\diagup$ 发生分子间或分子内加成反应。

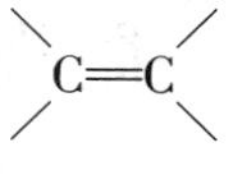

4. 不饱和脂肪酸酯热氧化反应

不饱和脂肪酸比相对应的饱和脂肪酸更易氧化，高温下氧化分解反应进行得很快。由于这些反应能在较宽的温度范围内进行，在高温和低温两种情况下氧化反应途径是相同的，但两种温度条件下的氧化产物存在某些差异。从加热过的脂肪中已分离出很多分解产物，脂肪

51

在高温下生成的主要化合物具有脂肪在室温下自动氧化产生的化合物的典型特征。根据双键的位置可以预测氢过氧化物中间体的生成与分解。

4.2.4　热聚合

1. 不饱和油脂在无氧条件下的热聚合

不饱和油脂在隔氧(如真空、二氧化碳或氮气的无氧)条件下加热至高温(低于220℃),油脂在邻近烯键的亚甲基上脱氢,产生自由基,但是该自由基并不能形成氢过氧化物,它进一步与邻近的双键作用,断开一个双键又生成新的自由基,反应不断进行下去,最终产生环套环的二聚体,如不饱和单环、不饱和二环、饱和三环等化合物。热聚合可发生在一个酰基甘油分子中的两个酰基之间,形成分子内的环状聚合物,也可以发生在两个酰基甘油分子之间。

不饱和油脂在高于220℃,无氧条件下加热时,除了有聚合反应外,还会在烯键附近断开 C—C 键,产生低分子量的物质。

2. 不饱和油脂在有氧条件下的热聚合

不饱和油脂在空气中加热至高温时即能引起氧化与聚合反应。其氧化的主要途径与自动氧化反应相同,该条件下氧化速率非常高,反应速度更快。

4.2.5　缩合

在高温下,特别是在油炸条件下,食品中的水进入到油中,把挥发性氧化物赶走,同时也使油脂发生部分水解,酸价增高,发烟点降低,然后水解产物再缩合成分子量较大的环氧化合物。

4.2.6　辐解

食品辐照作为一种灭菌手段,其目的是消灭微生物和延长食品的货价寿命。辐照能使肉和肉制品杀菌(高剂量,如 10~50kGy),防止马铃薯和洋葱发芽,延迟水果成熟以及杀死调味料、谷物、豌豆和菜豆中的昆虫(低剂量,如低于 3kGy)。无论从食品的稳定性或经济观点考虑,食品的辐照保藏对工业界有着日益增加的吸引力。

但其负面影响是,辐照会引起脂溶性维生素的破坏,其中生育酚特别敏感。此外,如同热处理一样,食品辐照也会导致化学变化。辐照剂量越大,影响越严重。在辐照食物的过程中,油脂分子吸收辐照能,形成自由基和激化分子,激化分子可进一步降解。以饱和脂肪酸酯为例,辐解首先在羰基附近 α、β、γ 位置处断裂,生成的辐解产物有烃、醛、酸、酯等。激化分子分解时可产生自由基,自由基之间可结合生成非自由基化合物。在有氧时,辐照还可加速油脂的自动氧化,同时使抗氧化剂遭到破坏。辐照和加热造成油脂降解,这两种途径生成的降解产物有些相似,只是后者生成更多的分解产物。

4.3　脂类的改性

4.3.1　油脂氢化

1. 油脂氢化的机理

油脂中不饱和脂肪酸在催化剂(铂、镍、铜)的作用下,在不饱和键上加氢,使碳原子达到饱和或比较饱和，从而把在室温下呈液态的油变成固态的脂，这种过程称为油脂的氢化。氢化工艺在油脂工业中具有极大的重要性，因为它能达到以下几个主要目的（图4-15）：

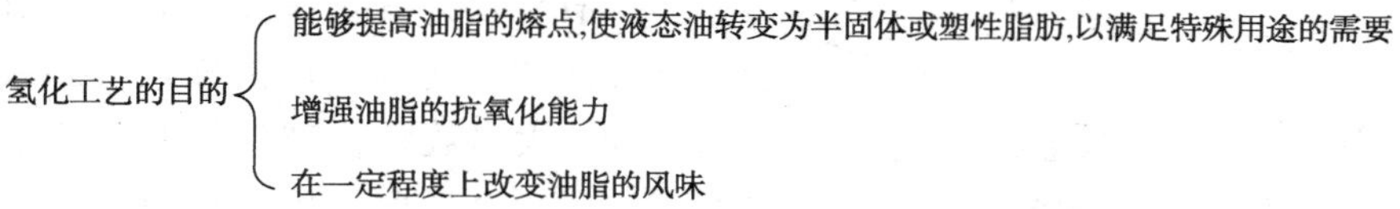

氢化工艺的目的 { 能够提高油脂的熔点，使液态油转变为半固体或塑性脂肪，以满足特殊用途的需要
增强油脂的抗氧化能力
在一定程度上改变油脂的风味

图4-15　氢化工艺的目的

油脂氢化是在油中加入适量催化剂，并向其中通入氢气，在140~225℃条件下反应3~4h，当油脂的碘值下降到一定值后反应终止（一般碘值控制在18）。油脂氢化的机理见图4-16。

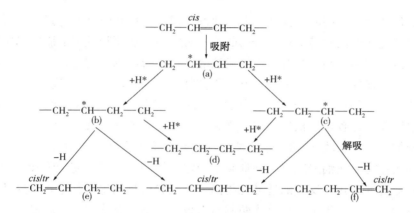

图4-16　油脂氢化反应示意图

2. 氢化的选择性

在氢化过程中，不仅一些双键被饱和，而且一些双键也可重新定位和（或）从通常的顺式转变成反式构型，所产生的异构物通常称为异酸。部分氢化可能产生一个较为复杂的反应产物的混合物，这取决于哪一个双键被氢化、异构化的类型和程度以及这些不同的反应的相对速率。油脂氢化的程度不一样，其产物不一样，如亚麻酸（18∶3）的氢化产物按不同加氢的顺序有：

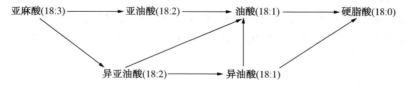

天然脂肪的情况就更为复杂了，这是因为它们都是极复杂的混合物。

油脂氢化选择性是指不饱和程度较高的脂肪酸的氢化速率与不饱和程度较低的脂肪酸的氢化速率之比。由起始和终了的脂肪酸组成以及氢化时间计算出反应速率常数。例如，豆油氢化反应中（图4-17），亚油酸氢化成油酸的速率与油酸氢化成硬脂酸的速率之比（选择比，

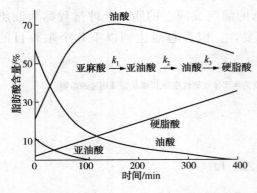

图 4-17 豆油氢化反应速率常数

SR)为：

$$k_2/k_3 = 0.159/0.013 = 12.2$$，这意味着亚油酸氢化比油酸氢化快 12.2 倍。

一般来说，吸附在催化剂上的氢浓度是决定选择性和异构物生成的因素。如果催化剂被氢饱和，大多数活化部位持有氢原子，那么两个氢原子在合适的位置与任何靠近的双键反应的机会是很大的。因为接近这两个氢的任一个双键都存在饱和的倾向，因此产生了低选择性。另外，如果在催化剂上的氢原子不足，那么，较可能的情况是只有一个氢原子与双键反应，导致半氢化-脱氢顺序以及产生异构化的可能性较大。

不同的催化剂具有不同的选择性，铜催化剂比镍催化剂有较好的选择性，对孤立双键不起作用，其缺点是活性低、易中毒，残存的铜不易除去，从而降低了油脂的稳定性。以离子交换树脂为载体的铂催化剂，具有较高的亚油酸选择性及低的异构化。

加工条件对选择性也有非常大的影响。不同加工条件(氢压、搅拌强度、温度以及催化剂的种类和浓度)通过它们对氢与催化剂活性比的影响而影响选择性。例如，温度增加，提高了反应速率以及使氢较快地从催化剂中除去，从而使选择性增加。

通过改变加工条件来改变 SR，这样能使加工者在很大程度上控制最终油的性质。例如，选择性较高的氢化能使亚油酸减少，并提高了稳定性。同时，可使完全饱和化合物的生成降低到最少和避免过度硬化。反应的选择性越高，反式异构物的生成就越多，这从营养的观点来讲是非常不利的。许多年来，食品脂肪制造者设计了不少氢化方法以尽量使异构化降到最低，同时又避免生成过量的完全饱和的物质。

4.3.2 酯交换

油脂的性质主要取决于脂肪酸的种类、碳链的长度、脂肪酸的不饱和程度和脂肪酸在甘油三酯中的分布。有时这种性质限制了它们在工业上的应用，但可以采用化学改性的方法如酯交换改变脂肪酸的分布模式，以适应特定的需要。例如，猪油的三酰基甘油酯多为 Sn-SUS，该类酯结晶颗粒大，口感粗糙，不利于改善产品的稠度，也不利于用在糕点制品上。但经过酯交换后，改性猪油可结晶成细小颗粒，稠度改善，熔点和黏度降低，适合于作为人造奶油和糖果用油。酯交换就是指三酰基甘油酯上的脂肪酸酯与脂肪酸、醇、自身或其他酯类作用而进行的酯基交换或分子重排的过程。酯-酯交换可发生于甘三酯分子内也可发生于分子间。

分子内酯-酯交换

分子间酯-酯交换

通过酯交换，可以改变油脂的甘油酯组成、结构和性质，生产出天然没有的、具有全新结构的油脂，或人们希望得到的某种天然油脂，以适应某种需要。也可生产单甘酯、双甘酯以及甘三酯外的其他甘三酯类。目前，酯交换已被广泛应用于表面活性剂、乳化剂、植物燃料油以及各种食用油脂等各个生产领域。酯交换可在高温下发生，也可在催化剂甲醇钠或碱金属及其合金等的作用下在较温和的条件下进行。酯交换一般采用甲醇钠作催化，通常只需在 $50\sim70℃$ 下，不太长的时间内就能完成。

1. 化学酯交换

（1）酯交换反应机理

以 S_3、U_3 分别表示三饱和甘油酯和三不饱和甘油酯。首先是甲醇钠与三酰基甘油反应，生成二脂酰甘油酸盐。

$$U_3+NaOCH_3 \longrightarrow U_2ONa+U-CH_3$$

这个中间产物再与另一分子三酰甘油分子发生酯交换，反应如此不断继续下去，直到所有脂肪酸酰基改变其位置，并随机化趋于完全为止。

（2）酯交换种类

随机酯交换：当酯化反应在高于油脂熔点进行时，脂肪酸的重排是随机的，产物很多，这种酯交换称为随机酯交换。随机酯交换可随机地改组三酰基甘油，最后达到各种排列组合的平衡状态。例如，将 Sn-SSS，Sn-SUS 为主体的脂变为 Sn-SSS、Sn-SUS、Sn-SSU、Sn-SUU、Sn-USU、Sn-UUU6 种酰基甘油的混合物。如50%的三棕榈酸酯和50%的三油酸酯发生随机酯交换反应：

$$PPP（50\%）+OOO（50\%）$$

$$\downarrow NaOCH_3$$

PPP（12.5%） POP（12.5%） OPP（25%） POO（25%） OPO（12.5%） OOO（12.5%）

油脂的随机酯交换可用来改变油脂的结晶性和稠度，如猪油的随机酯交换增强了油脂的塑性，在焙烤食品可作起酥油用。

定向酯交换：定向酯交换是将反应体系的温度控制在熔点以下，因反应中形成的高饱和度、高熔点的三酰基甘油结晶析出，并从反应体系中不断移走。从理论上讲，该反应可使所有的饱和脂肪酸都生成为三饱和酰基甘油，从而实现定向酯交换为止。混合甘油酯经定向酯交换后，生成高熔点的 S_3 产物和低熔点的 U_3 产物，如：

$$POP \xrightarrow{NaOCH_3} PPP（33.3\%）+OOO（66.7\%）$$

2. 酶促酯交换

近年来，以酶作为催化剂进行酯交换的研究已取得可喜进步。以无选择性的脂水解酶进行的酯交换是随机反应，但以选择性脂水解酶作催化剂，则反应是有方向性的，如以 Sn-1,3 位的脂水解酶进行脂合成也只能与 Sn-1,3 位交换，而 Sn-2 位不变。这个反应很重要，此种酯交换可以得到天然油脂中所缺少的甘油三酰酯组分。如棕榈油中存在大量的 POP 组分，但加入硬脂酸或三硬脂酰甘油以 1,3 脂水解酶作交换可得到：

$$O-\begin{bmatrix} P \\ P \end{bmatrix} + St \xrightarrow{1,3脂水解酶} O-\begin{bmatrix} P \\ P \end{bmatrix} + O-\begin{bmatrix} P \\ St \end{bmatrix} + O-\begin{bmatrix} St \\ St \end{bmatrix} + \cdots\cdots$$

其中，Sn-POSt 和 Sn-StOSt 为可可脂的主要组分，这是人工合成可可脂的方法。这种可控重排适用于含饱和脂肪酸的液态油(如棉籽油、花生油)的熔点的提高和稠度的改善，因此无须氢化或向油中加入硬化脂肪，即可转变为具有起酥油稠度的产品。

4.4　油脂的质量评价

4.4.1　过氧化值

油脂与空气中的氧发生氧化后首先生成氢过氧化物，当积累到一定程度后，会逐渐分解为醛、酮、醇、酸等化合物。因此，氢过氧化物是油脂初期氧化程度的标志。氢过氧化物无味，但对人体健康有害。过氧化值是用来表征油脂氧化初期氢过氧化物含量的一个指标，它是指 1kg 油脂中氢过氧化物的物质的量，单位为 mmol/kg。测定原理是被测油脂与碘化钾作用生成游离碘，以硫代硫酸钠标准溶液滴定析出的碘分子，以消耗硫代硫酸钠的物质的量(mmol)来确定氢过氧化物的物质的量(mmol)。一般新鲜的精制油过氧化值低于 1。过氧化值升高，表示油脂开始氧化。过氧化值超标的油脂不能食用。

氢过氧化物为油脂自动氧化的主要初始产物，油脂氧化初期，过氧化值随氧化程度加深而增高，而当油脂深度氧化时，氢过氧化物的分解速率超过其生成速率，导致过氧化值下降。因此，过氧化值仅适合油脂氧化初期的测定。

4.4.2　碘值

油脂中的不饱和键可与卤素发生加成作用，生成卤代脂肪酸，这一作用称为卤化作用。碘值是指 100g 脂肪所能吸收的碘的质量(g)，用来表示脂肪酸或脂肪的不饱和程度。碘值越高，不饱和程度越高；反之，碘值越低，不饱和程度越低。例如，大豆油(饱和脂肪酸 12%~15%，不饱和脂肪酸 85%~88%)的碘值为 124~139，而猪油(饱和脂肪酸 38%~48%，不饱和脂肪酸 52%~62%)的碘值为 46~66。

4.4.3　酸值

酸值(价)指中和 1g 油脂中的游离脂肪酸所消耗的 KOH 质量(mg)。酸值用来表示油脂中游离脂肪酸的含量。油脂的酸值高，表明油脂中的游离脂肪酸高，易于发生氧化酸败。为了保障食用油脂的品质和食用价值，我国食用植物油质量标准中都对酸值做了规定：食用植物油的酸值不得超过 5mgKOH/g。

4.4.4　皂化值

油脂在酸、碱或酶的作用下可水解成甘油和脂肪酸。油脂在碱性溶液中水解的产物不是游离脂肪酸而是脂肪酸的盐类(习惯上称为肥皂)。因此,把油脂在碱性溶液中的水解称为皂化作用。

$$
\begin{array}{l}
CH_2O-\overset{\overset{\displaystyle O}{\|}}{C}-R \\
CHO-\overset{\overset{\displaystyle O}{\|}}{C}-R \\
CH_2O-\overset{\overset{\displaystyle O}{\|}}{C}-R
\end{array}
\quad +3H_2O \quad \xrightarrow[\text{(或酸、蒸汽)}]{\text{酯酶}} \quad
\begin{array}{l}
CH_2OH \\
CHOH \\
CH_2OH
\end{array}
\quad +3R-COOH
$$

脂肪   甘油   脂肪酸

$$
\begin{array}{l}
CH_2O-\overset{\overset{\displaystyle O}{\|}}{C}-R \\
CHO-\overset{\overset{\displaystyle O}{\|}}{C}-R \\
CH_2O-\overset{\overset{\displaystyle O}{\|}}{C}-R
\end{array}
\quad +3KOH \atop \text{(或NaOH)} \quad \longrightarrow \quad
\begin{array}{l}
CH_2OH \\
CHOH \\
CH_2OH
\end{array}
\quad +3R-COOK
$$

脂肪   甘油   肥皂

皂化值指完全皂化 1g 油脂所消耗的氢氧化钾的质量(mg)。皂化值可用来判断油脂分子量的大小。油脂分子量越大,皂化值越低;反之,油脂分子量越小,皂化值越高。例如,椰子油皂化值为 250~260mgKOH/g,是所有油脂中皂化值最高的,这是由于椰子油中的脂肪酸组成为辛酸 5%~10%、癸酸 5%~11%、十二酸 50%、十四酸 13%~18%,其低级脂肪酸含量较高,高级脂肪酸中十二酸和十四酸含量很高,十六酸以上的脂肪酸几乎没有,因此其平均分子量较低,皂化值较高。又如,牛乳脂肪的低级脂肪酸含量也较高(5%~14%),平均分子量较低,皂化值 218~235,仅次于椰子油。其他油脂中,猪油皂化值为 193~200mgKOH/g,大豆油皂化值为 189~194mgKOH/g。

4.4.5 酯值

皂化 1g 纯油脂所需要的氢氧化钾的质量(mg)称为酯值,这里不包括游离脂肪酸的作用。因此,酯值等于皂化值减去酸值。

4.5 微生物发酵生产油脂

4.5.1 概念

微生物油脂(microbial oil)又叫单细胞油脂(single cell oil,SCO),是指产油微生物在一定条件下将碳水化合物转化并储存在菌体内的油脂,主要是由不饱和脂肪酸(PUFAs)组成的甘油三酯(TAG),在脂肪酸组成上与植物油如菜籽油、棕榈油、大豆油等相似,是以 C_{16} 和 C_{18} 系列为主的脂肪酸。某些微生物如酵母、霉菌、细菌、微藻等能够利用碳水化合物、碳氢化合物和普通油脂作为碳源在菌体内积累大量油脂,油脂含量超过菌体干重 20% 的称为产油微生物(oleaginous microorganisms)。

与动植物油脂相比,利用微生物发酵生产油脂具有以下优点:

① 微生物具有很强的适应能力，生长繁殖速度快，生长周期短，代谢活力强，易于培养，可方便基因工程改良。

② 利用微生物发酵生产油脂不占用耕地，不受场地、季节、气候的限制，能够连续、大规模工业化生产，生产成本低，而且比农业生产油脂节省劳动力。

③ 微生物不但可以利用淀粉、糖类等作为发酵原材料，还可以利用工农业废弃物如糖蜜、淀粉生产中产生的废料废液、木材糖化液等作为发酵原材料，不仅原材料来源广泛、价格便宜，而且有利于废物利用，绿色环保。

微生物油脂中的 PUFA 可以作为功能性食品，利用微生物发酵生产油脂可作为生物柴油的原料，有望大幅度地降低生物柴油生产成本，保障生物柴油产业原料供应。关于微生物发酵生产油脂的研究，对于促进生物柴油的大规模工业化生产和广泛应用、解决我国社会经济可持续发展的能源短缺、环境污染等问题具有深远的意义。

4.5.2　生产油脂的微生物种类

目前能够用来生产油脂的微生物有细菌、酵母、丝状真菌和微藻类等，其中以酵母菌和霉菌类的真核微生物居多。但微生物细胞通常仅含有 2%～3% 的油脂，随着人们对微生物研究的深入，发现某些微生物在特定的条件下培养，干菌体含油率可达到 30%，甚至 60%。如此之高的油脂含量引起了人们的极大兴趣，使微生物油脂的实际开发成为可能。尤其引人注目的是，某些微生物可以产生具有极高药用价值的亚油酸、γ-亚麻酸、二十碳五烯酸（AA）、二十二碳六烯酸（DHA）等脂肪酸油脂。

1. 酵母

酵母是研究得比较多的产油微生物，目前已发现的高产油脂酵母主要有斯达氏油脂酵母（*Lipomyces starkeyi*）、黏红酵母（*Rhodotorla glutinis*）、解脂亚罗酵母（*Yarrowia lipolytica*）等。文献报道，酵母在脂肪酸的分布模式上较相似，绝大多数酵母仅有 C_{16} 和 C_{18} 脂肪酸，其中基本的饱和脂肪酸是软脂酸和硬脂酸，基本的不饱和脂肪酸是油酸，少数酵母中最多的单不饱和脂肪酸是棕榈油酸，多不饱和脂肪酸在酵母中也存在，油酸含量一般较丰富，但亚油酸含量很少。这种油脂脂肪酸组成有利于酵母油脂成为生产生物柴油的优质原料，因为油酸分子中只含一个双键，化学性质稳定，不易氧化，且冷凝点低，而多不饱和脂肪酸由于双键过多，在保藏过程中极易氧化。

大多数酵母中总的油脂含量一般低于 20%，但是微生物中油脂的含量与它们的生长条件有很大关系，即使是很好的产油微生物，在生长条件不佳时，积累的油脂量也很少。这是高产油脂酵母的普遍特征。产油酵母能在各种碳源上生长良好，如蔗糖、糖蜜、乳糖、油脂等。酵母转化碳水化合物为油脂的理论转化率为 33%，但实际转化率很少超过 20%。

2. 霉菌

霉菌中脂肪酸类型要比酵母丰富得多。油脂含量超过 25% 的霉菌约有 64 种，大部分霉菌油脂含量在 20%～25% 之间。霉菌主要用于生产高比例的不饱和脂肪酸，不同霉菌的脂肪酸组成有很大的差别，如土曲霉的脂肪酸组成与食用植物油特别相近，还有的能产生特殊的脂肪酸，如蓖麻油酸等。一些霉菌如被孢霉属及其突变株，能产生相对量较大的 γ-亚麻酸和花生四烯酸。

3. 藻类

目前较为常见的产油藻主要是微藻。微藻个体小、生长迅速、环境适应能力强、容易培

58

养、太阳能利用效率高，具有广泛的应用前景。微藻油脂含量较高，且油脂成分与植物油脂相似，具有较为广泛的应用价值。微藻油脂不仅可以替代植物油脂用于生物柴油的工业化生产，而且可以作为食用油。目前国内外科研工作者对微藻自养和异养发酵都进行了大量的研究，文献报道较多的有小球藻、三角褐指藻、等鞭金球藻等。

4. 细菌

细菌是最简单、最小的微生物细胞。细菌往往能够积累奇数碳链的脂肪酸和多不饱和脂肪酸。据报道，混浊红球菌（*Rhodococcus opacus*）在甜菜糖蜜和蔗糖中培养时，能大量积累脂肪，主要是不饱和的甘油三酸酯。但大多数产油细菌不产甘油三酯，而是积累特殊的脂质，如蜡、聚 β-烃丁酸、聚酯等，这些脂质主要存在于细胞膜上，不方便提取，因此产油细菌在工业上没有多大意义。

4.5.3 微生物油脂的产油机理

综合目前国内外的研究，油脂合成的机理主要可分为 4 个环节：乙酰-CoA 的形成→脂肪酸的合成→脂肪酸碳链的延长和去饱和→甘油三酯的合成。

微生物产生油脂的过程本质上与动植物产生油脂的过程相似，都是从利用乙酰-CoA 羧化酶的羧化催化反应开始，经过多次链的延长及经去饱和酶的一系列去饱和作用等，完成整个生化过程。其中去饱和酶是微生物通过氧化去饱和途径生成不饱和脂肪酸的关键酶，该过程称之为脂肪酸氧化循环。不饱和脂肪酸的合成途径如图 4-18 所示。

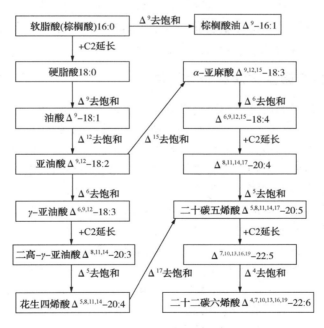

图 4-18　微生物多不饱和脂肪酸的合成途径

在此过程中，乙酰 CoA 羧化酶和去饱和酶是两个主要的催化酶。乙酰 CoA 羧化酶催化脂肪酸合成的是一种限速酶，此酶是由多个亚基组成的以生物素作为辅基的复合酶。乙酰 CoA 羧化酶结构中有多个活性位点，如乙酰 CoA 结合位点、ATP 结合位点、生物素结合位点等。因此该酶能为乙酰 CoA、ATP 和生物素所激活。ADP 是该酶 ATP 的竞争性抑制剂，抗生物素蛋白作用于生物素而抑制了该酶的活性，丙二酸单酰 CoA 起反馈抑制作用。另外，丙酮酸盐对该酶有轻微的激活作用，磷酸盐对该酸的活性有较低程度的抑制作用。去饱和酶是微生物通过氧化去饱和途径生成不饱和酸的关键酶，去饱和作用是由一个复杂的去饱和酶系来完成的。20 世纪 70 年代中期，科研人员就发现酵母微粒体中的去饱和酶系主要由 3 种酶组成，即 NADH-Cytb5 还原酶、Cytb5 和末端去饱和酶。NADH-Cytb5 还原酶是一种黄素蛋白，其催化作用是将电子从 NADH 传至 Cytb5，Cytb5 只作为去饱和酶的电子供体，对去饱和并未起到实质性的作用，而末端去饱和酶才是产生不饱和酸的关键。

微生物油脂的积累大体可分为两个阶段，发酵培养的前期为细胞增殖期，这个时期微生物要消耗培养基中的碳源和氮源，以保证菌体代谢旺盛和增殖过程。在这一阶段中细胞也合成油脂，但主要用于细胞骨架的组成，即以脂质体形式存在。当培养基中碳源充足而某些营养成分（特别是氮源）缺乏时，菌体细胞分裂速度锐减，微生物基本不再进行细胞繁殖，而过量的碳元素继续被细胞吸入，在细胞质中经糖酵解途径进入三羧酸循环，同时甘油三酯的积累过程被激活。

4.5.4 微生物油脂的组成

磷脂和甘油酯主要是微生物合成脂质，甘油酯约占 80% 以上，磷脂约占 10% 以上。磷脂主要有磷脂酰乙醇胺、磷脂酰丝氨酸和磷脂酰胆碱的脂肪酸酯等，这些脂质由多种脂肪酸组成，且含量差异大。以油酸、棕榈酸、亚油酸的含量最高，其他脂酸，如花生油酸、亚麻酸、花生四烯酸、花生酸、二十碳五烯酸（EPA）、二十二碳六烯酸（DHA）和一些特殊脂肪酸存在于一些变异株中。不饱和脂肪酸，特别是高不饱和脂肪酸，因它的较好的经济价值和难得的生理功能，已成为现今产脂微生物定向育种发展方向。

4.5.5 发酵生产微生物油脂研究进展

利用微生物生产油脂的研究最早可追溯到第一次世界大战期间，当时德国曾准备利用内孢霉属（*Endomyces*）和单细胞藻类镰刀属（*Fusarium*）的某些菌种生产油脂以解决食用油匮乏问题。随后美国、日本等国也开始研究微生物油脂的生产。第二次世界大战前夕，德国科学家筛选到了适于深层培养的菌种并进行规模生产。后来发现利用微生物生产普通油脂成本太高，无法与动、植物来源的油脂相竞争。有关微生物油脂的探索此后一度集中在获取功能性油脂，如富含多不饱和脂肪酸的油脂。近年来，随着现代工业生物技术的发展，微生物油脂发酵从原料到过程都不断取得新进展，已获得更多具有高产油能力的产油微生物资源，提高了微生物产油的效率。日本、德国、美国等国目前已有商品菌油面市。最近，美国国家可再生能源实验室（NREL）的报告特别指出微生物油脂发酵可能是生物柴油产业和生物经济的重要研究方向。希腊学者 S. Papanikolaou 等报道利用 *Mortierella isabellina* 进行高浓度糖发酵（初始糖浓度达 100g/L），油脂产量达到 18.1g/L，显示出很好的应用前景。我国在该领域的研究开发较晚，国内 20 世纪 90 年代初开始有微生物油脂生产的研究报道，目前研究集中在菌种的筛选、发酵工艺条件优化等方面。

随着现代生物技术的发展，将可能获得更多的微生物资源。如通过对野生菌进行诱变、细胞融合和定向进化等手段能获得具有更高产油能力或其油脂组成中富含稀有脂肪酸的突变株，提高产油微生物的应用效率。随着化石资源日益减少和世界各国能源供应形势日趋严峻，通过工业微生物技术转化和利用以木质纤维素为主的可再生资源制备液体能源产品——

生物柴油,已成为社会经济可持续发展的迫切要求。应充分利用现代分子生物学、化学生物学和生物化工技术的最新成果,加快对产油微生物菌种筛选、改良、代谢调控和发酵工程的研究,降低微生物油脂的生产成本,使产油微生物的研究领域取得更快的发展。

微生物油脂的研究正方兴未艾,不仅可以为生物柴油提供原料,而且从食用到粉末涂料、可塑剂、润滑油、香料和农药等生产的出发原料和精细化工中间体,都有着广泛的用途。

4.5.6 微生物发酵产油脂生产工艺

1. 微生物油脂生产工艺

微生物油脂的生产工艺流程如图4-19所示。

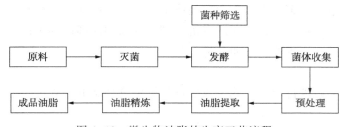

图4-19 微生物油脂的生产工艺流程

2. 微生物油脂的生产原料

随着工业生物技术的发展,微生物油脂发酵从原料到工艺过程都不断取得新进展,很多原料都可以作为微生物生长所需的发酵培养液,而开发廉价原料也成为人们研究的热点。

(1)工业废弃物

在工业化生产中,常常产生的废液如糖蜜、乳清、废糖液、豆制品工业废液、黑废液(造纸工业中含有戊糖和己糖的亚硫酸纸浆)以及食品加工中新产生的废料、废液等都是制造微生物油脂很好的原料。

(2)农作物秸秆

秸秆通过预处理后,其中的纤维素和半纤维素在催化剂的作用下水解,分别转化为五碳糖和六碳糖,经过简单提纯可以获得浓度较高的糖液。这些糖液可以用于微生物发酵的原料,从而获得可以制取生物柴油的微生物油脂。

(3)高糖植物

粗放种植的高糖植物,如甘薯、木薯和菊芋等,也是微生物油脂技术的优良原料。其中,甘薯耐瘠、耐旱,抗风力强,适应性强,产量高。研究发现,木薯主要成分是纤维素,淀粉占35%,葡萄糖占0.33%,蔗糖占1%。菊芋的果实含油量26%,其中油酸31%,亚油酸64%,亚麻酸0.7%,具有良好的干性油特征。微生物油脂发酵技术可实现菊芋全生物量利用,每公顷滩涂地年种植的菊芋平均可生产5t油脂,远远高于种植油料作物的产油量。

(4)能源作物

某些具有高效光合能力的植物能快速生长,积累生物量,经过处理即可得到碳水化合物,是油脂发酵的理想原材料。我国南方的芒荻类植物(包括芒属和荻属),具有适应能力强、生长迅速、可连续多年收获、产量高、生产成本低等优势。现在欧洲一些国家像英国、德国等已利用耕地栽培自行选育的"芒荻"作"新能源"植物,以取代煤、汽油发电,供乡村居民和小型工厂用电。

3. 菌体培养

有很多文献研究表明，不同种属的微生物，其油脂含量、油脂成分各不相同。即使同一种微生物在不同的培养条件下，其产油量和油脂成分也不尽相同。与此相关的培养条件主要有碳源、氮源、温度、金属离子、生长时期及菌丝老化、种龄和接种量、温度、pH 值、通气量、前体与表面活性剂及前体促进剂等。微生物培养可采用液体培养法、固体培养法和深层培养法。研究真菌产脂的发酵条件和发酵工艺对菌种的发酵条件的优化具有重要指导作用。

4. 菌体预处理方法

菌体的预处理在微生物油脂的生产过程中也是关键的。一般微生物可用压榨的方法和溶剂萃取法提取，但由于真菌油脂多包含在菌体细胞内，有些油脂甚至与蛋白质或糖类呈结合态存在，且由于细胞壁较坚韧，故在用有机溶剂浸提前须对菌体细胞进行预处理，以得到较高的提取率。预处理方法主要有下面几种：

（1）掺砂共磨法

将菌体与砂子一起进行研磨。此法较接近传统植物油脂的前处理工艺，常用于工业化生产微生物油脂。

（2）稀盐酸处理

如将酵母与稀盐酸共煮，则细胞分解便得到油脂，效率很高。

（3）菌种自溶法

让菌体在 50℃下保温 2~3d。

（4）蛋白质溶剂变性法

用乙醇或丙醇使结合蛋白变性。

（5）反复冻融法

通过慢速冷冻在细胞体内生成大冰晶及反复冻融的过程来破坏细胞壁。

（6）超声波破碎

通过超声波高频振动产生的空穴效应达到破壁的目的。

5. 油脂提取

目前，研究者常采用的油脂提取方法有：有机溶剂法、索氏提取法、超临界 CO_2 萃取法（SCF-CO_2 法）、酸热法。四种提取方法提取真菌油脂的对比结果如下：

（1）有机溶剂法

有机溶剂法最为简便易行，但油脂提取效果最差，原因是细胞破碎能力差，故而不能有效提取细胞内油脂。酵母菌的细胞壁较霉菌脆弱，易于被破坏，故有机溶剂法提取酵母菌油脂的效果较提取霉菌好。在多不饱和脂肪酸高产菌株的诱变筛选中，菌株油脂含量是菌株取舍的重要指标之一，有机溶剂法显然不适合菌株筛选之用。在工业大生产中，经球磨机或高压匀浆处理后的破碎菌体，可以考虑采用有机溶剂浸提油脂。

（2）索氏提取法

索氏法是油脂提取中最常用的方法。该方法油脂得率最高，但耗时也最长，样品需先经烘干处理，样品的需要量也大。高产菌株的诱变筛选中，多采用摇瓶小量发酵，每批样品处理量很大，索氏法难以满足菌株初筛的要求。如在高产菌株的复筛及培养条件的优化时，索氏法因其准确高效的特点，可考虑作为首选方法。

（3）超临界 CO_2 萃取法（SCF-CO_2 法）

SCF-CO_2 法是新一代化工分离技术，因其可在常温下操作、有效防止提取物氧化分解、无溶剂残留、安全性高等特点，在生理活性物质的提取、分离上获得广泛应用。在真菌油脂的提取中，已有不少采用 SCF-CO_2 法的报道。SCF-CO_2 法提取真菌油脂的效果虽较索氏法略差，但油脂的脂肪酸组成及含量相近，且样品需要量小，样品处理能力较索氏法大为提高。采用该方法的主要限制因素是需具有专门的仪器设备，但对具有仪器设备的单位，在菌株的筛选中，SCF-CO_2 法不失为一种较理想的油脂提取方法。

（4）酸热法

该方法处理菌体，主要是利用盐酸对细胞壁中糖及蛋白质等成分的作用，使原来结构紧密的细胞壁变得疏松，再经沸水浴及速冻处理，使细胞壁进一步被破坏，有机溶剂可有效地浸提出细胞中的油脂。酸热法将细胞破碎与油脂提取结合在一起，提取能力大大加强，油脂提取效果与 SCF-CO_2 法相近。该方法操作简便、快速，样品不需任何处理，单位时间内可处理大量样品，极为适合菌株筛选之用。该方法提取的油脂中，营养必需脂肪酸含量较索氏法及 SCF-CO_2 法提取的油脂高，这可能是酸热处理可使细胞膜中富含多不饱和脂肪酸的脂类更多地被提取出来。

6. 油脂分析

提取所得油脂需要对所含总油脂定性、定量分析以及对其组成和各组分含量进行分析检测。目前所用的油脂定性分析主要是苏丹黑染色法，而油脂得率测定通常用的是苏丹黑染色测吸光度绘制标准曲线法和酸热法提取重量差法。油脂成分分析一般利用气、质联用仪在线检测。

7. 油脂精炼

分离的微生物油脂还需进一步加工，如纯化或精炼以及修饰。微生物油脂的精炼工艺主要包括水化脱胶、碱炼、脱色、脱臭等工序。精炼处理是最大程度地去除原油中的污染物，这些污染物会影响产品的质量和修饰过程的效率。微生物油的纯化和浓缩要求使用几个操作单元取决于萃取的脂肪酸和操作规模。这包括尿素加合物的形成，在分子筛上的分离，溶剂的冻化，分级结晶，各种色谱技术和脂酶催化反应。应尽量避免蒸馏 PUFA 或 PUFA 酯，以防止双键移动的立体变更、结晶和二聚体形成。如果蒸馏不可避免，必须去除后生成物。修饰过程包括氢化、分级和相互酯化，这些用于拓宽微生物油脂的应用性。

精炼后的油脂其分析指标包括：气味和滋味、色泽、水分、密度、透明度、酸值、碘值、过氧化值、脂肪酸组成、甘三酯组成等。

4.5.7 主要应用

目前对微生物油脂的研究和开发主要集中在利用微生物生产附加值高的功能性油脂和特殊用途方面（如制备具有医药营养保健作用的 PUFAs）。PUFAs 的主要应用可归纳为以下几个方面：

1. 医药方面

由于 PUFAs 对智力发育、心血管病等有良好效果。近年来，日本、美国等推出一系列的 PUFAs 保健品，尤其是 ω-3 系列的 EPA 和 DHA。主要为鱼油保健胶囊、胶丸，它们一般含 EPA+DHA 在 20%～80%之间。成人一般每天服用 EPA+DHA 约 1g，保健效果较好。

2. 食品工业

由于婴儿和老人及少数特殊病人需强化 PUFAs 的摄入，目前国际上已开发出富含 PUEAs 的婴儿奶粉、饮料、鸡蛋、罐头、香肠、火腿、炼乳、豆腐乳、蛋黄酱、糖果、食用果胶等食品。

3. 饲料工业

特种海产如对虾等，DHA 是必需的营养成分，如果养殖富含 DHA 的海藻，做成饵料，将十分有前途。日本前化学株式会给母鸡喂含有 DHA 的鱼粉，生产出了富含 DHA（约 80mg DHA）的鸡蛋，称之为健脑蛋。家畜喂富含 PUFAs 的饲料，会提高产品的品质。

4. 其他方面

由于 PUFAs 有防止皮肤老化的作用，可利用它生产高级化妆品。另外，还可用作食品添加剂、营养配方组分、健康辅料，等等。

思考题

1. 简述脂类的自动氧化酸败及其影响因素。
2. 油脂自动氧化的机理是什么？如何对油脂进行妥善保存？
3. 简述油脂精炼的步骤。
4. 何为 HLB 值？如何根据 HLB 值选用不同食品体系的乳化剂？
5. 为什么亚油酸的氧化速度远高于硬脂酸？

第5章 蛋 白 质

5.1 概 述

蛋白质是一类结构复杂的大分子物质，分子量在几万至几百万之间。它是由多种不同的 α-氨基酸按照不同的排列顺序通过肽键相互连接而成的高分子有机物质。

蛋白质是构成生物体细胞的基本物质之一，在维持正常的生命活动中具有重要作用。如：具有生物催化功能的酶蛋白，调节代谢反应的激素蛋白(胰岛素)，具有运动功能的收缩蛋白(肌球蛋白)，具有运输功能的转移蛋白(血红蛋白)，具有防御功能的蛋白(免疫球蛋白)，储存蛋白(种子蛋白)和保护蛋白(毒素)等。有些蛋白质还具有抗营养性质，如胰蛋白酶抑制剂。总之，正常机体的基本生命运动都和蛋白质息息相关，没有蛋白质就没有生命。

蛋白质是一种重要的产能营养素，能提供人体所需的必需氨基酸。蛋白质是食品的主要成分，鱼、禽、肉、蛋、乳等是优质蛋白质的主要来源。蛋白质还对食品的质构、风味和加工产生重大影响。因此，了解和掌握蛋白质的理化性质和功能性质以及食品加工工艺对蛋白质的影响，对于改进食品蛋白质的营养价值和功能性质具有很重要的实际意义。

5.2 蛋白质的化学组成

5.2.1 元素组成

蛋白质种类繁多，有成千上万种，但是蛋白质的基本组成元素却很相近。根据元素分析，蛋白质主要含有 C、H、O、N，还含有 P、S，少数蛋白质还含有 Fe、Zn、Mg、Co、Cu 等元素。大多数蛋白质的元素组成如下：C 约为 50%~56%，H 约为 6%~7%，O 约为 20%~30%，N 约为 14%~19%，S 约为 0.2%~3%，P 约为 0~3%。大多数蛋白质含氮量比较接近，平均含量为 16%。氮元素含量可采用凯氏定氮法进行测定，所以只要测出样品中的含氮量就能估算出样品中蛋白质的大致含量。氮元素含量与蛋白质含量的换算关系如下式：

$$蛋白质的含量 = 氮元素的含量 \times (100/16) = 氮元素的含量 \times 6.25$$

5.2.2 氨基酸

1. 氨基酸的结构

氨基酸是带有氨基的有机酸，分子结构中至少含有一个氨基和一个羧基。天然蛋白质在酸、碱或酶的作用下，完全水解的最终产物是性质各不相同的一类特殊的氨基酸，即 L-α-氨基酸。L-α-氨基酸是组成蛋白质的基本单位，其结构通式如图 5-1 所示。分子结构中均含

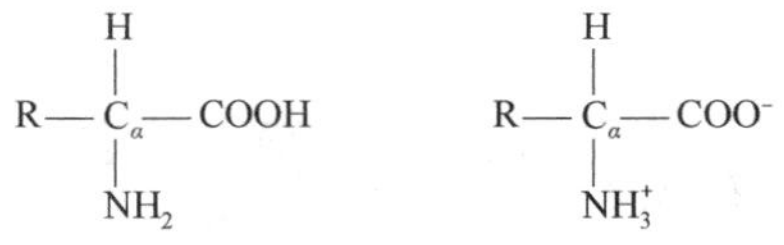

非解离形式　　　两性离子形式

图 5-1 氨基酸的结构通式

有一个 α-H，一个 α-COOH，一个 α-NH_2和一个 α-R，均以共价键和 α-C 相连接，除甘氨酸外，这种碳原子常为手性碳原子。大多数天然氨基酸的构型为 L-氨基酸。

2. 氨基酸的分类

自然界中氨基酸种类很多，但组成蛋白质的氨基酸仅 20 余种，其具体分类如表 5-1 所示。

表 5-1　组成蛋白质的主要氨基酸

分类	名称	常用缩写符号		R 基结构
		三字符号	单字符号	
中性氨基酸	甘氨酸	Gly	G	—H
	丙氨酸	Ala	A	$-CH_3$
	缬氨酸	Val	V	$-CH(CH_3)_2$
	亮氨酸	Leu	L	$-CH_2-CH(CH_3)_2$
	异亮氨酸	Ile	I	$-CH(CH_3)-CH_2-CH_3$
	蛋氨酸	Met	M	$-CH_2-CH_2-S-CH_3$
	脯氨酸	Pro	P	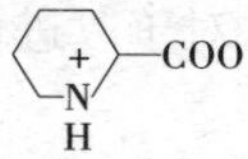
	苯丙氨酸	Phe	F	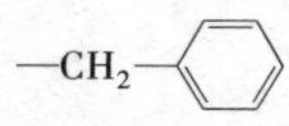
	色氨酸	Trp	W	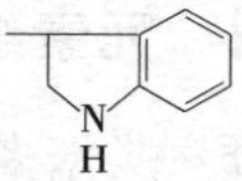
	丝氨酸	Ser	S	$-CH-OH$
	苏氨酸	Thr	T	$-CH(OH)-CH_3$
	半胱氨酸	Cys	C	$-CH_2-SH$
	酪氨酸	Tyr	Y	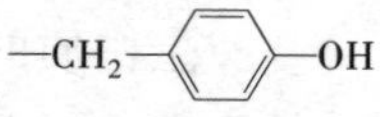
	天冬酰胺	Asn	N	$-CH_2-CO-NH_2$
	谷氨酰胺	Gln	Q	$-CH_2-CH_2-CO-NH_2$
碱性氨基酸	赖氨酸	Lys	K	$-CH_2-CH_2-CH_2-CH_2-NH_3^+$
	精氨酸	Arg	R	$-CH_2-CH_2-CH_2-NH-C(=NH_2^+)-NH_2$
	组氨酸	His	H	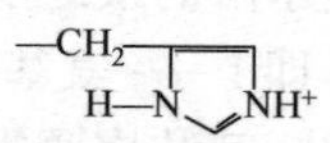

分类	名称	常用缩写符号		R 基结构
		三字符号	单字符号	
酸性氨基酸	天冬氨酸	Asp	D	$—CH_2—COO^-$
	谷氨酸	Glu	E	$—CH_2—CH_2—COO^-$

各种氨基酸的分类如下:

① 根据侧链基团 R 的化学结构不同,可分为芳香族氨基酸、杂环氨基酸、脂肪族氨基酸三类。其中芳香族氨基酸包括苯丙氨酸、酪氨酸两种,杂环氨基酸包括色氨酸、组氨酸和脯氨酸三种,其余十五种基本氨基酸均为脂肪族氨基酸。

② 根据侧链基团 R 的酸碱性不同,可分为中性氨基酸、酸性氨基酸、碱性氨基酸三类。

③ 根据侧链基团 R 的极性不同,可将氨基酸分为四类:

第一类是具有非极性或疏水性的氨基酸,包括丙氨酸、缬氨酸、亮氨酸、异亮氨酸、蛋氨酸、脯氨酸、苯丙氨酸、色氨酸,它们在水中的溶解度比较小;

第二类是具有极性但不带电荷的氨基酸,包括具有中性基团、能与适宜的分子加水形成氢键的氨基酸,如丝氨酸、苏氨酸、酪氨酸、半胱氨酸、天冬酰胺、谷氨酰胺、甘氨酸;

第三类是带正电荷的氨基酸,包括赖氨酸、精氨酸和组氨酸;

第四类是带负电荷的氨基酸,包括天冬氨酸、谷氨酸,通常含有两个羧基。

人体所需的氨基酸,大多数是可以自身合成或者能由另一种氨基酸在体内转变而成,但有八种氨基酸是人体自身不能合成的,只能通过食物供给,称为必需氨基酸。人体必需氨基酸有:亮氨酸、异亮氨酸、赖氨酸、蛋氨酸、色氨酸、缬氨酸、苏氨酸、苯丙氨酸。对于正在发育中的婴儿,必需氨基酸还包括组氨酸。蛋白质中所含必需氨基酸的数量及其有效性可用来评价食品中蛋白质的营养价值。动物蛋白的必需氨基酸含量比植物蛋白高,因此动物蛋白的营养价值要高于植物蛋白。在体内能自行合成的氨基酸称为非必需氨基酸。

3. 氨基酸的性质

1) 氨基酸的物理性质

(1) 溶解度

各种常见的氨基酸均为白色结晶,在水中的溶解度差别很大,如胱氨酸、酪氨酸、天冬氨酸、谷氨酸等在水中的溶解度很小,而精氨酸、赖氨酸的溶解度很大;一般都能溶解于稀酸或稀碱溶液中;在盐酸溶液中,所有氨基酸都有不同程度的溶解度;不溶或微溶于有机溶剂,可用乙醇将氨基酸从溶液中沉淀析出。

(2) 熔点

氨基酸的熔点极高,一般在 200~300℃之间。

(3) 旋光性

除甘氨酸外,其他氨基酸分子内至少含有一个不对称碳原子,因此都具有旋光性,可用旋光法测定氨基酸的纯度。

(4) 味感

氨基酸的味感与氨基酸的种类和立体结构有关,如 D-氨基酸多数带有甜味,甜味最强的是 D-色氨酸,甜度是蔗糖的 40 倍;L-氨基酸具有甜、苦、鲜、酸四种不同的味感。

（5）光学性质

组成蛋白质的氨基酸都不吸收可见光，但在紫外光区，酪氨酸、色氨酸和苯丙氨酸有显著的吸收，酪氨酸、色氨酸残基在 280nm 处有最大的吸收，同时由于大多数蛋白质都含有酪氨酸残基。利用此性质可用紫外分光光度法测定蛋白质在 280nm 下对紫外光的吸收程度，快速测定蛋白质的含量。

2）氨基酸的化学性质

氨基酸分子中的反应基团主要是指分子中含有的氨基、羧基和侧链的反应基团，其中有些反应可用作氨基酸的定量分析。

（1）氨基酸的酸碱性质

氨基酸分子中同时含有羧基和氨基，因此它们既有酸的性质也有碱的性质，是两性电解质。氨基酸在溶液中的存在形式与溶液的 pH 值有关，受 pH 值的影响可能有三种不同的离解状态。就某种氨基酸而言，调节其溶液至一定的 pH 值，使氨基酸在此溶液中净电荷为零，此时溶液的 pH 值为该氨基酸的等电点，简写为 pI。氨基酸以不带电的偶极离子的形式存在，在电场中既不向阳极移动，也不向阴极移动。在高于等电点的任何 pH 值溶液中，负离子占优势，氨基酸带净负电荷；而在低于等电点的 pH 值溶液中，正离子占优势，氨基酸带净正电荷。在一定 pH 值范围内，pH 值离等电点越远，氨基酸所带的净电荷越大。氨基酸的两性电离变化见图 5-2。

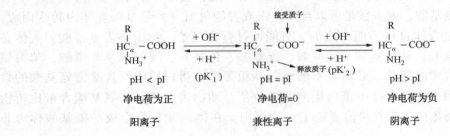

图 5-2　氨基酸的两性电离

由于各种氨基酸中的羧基和氨基的相对强度和数目不同，导致各种氨基酸的等电点也不相同，等电点是每种氨基酸的特定常数。一般中性氨基酸等电点为 pH 值为 5.0~6.3，酸性氨基酸的等电点 pH 值为 2.8~3.2，碱性氨基酸的等电点为 pH 值为 7.6~10.8。在等电点时净电荷为零，由于缺少同种电荷的排斥作用，因此容易沉淀，溶解度最小，所以可用调节溶液 pH 值的方法来分离几种氨基酸的混合物。

在电场中，中性偶极离子不向任一电极移动，而带净电荷的氨基酸则向某一电极移动。由于各种氨基酸的等电点不同，所以在同一 pH 值的溶液中所带净电荷不同，导致在同一电场中的移动方向和速度也不相同，以此可以分离和鉴别各种氨基酸。这种带电粒子在电场中发生移动的现象称为电泳，这种分离和鉴别氨基酸的方法称为电泳法。

（2）氨基酸与金属离子的螯合作用

许多金属离子，如 Ca^{2+}、Mn^{2+}、Fe^{2+} 等可和氨基酸作用产生螯合物。

（3）与醛类化合物反应

氨基酸的氨基与醛类化合物反应生成类黑色物质，是美拉德反应的中间产物，与褐变反应有关。很多食品加工过程中都会发生褐变反应，赋予食品色香味。

（4）氨基酸的脱氨基、脱羧基反应

氨基酸经脱氨基反应生成相应的酮酸，在高温或细菌及酶的作用下，脱去羧基反应生成胺。肉类产品和海产品等含丰富的蛋白质，氨基酸的脱羧基反应是导致这类食物变质的原因之一，生成的胺类物质赋予食品不良的气味和毒性。

（5）与茚三酮反应

α-氨基酸与茚三酮在酸性溶液中共热，产生紫红、蓝色或紫色物质，在 570nm 波长处有最大吸收值。脯氨酸和羟脯氨酸与茚三酮反应形成黄色化合物，在 440nm 波长处有最大吸收值。利用这种颜色反应，可对氨基酸进行定量测定。

（6）与荧光胺反应

α-氨基酸和一级胺反应生成强荧光衍生物，因而，可用来快速定量测定氨基酸、肽和蛋白质。此法灵敏度较高。

5.3　蛋白质的分子结构

蛋白质分子结构是指蛋白质分子的空间结构，与蛋白质的生物学功能、理化性质密切相关。蛋白质折叠为一个特定构型，形成特定的空间结构，主要是通过大量的非共价相互作用（如氢键，离子键，范德华力和疏水作用）来实现的。

蛋白质的分子结构可划分为四级，示例如图 5-3 所示，以描述其不同的方面：

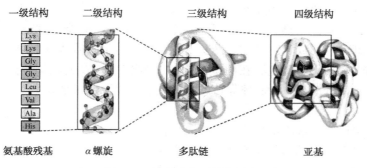

图 5-3　蛋白质分子结构层次

一级结构：组成蛋白质多肽链的线性氨基酸序列。一级结构是通过共价键（肽键）来形成。生物体中，肽键的形成是发生在蛋白质生物合成的翻译步骤。氨基酸链的两端，根据末端自由基团的成分，分别以"N 末端"（或"氨基端"）和"C 末端"（或"羧基端"）来表示。

二级结构：依靠不同氨基酸之间的 C ＝O 和 N—H 基团间的氢键形成的稳定结构，主要为 α 螺旋和 β 折叠。定义不同类型的二级结构有不同的方法，最常用的方法是通过主链原子之间的氢键的排列方式来判断的。而在蛋白质完全折叠的状态下，这些氢键可以得到稳定。

三级结构：通过多个二级结构元素在三维空间的排列所形成的一个蛋白质分子的三维结构。三级结构主要是通过结构"非特异性"相互作用来形成。然而，只有当蛋白质结构域通过"特异性"相互作用（如盐桥、氢键以及侧链间的堆积作用）固定到相应位置，所形成的三级结构才能稳定。对于细胞外周蛋白，二硫键起到了关键的稳定作用；而对于细胞内蛋白质，则很少出现二硫键，因为原生质中是还原环境，不利于二硫键的形成。

四级结构：用于描述由不同多肽链（亚基）间相互作用形成具有功能的蛋白质复合物

分子。

除了这些结构层次，蛋白质可以在多个类似结构中转换，以行使其生物学功能。对于功能性的结构变化，这些三级或四级结构通常用化学构象进行描述，而相应的结构转换就被称为构象变化。

5.4 蛋白质的性质与功能

5.4.1 蛋白质的性质

1. 蛋白质的胶体性质

蛋白质是天然高分子化合物，分子量很大，分子体积也很大，分子直径达到了胶体微粒的大小，所以溶于水的蛋白质能形成稳定的亲水胶体，通常称为蛋白质溶胶。常见的豆浆、牛奶、肉冻汤等都是蛋白质溶胶。蛋白质溶胶的吸附能力较强。

在一定条件下，蛋白质发生变性，原来处于分子内部的一些非极性基团暴露于分子的表面，这些伸展的肽链互相聚集，又通过各种化学键发生了交联，形成空间网状结构，而溶剂小分子充满在网架的空隙中，成为失去流动性的半固体状体系，称为凝胶。这种凝胶化的过程称为胶凝。

蛋白质的凝胶化过程是变性的蛋白质分子聚集并形成有序的蛋白质网络结构的过程，是蛋白质分子中氢键、二硫键等相互作用以及疏水作用、静电作用、金属离子的交联作用的结果。在此过程中，凝胶体由展开的蛋白质多肽链相互交织、缠绕，并以部分共价键、离子键、疏水键及氢键键合而成为三维空间网状结构，且通过蛋白质肽链上的亲水基团结合大量的水分子，还将无数的小水滴包裹在网状结构的"网眼"中。在凝胶体中蛋白质的三维网状结构是连续相，水是分散相。凝胶体保持的水分越多，凝胶体就越软嫩，如明胶凝胶含水量最高可达99%以上。

一定浓度的蛋白质溶液冷却后能生成凝胶。蛋白质凝胶可以看成是水分散在蛋白质中的一种胶体状态，具有一定的形状和弹性，具有半固体的性质。

在生物体系内，蛋白质以凝胶和溶胶的混合状态存在。在肌肉组织中，蛋白质的凝胶状态是肌肉能保持大量水分的主要原因。肌肉组织含有多种蛋白质，它们以各种方式交联在一起，形成一个高度有组织的空间网状结构。由于蛋白质分子未结合部位的水化作用和空间网状结构的毛细管作用，使得肌肉能保持大量的水分。在很大的压力下都不能把新鲜猪肉中的水分压挤出来的原因就在于其蛋白质胶体的持水力。果冻、豆腐、面筋、香肠、重组肉制品等都是蛋白质凝胶化作用在食品加工中的应用。

很多食品加工需要利用蛋白质的胶凝作用来完成，如蛋类加工中水煮蛋、咸蛋、皮蛋，乳制品中的干酪，豆类产品中的豆腐、豆皮等，水产品中的鱼丸、鱼糕等，肉类中的肉皮冻、水晶肉、芙蓉菜等。

在烹饪中采用旺火、高温、快速加热的烹调方法，如爆、炒、熘、涮等，由于原料表面骤然受到高温，表面蛋白质变性胶凝。细胞孔隙闭合，因而可保持原料内部营养素和水分不致外溢。因此，采用爆、炒、熘、涮等烹调方法，不仅可使菜肴的口感鲜嫩，而且能保留较多的营养素不受损失。

对食品加热时间过长，则会因对蛋白质的加热超过了凝胶体达到最佳稳定状态所需的加热温度和加热时间，引起凝胶体脱水收缩、变硬，保水性变差，嫩度降低。肉类烹饪中嫩肉加热过久会变老变硬，鱼类烹饪中为防止鱼体碎散而在下锅后多烹一段时间才能翻动，也是这个道理。另外，豆制品加工中也应用了上述原理。不同品种的豆制品质地软硬要求不同，如豆腐干应比豆腐硬韧一些，所以在制豆腐干时，添加凝固剂时的豆浆温度应比制豆腐时高些，这时大豆蛋白质分子间的结合会较多、较强，水分排出较多，生成的凝胶体（豆制品）也较为硬韧。

2. 蛋白质的沉淀作用

使蛋白质从溶液中析出的现象称为蛋白质的沉淀作用。蛋白质胶体溶液的稳定性是有条件的、相对的。蛋白质胶体溶液具有两种稳定因素——胶体中蛋白质分子表面的水化层和电荷，若无外加条件，蛋白质分子不会互相凝集。然而除掉这两个稳定因素（如调节溶液 pH 值至等电点和加入脱水剂），蛋白质便容易凝集、沉淀而析出，其变化过程及聚沉条件见图 5-4。

沉淀出来的蛋白质有时是变性的，也可得到不变性的蛋白质。所以蛋白质的沉淀有可逆性沉淀与不可逆性沉淀两种。

可逆性沉淀是指用无机离子使蛋白质分子失去电荷或用有机溶剂使蛋白质分子脱水，造成蛋白质分子沉淀。当上述条件失去时，蛋白质分子的沉淀又能溶解到原来的水溶液中。其特点是，蛋白质分子没有发生显著的化学变化。常用的无机离子来源于一些中性盐类：硫酸铵、硫酸钠、氯化钠等。因为它们是强电解质，能以更强的水化作用来破坏蛋

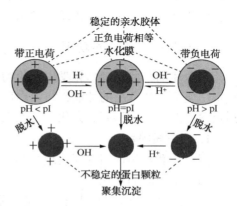

图 5-4　溶液中蛋白质的聚沉条件

白质表面的水化层，从而使蛋白质沉淀下来，这种现象称为盐析。提取酶制剂时常用此法。盐析时溶液 pH 值在蛋白质的等电点时效果更好。常用的有机溶剂有乙醇、甲醇、丙酮等。在常温下有机溶剂易引起蛋白质变性。适当的 pH 值和低温快速处理有利于防止变性。

不可逆性沉淀是指用化学方法（重金属、生物碱试剂或某些酸类）或物理方法（加压、加热和光照），使蛋白质发生永久性变性而形成的蛋白质分子的沉淀。常用重金属汞、银、铅、铜等使蛋白质发生永久变性，其沉淀条件要偏于碱性，即 pH > pI，这样可以使蛋白质分子有较多的负离子，以便与重金属离子结合成盐。常用化学试剂苦味酸、钨酸、鞣酸、碘化钾、三氯醋酸、水杨磺酸、硝酸等使蛋白质发生永久变性，其沉淀条件要偏于酸性，即 pH < pI，这样可以使蛋白质分子有较多的正离子，易与酸根结合成盐。加热引起蛋白质凝固，首先在于加热使蛋白质变性，有规则的肽链结构打开，呈松散状不规则的结构，分子不对称性增加，疏水基团暴露，进而凝聚成凝胶状的蛋白质块。

3. 蛋白质的水解和分解

蛋白质能在酸、碱或酶（蛋白水解酶）的作用下发生水解，变性了的蛋白质更易发生水解反应，受热也能发生水解。蛋白质的水解产物，随着反应程度和蛋白质的组成不同而变化。单纯蛋白质水解的最终产物是 α-氨基酸，结合蛋白质水解的最终产物除了 α-氨基酸外，还有相应的非蛋白物质，如糖类、色素、脂肪等。不论是单纯蛋白质还是结合蛋白质，在生成氨基酸之前都会生成一些小分子肽。水解生成的小分子肽和氨基酸增加了食品的风

味，同时肽和氨基酸与食物中其他成分反应，进一步形成各种风味物质，所以蛋白质也属于食品原料中的风味前体物质之一。

蛋白质在高温下变性后易水解，也易发生分解，形成一定的风味物质。所以蛋白质的加热过程不仅是变性成熟过程，也是水解、分解产生风味的过程。但是过度地加热可使蛋白质分解产生有害物质，甚至产生致癌物质，危害人体健康。

蛋白质还能在腐败菌作用下发生分解，产生对人体有害的 NH_3、H_2S、胺类、含氮杂环化合物、含硫有机物及低级酸等物质。这些物质有的有毒，有的具有强烈的臭味，使食物失去营养和食用价值。例如，鸡蛋变臭、鱼肉的腐败，都是细菌作用于蛋白质造成的。

4. 蛋白质的颜色反应

蛋白质分子具有某些特殊的化学结构，能与多种化合物发生特异的化学反应，生成具有特定色泽的产物，可以应用于定性和定量测定蛋白质。例如，蛋白质溶液中加入茚三酮并加热至沸腾则显蓝色；蛋白质在碱性溶液中与硫酸铜作用呈现紫红色，而且肽链越长显色越深，由粉红直到蓝紫色。该反应常用于蛋白质的定性、定量及水解进程鉴别。

5.4.2 蛋白质的功能

蛋白质的某些物理、化学以及生物化学性质，在食品加工、储运和消费期间，影响到含有蛋白质成分的食品的性能，将蛋白质的这些性质称为蛋白质的功能。蛋白质的功能通常包括蛋白质的水合、膨润、乳化性与发泡性等。

1. 蛋白质的水合

蛋白质和水的作用主要表现为其水化和持水性。

（1）蛋白质的水化

大多数食品是蛋白质水化的固态体系，蛋白质中水的存在及存在方式直接影响着食物的质构和口感。干燥的蛋白质原料并不能直接用来加工，须先将其水化后使用。干燥蛋白质遇水逐步水化，在其不同的水化阶段，表现出不同的功能特性。蛋白质的水化过程如图5-5所示。

干蛋白 → 极性部位与水分子结合(吸附) → 多层水吸附 → 液态水凝聚 → 溶胀 → 溶剂分散 → 溶液

溶胀的不溶性粒子或块

图5-5 蛋白质的水化过程

（2）蛋白质的持水性

蛋白质的持水性是指水化了的蛋白质将水保留在蛋白质组织中而不丢失的能力。蛋白质保留水的能力与许多食品的质量，特别是肉类菜肴的质量有重要关系。加工过程中肌肉蛋白质持水性越好，制作出的食品口感越鲜嫩。要做到这一点，除了避免使用老龄的动物肌肉外，还要注意使肌肉蛋白质处于最佳的水化状态。

2. 蛋白质的膨润

蛋白质的膨润是指蛋白质吸水后不溶解，在保持水分的同时赋予制品以强度和黏度的一种重要功能。加工中有大量的蛋白质膨润的实例，如以干凝胶形式保存的干明胶、鱿鱼、海参、蹄筋的发制等。

通常，蛋白质干凝胶的膨润与蛋白质水化过程的前四个阶段相似。一、二阶段蛋白质吸收的水量有限，每克干物质吸水 0.2~0.3g，所以这个阶段蛋白质干凝胶的体积不会发生大的变化，这部分水是依靠原料中的亲水基团吸附的结合水。三、四阶段吸附的水是通过渗透作用进入凝胶内部的水，这些水被凝胶中的细胞物理截留，这部分水是体相水。由于吸附了大量的水，膨润后的凝胶体积膨大。干凝胶发制时的膨化度越大，出品率越高。

蛋白质干凝胶的膨润与凝胶干制过程中蛋白质的变性程度有关。在干制脱水过程中，蛋白质变性程度越低，发制时的膨润速度越快，复水性越好，更接近新鲜时的状态。真空冷冻干燥得到的干制品对蛋白质的变性作用最弱，所以，复水后产品的质量最好。膨润过程中的pH对干制品的膨润及膨化度的影响也非常大。由于蛋白质在远离其等电点的情况下水化作用较大，所以，基于这样的原理，许多原料采用碱发制。但碱性蛋白质容易产生有毒物质，所以对碱发的时间及碱的浓度都要进行控制，并在发制后充分漂洗。碱是强的氢键断裂剂，所以膨润过度会导致制品丧失应有的黏弹性和咀嚼性。可见，碱发过程中的品质控制是非常重要的。还有一些干货原料，用水或碱液浸泡都不易涨发，这就需要先进行油发或盐发。这是因为，这类蛋白质干凝胶大都是由以蛋白质的二级结构为主的纤维状蛋白如角蛋白、胶原蛋白、弹性蛋白组成，所以结构坚硬、不易水化。用热油（120℃左右）及热盐处理，蛋白质受热后部分氢键断裂，水分蒸发使制品膨大多孔，利于蛋白质与水发生相互作用而水化。

3. 蛋白质的乳化性与发泡性

（1）蛋白质的乳化性

由蛋白质稳定的食品乳状液体系是很多的，如乳、奶油、冰淇淋、蛋黄酱和肉糜等。由于蛋白质有良好的亲水性，更适宜乳化成油包水型乳状液。

蛋白质是既含有疏水基团又含有亲水基团，甚至带有电荷的大分子物质。如果蛋白质能在油-水界面充分伸展，一方面可以降低油-水界面的界面张力，增加油-水之间的静电斥力，起到乳化剂的作用；另一方面，可以在油-水界面之间形成一定的物理障碍，有助于乳状液的稳定。

蛋白质能否形成良好的乳状液，取决于蛋白质的表面性质。如蛋白质表面亲水基团与疏水基团的比例与分布、蛋白质的柔性等。柔性蛋白质与脂肪表面接触时容易展开和分布，并与脂肪形成疏水相互作用，这样，在界面可以产生良好的单分子膜，能很好地稳定乳状液。表面性质良好的蛋白质有酪蛋白（脱脂乳粉）、肉和鱼中的肌动蛋白、大豆蛋白、血浆及血浆球蛋白。

一般来说，蛋白质的溶解度越高就越容易形成良好的乳状液。可溶性蛋白的乳化能力高于不溶性蛋白的乳化能力。能够提高蛋白质溶解度的措施有助于提高蛋白质的乳化能力。在肉制品加工中，在肉糜中加入适宜浓度的氯化钠溶液能提高肌纤维蛋白的乳化能力。

大多数蛋白质在远离其等电点的pH值条件下乳化作用更好。这时，蛋白质有高的溶解度并且蛋白质带有电荷，有助于形成稳定的乳状液，这类蛋白有大豆蛋白、花生蛋白、酪蛋白、乳清蛋白及肌纤维蛋白。少数蛋白质在等电点时具有良好的乳化作用，同时蛋白质和脂肪的相互作用增强，这样的蛋白质有明胶和蛋清蛋白。

对蛋白质乳状液进行加热处理，通常会损害蛋白质的乳化能力。但对那些已高度水化的界面蛋白质膜，加热产生的凝胶作用提高了蛋白质表面的黏度和硬度，阻碍油滴相互聚集，反而稳定了乳状液。最常见的例子是冰淇淋中的酪蛋白和肉肠中的肌纤维蛋白的热凝胶作用。在对冰淇淋配料的杀菌过程中，酪蛋白发生适度变性，在油滴周围形成一层有一定黏弹性的膜，稳定了冰淇淋中的油脂。要形成良好的蛋白质乳状液，一定的蛋白质浓度是必需的，这样，蛋白质才能在界面上形成足够厚度及有一定弹性的膜。

（2）蛋白质的发泡性

食品泡沫是指气泡（空气、二氧化碳气体）分散在含有可溶性表面活性剂的连续液态或半固体相中的分散体系，表面活性剂起稳定泡沫的作用。

常见的食品泡沫有：蛋糕、打擦发泡的加糖蛋白、蛋糕的顶端饰料、面包、冰淇淋及啤酒泡沫等。

泡沫不稳定，有自动聚集、气泡变大、破裂、液相排水等倾向。要形成稳定的食品泡沫，可采用降低气-液界面张力、提高主体液相的黏度（如加糖或大分子亲水胶体）及在界面间形成牢固而有弹性的蛋白质膜等方法。

蛋白质在食品泡沫中吸附到气-液界面并形成有一定强度的保护膜，起到稳定气泡的作用。蛋清和明胶蛋白虽然表面活性较差，但它可以形成具有一定机械强度的薄膜，尤其是在等电点附近，蛋白质分子间的静电相互吸引使吸附在空气-水界面上的蛋白质膜的厚度和硬度增加，泡沫的稳定性提高。

提高泡沫中主体液相的黏度，有利于气泡的稳定，但同时也会抑制气泡的膨胀。所以，在打擦加蛋白泡沫时，糖应在打擦起泡后加入。

脂类会损害蛋白质的起泡性，所以，在打擦蛋白时，应避免接触到油脂。

泡沫形成前对蛋白质溶液进行适度的热处理可以改进蛋白质的起泡性能，但过度的热处理会损害蛋白质的起泡能力。对已形成的泡沫加热，泡沫中的空气膨胀，往往导致气泡破裂及泡沫解体。只有蛋清蛋白在加热时能维持泡沫结构。

蛋清蛋白具有良好的发泡能力，通常作为比较各种蛋白起泡能力的参照物。

5.4.3 蛋白质的功能性质在食品加工中的应用

在食品加工过程中，各种蛋白质会发挥出不同的功能。根据其功能性质不同，选定适宜的蛋白质，加入食品中，使之与其他成分如糖、脂肪和水反应，可加工成理想的成品。这一做法在食品加工中得到广泛的应用。

下面简述几类主要的蛋白质及其在食品加工中的应用。

1. 乳蛋白

在生产冰淇淋和发泡奶油点心过程中，乳蛋白起着发泡剂和泡沫稳定剂的作用，乳蛋白冰淇淋还有保香作用。

在焙烤食品中加入脱脂奶粉，可以改善面团的吸水能力，增大体积，阻止水分的蒸发，控制其他逸散速度，加强结构性。

乳清中的各种蛋白质，具有较强的耐搅打性，可用作西式点心的顶端配料，稳定泡沫。脱脂乳粉可以作为乳化剂添加到肉糜中去，增加其保湿性。

2. 卵类蛋白

卵类蛋白主要由蛋清蛋白和蛋黄蛋白组成。卵清蛋白的主要功能是促进食品的凝结、胶凝、发泡和成形。

在搅打适当黏度的卵类蛋白质的水分散系时，其中蛋清蛋白重叠的分子部分伸展开，捕捉并且滞留住气体，形成泡沫。卵类蛋白对泡沫有稳定作用。

用鸡蛋作为揉制糕饼面团混合料时，蛋白质在气-液界面上形成弹性膜，这时已有部分蛋白质凝结，把空气滞留在面团中，有利于发酵，防止气体逸散，面团体积加大，稳定蜂窝结构和外形。

蛋黄蛋白的主要功能是乳化及乳化稳定性。它常常吸附在油水界面上，促进产生并稳定水包油乳状液。卵类蛋白能促进油脂在其他成分中的扩散，从而加强食品的黏稠度。

鸡蛋在调味汁和牛奶糊中不但起增稠作用，还可作为黏结剂和涂料，把易碎食品粘连在一起，使它们在加工时不致散裂。

3. 肌肉蛋白

肌肉蛋白的保水性是影响鲜肉滋味、嫩度和颜色的重要功能性质，也是影响肉类加工质量的决定因素。肌肉中的水溶性肌浆蛋白和盐溶性肌纤蛋白的乳化性，对大批量肉类的加工质量影响极大。肌肉蛋白的溶解性、溶胀性、黏结性和胶凝性，在食品加工中也很重要。如胶凝性可以提高产品强度、韧性和组织性。蛋白的吸水、保水和保油性能，使食品在加工时减少油水的流失量，阻止食品收缩；蛋白的黏结性有促进肉糜结合、免用黏结剂的作用。

4. 大豆蛋白质

大豆蛋白质具有溶解性、吸水和保水性、黏结性、胶凝性、弹性、乳化性和发泡性等。每一种性质都给食品加工过程带来特定的效果。如将大豆蛋白加入咖啡内，是利用其乳化性；涂在冰淇淋表面，是利用其发泡性；用于肉类加工，是利用它的保水性、乳化性和胶凝性。加在富含脂肪的香肠、大红肠和午餐肉中，是利用它的乳化性，提高肉糜间的黏性。因其价廉，故应用得非常广泛。

表 5-2 列出了几类蛋白质在不同食品中的功能作用。

表 5-2　几类食品蛋白质在不同食品中的功能作用

蛋白质种类	应用的食品	功能作用
乳清蛋白	饮料	可避免普通蛋白的分层、沉淀现象
明胶	汤、肉汁、色拉调味料、甜食	作为胶胨剂、乳化剂、稳定剂、黏合剂和澄清剂
肌肉蛋白、鸡蛋蛋白	肉、香肠、蛋糕、面包	提高产品强度、韧性和组织性，减少油水的流失量，阻止食品收缩等
肌肉蛋白、鸡蛋蛋白、乳蛋白	肉、凝胶、蛋糕、焙烤食品、奶酪	促进食品的凝结、胶凝、发泡和成形
肌肉蛋白、鸡蛋蛋白、乳清蛋白	肉、香肠、面条、焙烤食品	促进食品的凝结、胶凝，提高产品强度、韧性和组织性
肌肉蛋白、谷物蛋白	肉、焙烤食品	促进食品的凝结、胶凝，增加焙烤食品的色、香、味，延长货架期
肌肉蛋白、鸡蛋蛋白、乳蛋白	香肠、大红肠、汤、蛋糕、调味料	提高产品强度、韧性和组织性
鸡蛋蛋白、乳蛋白	冰淇淋、蛋糕、甜食	稳定泡沫作用，发泡成型作用
乳蛋白、鸡蛋蛋白、谷物蛋白	低脂焙烤食品	乳化持水作用

5.5　蛋白质变性

5.5.1　蛋白质变性的概念与原理

蛋白质变性是指在一定条件下，天然蛋白质分子特定的高级结构（空间构象）被破坏的过程。蛋白质变性不涉及肽键的断裂,它只涉及维持蛋白质高级结构作用力的改变及由此引起的结果(二级、三级、四级结构的变化)。

就蛋白质变性的原理来看,实际上是由于各种外界条件导致维持天然蛋白质高级结构的力平衡被破坏,蛋白质为达到新的力平衡而结构发生改变的过程。处于特定溶液中的天然蛋白质,之所以能够维持其特定的构象,实际上是在该条件下蛋白质分子内部的斥力与引力刚好达到平衡的结果。随蛋白质肽链的加长,蛋白质分子的自由能增加,多肽链变得越不稳定。为降低自由能,肽链发生折叠而形成高级结构。蛋白质的天然状态的构象是热力学最稳定的状态,具有最低的吉布斯自由能。

由于维持蛋白质高级结构的非共价作用力具有环境敏感性(表5-3),因此,当环境相关因素一旦发生改变,维持蛋白质高级结构作用力中的一种或几种会发生强烈的改变,这会导致维持天然蛋白质的力平衡被破坏。在非平衡力的作用下,蛋白质多肽链在空间上发生明显移动形成新的空间取向与定位,蛋白质高级结构因此而发生改变,这种改变即表现为蛋白质变性(图5-6)。

从蛋白质伸展(unfoiding)或折叠(refolding)的角度来看,维持蛋白质高级结构的作用力可分为引力(氢键、疏水相互作用、范德华力、盐键等)与斥力(构象熵、水合作用、共价键弯曲与伸展、同性粒子斥力等),前者推动蛋白质折叠,而后者推动蛋白质伸展。往往某一种外界因素会同时对这两种作用力产生影响,因此蛋白质发生伸展还是收缩决定于二者之间改变的相对程度。但通常情况下,蛋白质变性的结果是外界因素使斥力增加(引力减小)的幅度高于引力增加(斥力减少)的幅度,蛋白质变性往往表现为肽链的伸展。

表5-3 维持蛋白质高级结构的作用力

类型	键能/(kJ/mol)	作用距离/nm	作用基团	破坏条件	增强条件
静电相互作用	42~84	0.2~0.3	—NH$_3^+$、—COO$^-$等	高或低pH值、盐	—
氢键	8~40	0.2~0.3	—NH、—OH、—CO—、—COOH等	脲、胍、去污剂	冷冻
疏水相互作用	4~12	0.3~0.5	长链烷基、苯基等	有机溶剂、去污剂	加热
范德华力	1~9	—	极性基团与非极性基团	—	—
二硫键	330~380	0.1~0.2	—SH	还原剂(Cys)	—

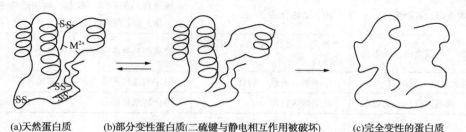

(a)天然蛋白质   (b)部分变性蛋白质(二硫键与静电相互作用被破坏)   (c)完全变性的蛋白质

图5-6 蛋白质变性过程示意图

蛋白质变性有时是可逆的,而有时是不可逆的。前者在引起变性的环境条件解除后蛋白质能恢复到天然蛋白质的构象,将此过程称为复性;而后者一旦发生蛋白质构象不可再回复。温和条件下,蛋白质多发生可逆变性,而剧烈条件下,蛋白质多发生不可逆变性。这主要由于剧烈条件下变性蛋白质聚集、肽键构型改变、二硫交换反应、氨基酸残基脱氨、亚基交联以及伴侣蛋白的缺失等因素导致。对大多数蛋白质而言，其变性过程实际上是变性与复性同时发生的过程，蛋白质总体的变化决定于变性速率[即肽链伸展(unfoiding)速率k_U]与复性速率[即肽链回折(refolding)速率k_F]的相对高低，即蛋白质变性的平衡常数$K = k_F/k_U = [N]/[U]$，[N]和[U]分别为溶液中变性蛋白质和复性蛋白质分子的数量。

5.5.2 变性对蛋白质的影响

变性可引起蛋白质结构的改变。按照结构决定功能(活性)的理论，变性蛋白质的理化性质、食品工艺学性质以及生物活性都和天然蛋白质有差异。概括起来，变性对蛋白质的影响主要体现在以下几点：

1. 变性对蛋白质理化性质的影响

变性后的蛋白质由于疏水基团的对外暴露，直接导致蛋白质的溶解性降低，甚至发生凝集而沉淀。在较高蛋白质浓度下，变性会导致蛋白质溶液黏度增大甚至凝胶化，如蛋清的加热。此外，变性也会导致蛋白质的等电点、旋光特性、表面疏水性、荧光特性、结晶特性、紫外吸收强度等理化性质发生改变。

2. 变性对蛋白质食品工艺学特性的影响

变性常会导致蛋白质的持水力下降，如肉类的烹调，但很多研究表明加热可能会改善蛋白质的乳化特性与起泡特性，但不同的蛋白质表现是不一致的。

3. 变性对蛋白质化学反应特性的影响

由于变性，蛋白质分子趋于伸展，更多的肽键或官能基团暴露于分子表面，一方面增加了蛋白质对蛋白酶的敏感性，使蛋白质易于被水解、消化吸收；另一方面也大幅度提升了蛋白质参与各类化学反应的效率，这在蛋白质改性中有充分的体现。

4. 变性对蛋白质生物活性的影响

变性往往会导致具有生物活性的蛋白质失去其生物活性。如酶蛋白分子发生变性就使其催化活性大幅下降甚至完全丧失；而变性的免疫球蛋白就失去了其免疫活性。同时，必须指出，蛋白质变性也是食品杀菌的核心机制，通过各种条件使食品腐败菌或病原微生物维持其生命活动必需的蛋白质变性而达到杀灭有害微生物的目的。

5.5.3 引起蛋白质变性的因素

理论上，所有能对维持蛋白质高级结构非共价作用力产生影响(加强或减弱)的外界条件都可能引起蛋白质变性。根据引起蛋白质变性的因素的属性，常将其分为物理因素与化学因素。前者包括加热、冷冻、剪切、高压、辐射、界面作用等；后者包括酸、碱、盐、有机溶剂、蛋白质变性剂、还原剂等。

1. 蛋白质变性的物理因素

1) 加热

热处理是食品加工常用的方法，也是引起蛋白质变性最普通的物理因素。蛋白质热变性的机理非常复杂，主要涉及以下几个方面：

(1) 加热对维持蛋白质高级结构非共价作用力的去稳定化

维持蛋白质高级结构的氢键、静电相互作用和范德华力具有放热效应(焓驱动)，即这些作用力随体系温度的升高而减弱，而随温度的降低而加强。在水环境中，蛋白质极性基团、荷电基团受到水分子巨大的引力，驱动蛋白质肽链尽可能伸展而为水所结合。因此，水环境中蛋白质高级结构的稳定主要靠疏水相互作用。可以这样说，在水溶液中加热时，蛋白质结构稳定主要靠疏水相互作用，其他稳定力贡献很小。与上述作用力不同，疏水相互作用属于吸热反应（熵驱动），即随温度增高加强，而随温度降低弱化。而研究发现，水溶液中蛋白质分子内部的疏水相互作用在70~80℃时最高，但超过一定温度，迅速弱化。其原因是当温度达到一定水平后，水的有序结构被破坏，在熵的驱动下蛋白质分子中的疏水性基团更多地进入水中，使原来结合的两个疏水性基团相互分离而分别发生疏水水合作用。热对疏水相互作用的加强以及促进疏水性基团的水合同时发生，因此也就不难理解为什么蛋白质分子中疏水相互作用随温度升高会出现一个最大值。而高温作用下，疏水相互作用的降低是蛋白质热变性的实质。

（2）加热对蛋白质分子焓（ΔH）、熵（ΔS）和吉布斯自由能（Gibbs energy，ΔG）的影响

蛋白质分子变性前后的焓变（$\Delta_{N \to U}H$）、熵变（$\Delta_{N \to U}S$）和自由能变化（$\Delta_{N \to U}G$）的关系为：$\Delta_{N \to U}G/RT = \Delta_{N \to U}H/RT - \Delta_{N \to U}S/R = \ln([N]/[U]) = \ln K$。天然蛋白质分子亚基的自由度为（degrees of freedom，Ω）为4，而侧链基团的自由度会更高。如果假定每个氨基酸残基中侧链基团的自由度6~8，按照 $\Delta S = R\ln \Omega^{100}$ 计算每个氨基酸残基的构象熵（ΔS）（约为1500~1700 J·mol^{-1}K^{-1}）。可以肯定的是，蛋白质分子的构象熵是驱动蛋白质构象去稳定的重要条件。随温度的升高，多肽链热运动增加，这促进了蛋白质分子伸展。图5-7给出了蛋白质分子在变性过程中的焓变、熵变和自由能变化情况。

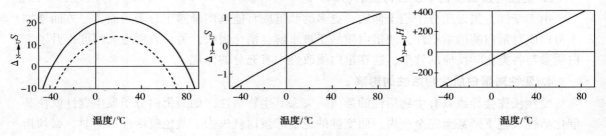

图5-7　蛋白质变性与温度的关系

根据上述对蛋白质热变性机理的描述，可以得知，蛋白质在加热时变性存在一个临界温度点，在该温度下蛋白质分子的总吉布斯自由能 $\Delta G = 0$，[N] = [U]，将该温度点称为蛋白质的变性温度（denaturation temperature，T_d）。

影响蛋白质热变性的因素主要包括加热温度、氨基酸组成、分子柔性、体系的水分含量以及添加物等。

① 温度。加热温度对蛋白质热变性速率有显著影响，一般，温度每上升10℃，变性速率可增加600倍左右。这正是食品中如高温瞬时杀菌（high - temperature short - time sterilization，HTST）和超高温杀菌（ultrahigh temperature sterilization，UHT）技术的工作原理。

② 氨基酸组成。富含疏水氨基酸残基的蛋白质的热稳定性高于富含亲水氨基酸残基的蛋白质。蛋白质分子中天冬氨酸、半胱氨酸、谷氨酸、赖氨酸、精氨酸、色氨酸和酪氨酸残基的含量与其 T_d 呈正相关（$R = 0.980$）。而丙氨酸、甘氨酸、谷氨酰胺、丝氨酸、苏氨酸、缬氨酸等氨基酸残基的含量是与 T_d 呈负相关的（$R = -0.975$）。其他氨基酸残基对蛋白质 T_d 的影响很小。总体来看，蛋白质分子的疏水性越高，其变性温度也越高（表5-4）。

表 5-4 常见蛋白质的变性温度与疏水性

蛋白质	变性温度/℃	疏水性/(kJ/mol)
胰蛋白酶原	55	3.68
胰凝乳蛋白酶原	57	3.76
弹性蛋白酶	57	—
胃蛋白酶原	60	4.02
核糖核酸酶	62	3.24
羧肽酶	63	—
乙醇脱氢酶	64	—
牛血清白蛋白	65	4.22
血红蛋白	67	3.98
溶菌酶	72	3.72
胰岛素	76	4.16
卵白蛋白	76	4.01
胰蛋白酶抑制剂	77	—
肌红蛋白	79	4.33
α-乳清蛋白	83	4.26
β-乳球蛋白	83	4.50
细胞色素 C	83	4.37
抗生物素蛋白	85	3.81
大豆球蛋白	92	—
蚕豆 11S 球蛋白	94	—
向日葵 11S 球蛋白	95	—
燕麦球蛋白	108	—

注：疏水性指氨基酸残基的平均疏水性。

③ 分子柔性。蛋白质的热稳定性还依赖于各类氨基酸在肽链中的分布，当这些氨基酸以有利于加强蛋白质分子内相互作用的方式分布时，蛋白质分子的吉布斯自由能将最低，蛋白质分子刚性加强，处于稳定状态。因此，蛋白质的柔性越高，其热稳定性越差。

④ 水。水由于其极强的极性，能使维持蛋白质高级结构的氢键破坏，从而促进蛋白质的热变性(图 5-8)。干燥的蛋白质具有相对静止的结构，多肽链的分子运动性很低。当干燥蛋白质被润湿时，水渗透到蛋白质表面的不规则空隙或进入蛋白质分子之间的毛细管，并与之发生水合作用，引起蛋白质溶胀。这使得多肽链的淌度和分子柔性提升，为热变性提供了有利条件，使蛋白质的 T_d 降低。

⑤ 添加物。低浓度的盐(如 0.05mol/L NaCl)和糖类(如蔗糖、乳糖、葡萄糖、甘油等)能显著提升蛋白质的热稳定性。

2) 冷冻

通常认为温度越低，蛋白质越稳定。然而事实却并非如此。对于那些维持其高级结构的主要作用力是疏水相互作用的蛋白质来说，在常温下比在冷冻(冷藏)条件下更稳定。对于稳

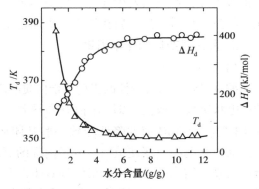

图 5-8 水分对卵清蛋白的变性温度 (T_d) 和变性热焓 (ΔH_d) 的影响

定高级结构作用力中极性相互作用强于非极性相互作用的蛋白质，其在低温下的稳定性高于高温下。低温导致蛋白质变性原因：一是降低了疏水相互作用；二是改变了水的结构，破坏了蛋白质表面的水化膜，影响了蛋白质与水的相互作用；三是由于冷冻引起的浓缩效应使体系中的盐浓度、pH值等大幅度改变，引起了蛋白质变性。如溶菌酶的稳定性随温度的下降而提高。肌红蛋白和突变型噬菌体 T_4 溶菌酶分别在约30℃和12.5℃时显示最高稳定性，低于或高于这些温度时它们的稳定性都会降低。

3）剪切

揉捏、振动或搅打等高速机械剪切，都能引起蛋白质变性。剪切使蛋白质变性的主要原因是引起α-螺旋的破坏。剪切速率越高，蛋白质变性程度越大。在高温下对蛋白质溶液进行高速剪切处理会导致蛋白质不可逆变性。如将10%~20%pH值为3.4~3.5的乳清蛋白在80~120℃下以7500~10000s^{-1}的剪切速率处理后就可以形成直径约1μm不溶于水的胶体。商品名为Simplesse的脂肪模拟物就是这样制造的。当然，如果蛋白质溶液在剪切时伴有乳化或起泡现象，则蛋白质还会发生界面变性。

4）高压

在常温（25℃）下，如果蛋白质受到的压力足够高，它就可能发生变性。对大多数蛋白质来说，高压诱导变性的压力范围为100~1200MPa。蛋白质的柔性和可压缩性是压力诱导蛋白质变性的主要原因。蛋白质分子的柔性越高，分子内部空隙体积越大，蛋白质越容易发生高压变性，这也是球状蛋白质易发生高压变性而纤维状蛋白质对高压的抵抗力相对较强的原因。高压诱导的蛋白质变性是高度可逆的。当压力达到0.1~200MPa时就可能引起蛋白质四级结构的亚基解离，解离后的亚基在更高的压力下发生变性。当压力解除后，解离的亚基会重新缔合，经过较长时间后蛋白质结构几乎完全恢复。高压灭菌和凝胶化等现代食品加工技术就是利用上述原理完成的。一般200~1000MPa的压力可用于食品灭菌，100~700MPa的压力可用于食品凝胶化，而100~300MPa的压力可用于牛肉嫩化。

5）界面作用

界面现象在食品体系中非常常见，最普遍的是乳化食品体系中的油/水界面和泡沫食品中的水/气界面。蛋白质具有两亲性，它能够快速扩散并吸附定位于上述界面。一旦蛋白质分子扩散到界面上，其中的疏水性基团受到水的斥力和油或气的引力，而亲水性基团则受到水的引力和油或气的斥力。这种环境条件对蛋白质分子的作用力使维持蛋白质高级结构的力平衡被破坏，蛋白质发生变性，使更多亲水性基团进入水相，更多疏水性基团进入油相或气相。经过变性后，蛋白质在界面上更加稳定，食品体系得以长时间保持。

2. 蛋白质变性的化学因素

1）酸碱

酸碱导致蛋白质变性的机理是蛋白质溶液酸碱度或pH值的改变会导致多肽链中某些基团的荷电状况发生改变，即pH值升高导致一些基团去质子化（—COOH→—COO⁻、—NH₃⁺→—NH₂等），而pH值的降低导致一些基团质子化（—COO⁻→—COOH、—NH₂→—NH₃⁺等）。基团荷电状况的改变使蛋白质分子内部的氢键和静电相互作用发生了改变，从而打破了维持蛋白质高级结构的力平衡，最终导致蛋白质变性。大多数蛋白质在pH=4~10范围内比较稳定，而超出此pH值范围时，蛋白质内的离子基团产生静电排斥作用，促进蛋白质分子的伸展和溶胀（变性）。

2）盐与金属离子

盐以两种截然不同的方式影响蛋白质的稳定性，这决定于盐与蛋白质的结合能力以及对体相水有序结构的影响。凡是与蛋白质相互作用不强，能提高体相水氢键强度，增加其有序结构，促进蛋白质水合作用的盐均能提高蛋白质结构的稳定性；而凡是能与蛋白质发生强烈相互作用，破坏体相水有序结构，促进蛋白质从水中析出的盐均是蛋白质的去稳定剂。低浓度时，盐离子与蛋白质之间为非特异性静电相互作用。当盐的异种电荷离子中和了蛋白质的电荷时，有利于蛋白质的结构稳定，这种作用与盐的性质无关，只依赖于离子强度。一般离子强度 ≤0.2mol/L 时即可完全中和蛋白质的电荷。在较高浓度时（>1mol/L），不同的盐对蛋白质稳定性有不同的影响，这种影响同时具有离子强度和离子种类依赖性（图5-9）。在离子强度相同的情况下，阴离子对蛋白质的影响强于阳离子，并遵循如下顺序：$F^- < SO_4^{2-} < Cl^- < Br^- < I^- < ClO_4^- < SCN^- < Cl_3COO^-$，这个顺序被称为感胶离子列。顺序中左侧的离子能稳定蛋白质的天然构象，而右侧的离子则使蛋白质分子伸展、解离，为去稳定剂。

碱金属（例如 Na^+ 和 K^+）只能有限度地与蛋白质结合，Ca^{2+}、Mg^{2+} 与蛋白质的结合效率略高，而诸如 Cu^{2+}、Fe^{2+}、Hg^{2+}、Pb^{2+} 和 Ag^{3+} 等离子则很容易与蛋白质结合，其中许多能与巯基形成稳定的复合物，导致蛋白质变性。Ca^{2+}（还有 Fe^{2+}、Cu^{2+} 和 Mg^{2+}）可成为某些蛋白质分子的组成部分，对蛋白质构象稳定起着重要作用。金属螯合剂的使用会使这类蛋白质的稳定性明显降低。

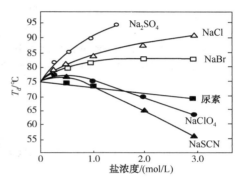

图 5-9　pH=7 时各种钠盐对 β-乳球蛋白质变性温度的影响

3）非极性溶剂

大多数有机溶剂是蛋白质变性剂。一方面，非极性有机溶剂渗入蛋白质分子内部的疏水区，可破坏疏水相互作用，促使蛋白质变性。另一方面，非极性有机溶剂能改变介质的介电常数，从而使保持蛋白质稳定的静电相互作用发生变化。另外，处于水相中的卵清蛋白的二级结构中有 31% 为 α-螺旋，而处于 2-氯乙醇中这一数值可达到 85%，这说明有机溶剂通过多种方式改变蛋白质的构象。

4）蛋白质变性剂和还原剂

某些有机化合物例如尿素和盐酸胍的高浓度（4~8mol/L）水溶液能断裂氢键，从而使蛋白质发生不同程度的变性。同时，还可通过增大疏水氨基酸残基在水中的溶解度，降低疏水相互作用。表面活性剂，如十二烷基磺酸钠（SDS）能通过破坏蛋白质内部的疏水相互作用，使天然蛋白质伸展变性并与变性蛋白质强烈结合。还原剂（半胱氨酸、抗坏血酸、β-巯基乙醇、二硫糖醇）可以使维持蛋白质高级结构的二硫键断裂而引起蛋白质变性。

3. 蛋白质变性因素的交互作用

蛋白质可因上述物理因素或化学因素中的某一种因素而导致变性，但在食品体系中很多时候是上述的两种或两种以上因素复合作用而导致蛋白质变性的，称为蛋白质变性因素的交互作用。研究发现，两种不同的因素在诱导蛋白质变性中往往具有协同效应。由于这方面的研究较少，在此以列举方式加以简述。

由图 5-10（a）可以看出，在偏离中性 pH 值的方向降低或提高蛋白质溶液的 pH 值可使蛋白质的变性温度显著降低。这一规律在不同 pH 值食品的杀菌条件选择上得以充分体现。

即酸度越高的产品可以选择较为温和的杀菌条件，而产品的 pH 值越接近于中性，杀菌的条件就越苛刻。这说明高酸性能提高微生物蛋白质对热的敏感性，即酸与热在蛋白质变性上有协同效应。而图 5-10(b)说明溶菌酶可以在高变性剂浓度与低温下发生变性，也可以在低变性剂浓度与高温下发生变性。同样的现象在压力与温度、压力与 pH 值之间得到了验证。

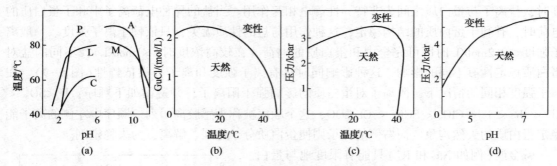

图 5-10　球蛋白变性的因素交互作用

(a)变性温度与 pH 的关系(P 为木瓜蛋白酶；L 为溶菌酶；C 为细胞色素；A 为小清蛋白；M 为血红蛋白)；
(b)氯化胍与温度在 pH=1.7 时对溶菌酶变性的交互作用；(c)压力与温度对胰凝乳蛋白酶原变性的交互作用；
(d)压力与对 20℃下血红蛋白变性的交互作用

(1bar=100kPa)

5.6　蛋白质的营养与安全

5.6.1　蛋白质的营养

蛋白质是构成人体一切细胞和组织的重要成分，机体所有的组成部分都需要蛋白质的参与。成人体内蛋白质量约占体重的 16%~19%，每日约有 3%的蛋白质进行代谢更新。最重要的是其与生命现象有关，例如，新陈代谢过程中酶的催化作用、激素的生理机能调节作用、血红蛋白的输氧作用、机体抵抗外界有害因素侵害过程中抗体的免疫作用、作为遗传物质的核蛋白等，上述的酶、激素、血红蛋白、抗体等都是蛋白质。此外，体内酸碱平衡的维持、水分的正常分布以及许多重要物质的转运等都与蛋白质有关。

蛋白质最重要的营养功能是供给人体合成蛋白质所需的氨基酸。由于糖类和脂肪中只含有碳、氢和氧，不含氮，因此蛋白质是人体中唯一的氮来源，这是糖类和脂肪不能代替的作用。食物中的蛋白质经过消化、分解成为氨基酸被人体所吸收。机体内不断地进行着蛋白质的分解与合成，组织细胞不断更新，蛋白质的合成与分解处于动态平衡状态。

如果糖与脂肪摄入不足，蛋白质也可作为能源物质向机体提供能量用以促进机体的生物合成、维持体温和生理活动。每克蛋白质在体内氧化可供能 17kJ。人体每天所需的能量约有 14%来自蛋白质。

1. 蛋白质的质量

1) 蛋白质营养质量的评价

对蛋白质营养质量做出正确的评价，有利于指导膳食蛋白质营养、有利于利用和发现新蛋白质资源。以下叙述几种常用的评级方法。

（1）蛋白质消化率（digesfibility，*D*）

食物的蛋白质消化率是指食物蛋白被消化酶水解后吸收的程度，用吸收氮量和总氮量的比值表示：

$$D=（吸收氮/摄入氮）×100\%$$

食物蛋白质真实消化率（true digesfibility，*TD*）可用进食实验测得：

$$TD=\{[摄入氮-（粪氮-粪代谢氮）]/摄入氮\}×100\%$$

粪氮不全是未消化的食物氮，其中有一部分来自脱落肠黏膜细胞、消化酶和肠道微生物，这部分氮被称为粪代谢氮。可在受试者摄食无蛋白膳食时，测得粪氮，其量约为 0.9 ~ 1.2g/24h。如果粪代谢氮忽略不计，即为表观消化率（apparent digesfibility，*AD*）：

$$AD=[（摄入量-粪氮）/摄入量]×100\%$$

表观消化率比真实消化率低，对蛋白质营养价值的估计偏低，因此有较大的安全系数。此外，由于表观消化率的测定方法较为简便，故一般多采用这种方法。

（2）蛋白质功效比值（protein effocoency ratio，*PER*）

它是摄入单位质量蛋白质的体重增加数，以测定生长发育中的幼小动物摄入 1g 蛋白质所增加的体重（g）来表示蛋白质被机体利用的程度。通常以刚断乳的雄性大鼠（20 ~ 28 日龄）作为试验动物，以含受试蛋白质 10% 的合成饲料喂饲 28d，然后计算每摄入 1g 蛋白质所增加的体重（g）：

$$PER=动物增加体重（g）/蛋白质摄入量（g）$$

（3）蛋白质生物学价值

简称生物价（BV），是为维持和/或生长而在体内保留氮和吸收氮的比值。它用来表示蛋白质吸收后被机体潴留的程度，生物价越高则该蛋白质的利用率越高。

$$蛋白质的生物价=（氮储留量/氮吸收量）×100\%$$
$$氮储留量=氮吸收量-（尿素-尿内源氮）$$
$$氮吸收量=食物氮-（粪氮-粪代谢氮）$$

式中，尿内源氮是机体在无氮膳食条件下尿中所含有的氮，主要来源于组织分解。粪代谢氮和尿素可以在实验开始第一阶段进食无氮膳食期间测定。蛋白质生物价受很多因素的影响，对不同食物蛋白的生物价值进行比较时，实验条件应该一致，否则即使同一种食物也会得出不一致的结果。如鸡蛋蛋白的热能占总热能的 8% 时，生物价为 91；占 16% 时生物价为 62。一般情况下，实验动物多采用初断乳的大鼠，饲料中蛋白质含量为 10%。

（4）蛋白质净利用率（net protein utilization，*NPU*）

生物价中没有包括在消化过程中未被吸收而丢失的氮。测定蛋白质净利用率是将蛋白质生物价和消化率相结合起来评价蛋白质营养价值。将生物价乘以消化率，称为蛋白质净利用率。

$$蛋白质净利用率（\%）=生物价×消化率×100\%=生物价×（吸收氮/摄入氮）×100\%$$

（5）氨基酸评分（amino acid score，*AAS*）

蛋白质营养价值的高低也可根据其必需氨基酸的含量及它们之间的相互关系来评价。即通过该蛋白质中氨基酸组成的化学分析结果来评价，称为氨基酸评分（*AAS*）。

$$AAS=待测蛋白质中氨基酸的含量（mg/g）/标准蛋白质中氨基酸的含量（mg/g）$$

氨基酸评分是目前广为应用的一种食物蛋白质营养价值评价方法，不仅适用于单一食物蛋白质的评价，还可用于混合食物蛋白质的评价。该法的基本步骤是将被测食物蛋白质的必需氨基酸组成与推荐的理想蛋白质或参考蛋白质氨基酸模式进行比较，并计算氨基酸评分。理论上，应该计算全部各种氨基酸在样品与标准之间的比值，然后取其中的最小值作为这种待测蛋白质的氨基酸评分；比值最低者，为限制氨基酸。由于限制氨基酸的存在，使食物蛋白质的利用受到限制。被测食物蛋白质的第一限制氨基酸与参考蛋白质中同种必需氨基酸的比值即为该蛋白质的氨基酸分。实际应用中，由于赖氨酸和蛋氨酸（含硫氨基酸）在所有普通食物普遍含量较少，前者在谷物蛋白质和一些其他植物蛋白质中含量甚少；后者在大豆、花生、牛奶和肉类蛋白质中相对不足。通常，赖氨酸是谷类蛋白质的第一限制氨基酸。而蛋氨酸（含硫氨基酸）则是大多数非谷类植物蛋白质的第一限制氨基酸。因此，可以赖氨酸和蛋氨酸（含硫氨基酸）与参考蛋白质中同种必需氨基酸的比值作为相应蛋白质的氨基酸评分。

氨基酸评分的方法比较简单，但没有考虑食物蛋白质的消化率，近年来美国食品药品监督管理局（FDA）提出了一种新方法，即经消化率修正的氨基酸评分。其计算公式如下：

$$经消化率修正的氨基酸评分（PCDAAS）=氨基酸评分×真消化率$$

（6）相对蛋白质价值（relative proteinvalue，RPV）

它是动物摄食受试蛋白的剂量—生长曲线斜率（A）和摄食参考蛋白的剂量—生长曲线斜率（B）之比：

$$RPV=A/B×100\%$$

2）蛋白质营养价值的改善与提高

从上述的蛋白质营养价值评价结果可以看出，动物蛋白的营养价值相对较高，而来自其他植物组织中的蛋白质，如谷物蛋白、一些豆类蛋白等，由于氨基酸组成中缺乏一些必需氨基酸或存在一些抗营养因子等原因，其营养价值相对较低。改善与提高这些蛋白质的营养价值，可以通过氨基酸的强化、蛋白质的互补作用、蛋白质中抗营养因子的灭活等方法来达到。

（1）氨基酸强化

有针对性地就蛋白质所缺乏的某种氨基酸进行人为地添加，使其最终含量水平与机体的需要量接近，从而使蛋白质的营养价值得到提高。该方法在对谷物食品营养价值改善方面经常被利用。氨基酸强化对蛋白质营养价值的影响见表5-5。

表5-5　一些食品/强化食品的营养价值指数

食 品	PER	NPR	NU	RPER
酪蛋白	3.13	4.55	4.83	78
酪蛋白+0.1%甲硫酸铵	4.04	5.30	5.68	100
大豆蛋白	1.60	2.74	2.79	39
大豆蛋白+0.1%甲硫酸铵	2.55	3.72	3.87	64
卵白蛋白	3.71	5.08	5.43	91
牛肉	3.36	4.83	5.16	83
油菜籽浓缩蛋白	3.29	4.59	4.90	81
全麦粉	0.95	2.35	2.29	23
全麦粉+0.16%赖氨酸	1.70	2.91	2.98	42
全麦粉+大豆蛋白（1：1）	2.21	3.37	3.53	55
全麦粉+油菜籽蛋白浓缩物（1：1）	2.08	3.34	3.49	51
全麦粉+牛肉（1：1）	3.01	4.20	4.47	74
全麦粉+卵白蛋白（1：1）	2.90	4.09	4.36	72

（2）蛋白质互补

将营养价值不同的蛋白质以一定比例混合，相对含量不足的氨基酸可以得到相互补偿，使其整体氨基酸组成模式与机体的需要接近，从而提高蛋白质的营养价值。在人类的生活史中利用豆类蛋白对谷物蛋白营养价值的提高，就是最典型的实际例子（表5-6），在当前仍然具有重要意义。

表5-6 不同蛋白质间的互补作用

例子	蛋白质原料	配比	BV	
			单独进食	混合进食
1	小麦	67%	67	77
	大豆	33%	64	
2	玉米	40%	60	73
	小米	40%	57	
	大豆	20%	64	

（3）抗营养因子灭活

一些食品蛋白质存在的抗营养因子，例如，蛋白酶抑制物（protease inhibitor）可以通过加热处理的方式灭活（表5-7和表5-8），从而有效地提高蛋白质的生物利用率。具有重要意义的是存在于大豆等植物中的蛋白酶抑制物，在经过加热处理后可以大大地改进大豆蛋白的 PER，这在生产大豆蛋白制品如脱脂豆粉、浓缩蛋白等时已被应用。

表5-7 热处理对两种大豆蛋白质 PER 的影响

样品	处理	PER	胰蛋白酶抑制物含量/（mg/g）	胰凝乳蛋白酶抑制物含量/（mg/g）
1	未经热处理	0.14	36	4.2
	加热 10min	1.42	25	0.8
	加热 20min	2.13	7	0
	加热 30min	2.22	6	0
2	未经热处理	0.46	20	3.3
	加热 10min	1.63	12	0.7
	加热 20min	2.25	0.8	0
	加热 30min	2.28	0.6	0

表5-8 加热处理以及氨基酸强化对大豆粉营养价值的影响

处理	消化率/%	PER	处理	消化/%	PER
45℃	73.7	0.95	45℃+Cys	81.7	2.01
65℃	79.9	1.61	65℃+Cys	82.9	2.43
75℃	79.0	2.14	75℃+Cys	82.7	2.53

2. 蛋白质的消化率

蛋白质消化率的定义是人体从食品蛋白质吸收的氮占摄入的氮的比例。虽然必需氨基酸的含量是蛋白质质量的主要指标，然而蛋白质的真实质量也取决于这些氨基酸在体内被利用的程度。于是，消化率影响着蛋白质的质量。表5-9列出了各种食品蛋白质在人体内的消化率。动物性蛋白质比植物性蛋白质具有较高的消化率。

表5-9　各种食品蛋白质在人体内的消化率

蛋白质来源	消化率/%	蛋白质来源	消化率/%
鸡蛋	97	豌豆	88
牛乳、乳酪	95	花生	94
肉、鱼	94	大豆粉	86
玉米	85	大豆分离蛋白	95
大米（精制）	88	蚕豆	78
小麦（全）	86	玉米制品	70
面粉（精制）	96	小麦制品	77
面筋	99	大米制品	75
燕麦	86	小麦	79

影响蛋白质消化率的因素有：

（1）蛋白质的构象

它影响着酶催化水解，天然蛋白质通常比部分变性蛋白质较难水解完全。一般来说，不溶性纤维蛋白和广泛变性的球状蛋白难以被酶水解。

（2）抗营养因子

大多数植物分离蛋白和浓缩蛋白含有胰蛋白酶和胰凝乳蛋白酶抑制剂以及外源凝集素。这些抑制剂使豆类和油料种子蛋白质不能被胰蛋白酶完全水解。外源凝集素妨碍氨基酸在肠内的吸收。加热处理能破坏这些抑制剂使植物蛋白质更易消化。植物蛋白质中还含有单宁和植酸等其他类型的抗营养因子。

（3）结合

蛋白质与多糖及食用纤维相互作用也会降低它们的水解速度和彻底性。

（4）加工

蛋白质经受高温和碱处理会导致化学变化包括 Lys 残基产生，此类变化也会降低蛋白质的消化率。蛋白质与还原糖发生美拉德反应会降低 Lys 残基的消化率。

放射性核素进行的试验表明，在人体中每日合成的蛋白质约为300g，如果每日膳食中蛋白质的摄入量为100g，这说明在蛋白质的代谢过程中，有相当量的蛋白质被分解、被再利用；在转换的蛋白质中包括血浆蛋白、血细胞、血红蛋白等。当一个成人处于正常状态时，即处于所谓的氮平衡时，他所摄入的氮量，应该与其排除的氮量相当；而一个儿童，由于是在成长期，则应该是氮的摄入量大于其排除量。蛋白质在一个体重为70kg的人体内的代谢、转换过程如图5-11所示。

经过胰蛋白酶的作用，蛋白质最终被水解为游离的氨基酸和寡肽。蛋白质在体内水解过程如图5-12所示。

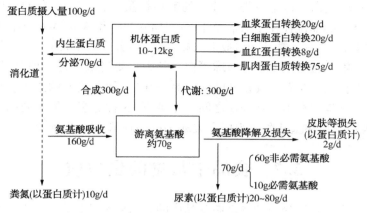

图 5-11 机体内的蛋白质-氨基酸及转换关系

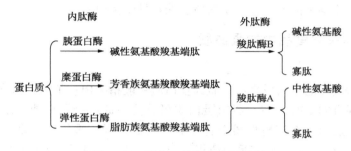

图 5-12 蛋白质的体内水解过程

5.6.2 蛋白质的安全

含有毒蛋白质的植物有许多种，根据其化学性质又可分为两类。一类为凝集素，在豆科植物的大豆、豌豆、蚕豆、扁豆、刀豆及大戟科蓖麻的种子中存在。这种有毒蛋白质进入人体后能使血液中红细胞产生凝集作用，所以生食或食用未煮熟的这类植物种子会引起中毒。主要症状有恶心、呕吐，严重者可导致死亡。大豆、豌豆、蚕豆等是人类的营养食物，但必须经过适当加工，使有毒蛋白质变性方可食用。另一类有毒蛋白质为酶抑制剂，常存在于豆类及马铃薯、芋头、小麦和未成熟的香蕉中，可以抑制胰蛋白酶或者淀粉酶的活性，影响人体对营养物质的消化吸收。

（1）毒肽类

毒肽在毒蕈中存在最多，鹅膏蕈、鬼笔蕈是含毒肽最多的两种典型毒菌，只要食用 50g 就可致人死亡。

（2）有毒氨基酸类

在某些豆科植物中存在有毒氨基酸，例如山黎豆含有的 α,γ-二氨基丁酸，存在于蚕豆中的 β-氰基丙氨酸能引起神经麻痹。存在于刀豆属中的刀豆氨酸，能阻抗体内的 Arg 代谢。存在于蚕豆等植物中的 L-3,4-二羟基苯丙氨酸能引起急性溶血性贫血症。人们过多地摄食青蚕豆，无论煮熟或是去皮与否都可能导致中毒。

（3）过敏蛋白

一般来说，食物过敏的过敏原大都来源于食物中的蛋白质。例如在鱼类过敏原中，主要是肌浆蛋白中的小清蛋白，这是一类小分子的酸性糖蛋白，分子量为 11~12kD，与 2 个原子的 Ca^{2+} 结合，结合的部位存在于 Asp-Asp-Ser-Glu-Phe 和 Asp-Asp-Asp-Glu-Lys 的两个区域，等电点在 4.75 左右。氨基酸组成上欠缺 Trp，每分子中 Phe10 个残基，Tyr 0~1 个残基。而甲壳类的过敏原蛋白主要是原肌球蛋白，其中主要过敏原是一种分子量为 36kD 的酸性糖蛋白，等电点在 4.5 左右，其糖基的含量为 4.0%。随着技术的进步，越来越多的过敏原被发现，其分子量集中在 16~166kD 之间，至少有 13 种之多，但主要的过敏原为分子量 36kD 组分。这类蛋白质在氨基酸的组成上欠缺 Trp，Tyr 和 Phe 含量少。

5.7 食品中常见的蛋白质

食品中的蛋白质按来源分为动物来源食品中的蛋白质和植物来源食品中的蛋白质。动物来源食品中的蛋白质又分为禽畜水产动物肉类蛋白质、牛乳蛋白质和蛋类蛋白质；植物来源食品中的蛋白质有蔬菜蛋白质、谷类蛋白质、油料种子蛋白质。

5.7.1 动物来源食品中的蛋白质

1. 肌肉蛋白质

肌肉蛋白质是重要的蛋白质来源。肌肉蛋白质一般指牛肉、羊肉、猪肉和鸡肉中的蛋白质，其蛋白质占湿重的 20% 左右。肌肉蛋白质可分为肌原纤维蛋白质、肌浆蛋白质和肌基质蛋白质。这三类蛋白质在溶解性质上存在着显著的差异。采用水或低离子强度的缓冲液（0.15mol/L 或更低浓度）能把肌浆蛋白质提取出来，提取肌原纤维蛋白质需要采用更高浓度的盐溶液，而肌基质蛋白质是不溶解的。

主要的肌肉蛋白质的性质可以简单总结如下：

① 肌原纤维蛋白质（亦称肌肉的结构蛋白质）占肌肉蛋白质总量的 51%~53%。肌球蛋白的等电点为 5.4 左右，在温度达到 50~55℃ 时发生凝固，具有 ATP 酶的活性。肌动蛋白的等电点为 4.7，可与肌球蛋白结合为肌动球蛋白。肌球蛋白、肌动蛋白间的作用决定肌肉的收缩。

② 肌浆蛋白质中含有大量糖解酶和其他酶，还含有肌红蛋白和血红蛋白。肌红蛋白为产生肉类色泽的主要色素，它的等电点为 6.8，性质不稳定，在外来因素影响下所含的 Fe^{2+} 转化为 Fe^{3+}，可导致肉制品色泽异常。存在于肌原纤维间的清蛋白（肌溶蛋白）性质也不稳定，在温度达到 50℃ 就可以变性。

③ 肌基质蛋白质形成肌肉的结缔组织骨架，包括胶原蛋白、网硬蛋白和弹性蛋白。胶原蛋白中含有丰富的羟脯氨酸、脯氨酸和甘氨酸，这种特殊的氨基酸组成是胶原蛋白三股螺旋结构形成的重要基础。胶原蛋白经过加热发生部分水解转化为明胶，而明胶的重要特性就是可溶于热水并形成热可逆凝胶。

2. 牛乳蛋白质

牛乳中含有大约 33g/L 蛋白质，主要可分为酪蛋白（casein）、乳清蛋白（whey）两大类。其中酪蛋白约占总蛋白质的 80%，包括 α_{S1}-酪蛋白、α_{S2}-酪蛋白、β-酪蛋白、κ-酪蛋白；乳清蛋白约占总蛋白质的 20%，包括 β-乳球蛋白、α-乳清蛋白、免疫球蛋白和血清蛋白等。

（1）酪蛋白

酪蛋白是一种磷蛋白，含 0.86% 的磷，是一种非均相蛋白质。酪蛋白属于疏水性最强的一类蛋白质，在牛乳中聚集成胶团形式。酪蛋白胶束的直径在 30~300nm 之间，在 1mL 液体乳中胶束的数量在 10^{14} 左右，只有小部分胶束直径在 600nm 左右，故可以认为牛乳中的蛋白质主要是以纳米形式存在。

酪蛋白可简单地采用酸沉淀分离法（调节 pH 值至 4.6 附近）得到，也可以利用凝乳酶的作用得到，最终产品的性能随处理方法的差异而有所不同。酪蛋白是食品加工中的重要配料，其中以酪蛋白钠盐（干酪素钠，caseinate）的应用最广泛。酪蛋白钠盐在 pH > 6 时稳定性好，在水中有很好的溶解性及热稳定性，是良好的乳化剂、保水剂、增稠剂、搅打发泡剂和胶凝剂。

（2）乳清蛋白

牛乳中的酪蛋白沉淀下来后，保留在上层的清液含有乳清蛋白。乳清蛋白主要成分按含量递减依次为 β-乳球蛋白、α-乳清蛋白等。

乳清蛋白在很宽的 pH 值、温度和离子强度范围内具有良好的溶解度，甚至在等电点附近即 pH 值为 4~5 时仍然保持溶解，这是天然乳清蛋白最重要的物理化学和功能性质。此外，乳清蛋白溶液经热处理后形成稳定的凝胶。乳清蛋白的表面性质在它们应用于食品时也是很重要的。

3. 鸡蛋蛋白质

鸡蛋蛋白质有蛋清蛋白与蛋黄蛋白两种，它的特点是具有较高的生物学价值。

蛋清蛋白中至少含有 8 种不同的蛋白质，其中存在的溶菌酶、抗生物素蛋白、免疫球蛋白和蛋白酶抑制剂等都能有效抑制微生物生长，保护蛋黄。

蛋清中的蛋白质主要包括：

① 卵清蛋白，占 54%~69%，属于磷糖蛋白，耐热，如在 pH = 9 和 62℃下加热 3.5min 仅 3%~5% 的卵清蛋白有显著改变。

② 伴清蛋白，即卵转铁蛋白，是一种糖蛋白，占蛋清蛋白的 9%，在 57℃ 加热 10min 后 40% 的伴清蛋白变性；当 pH = 9 时，在上述条件下加热，伴清蛋白性质未见明显改变。

③ 卵类黏蛋白，占蛋清蛋白总量的 11%，在糖蛋白质酸性和中等碱性的介质中能抵抗热凝结作用，但在有溶菌酶存在的溶液中加热到 60℃ 以上时蛋白质便凝结成块。

④ 溶菌酶，占蛋清蛋白总量的 3%~4%，等电点为 10.7，比蛋清中的其他蛋白质的等电点高得多，而其分子量（14600）却最低。

⑤ 卵黏蛋白，占蛋清蛋白总量的 2.0%~2.9%，有助于浓厚蛋清凝胶结构的形成。

蛋清是食品加工中重要的发泡剂，它的良好起泡能力与蛋清中卵黏蛋白和球蛋白的发泡能力有关。它们都是分子量很大的蛋白质，卵黏蛋白具有高黏度。在焙烤过程中发现，由卵黏蛋白形成的泡沫易破裂，而加入少量溶菌酶后可大大提高泡沫的稳定性。

蛋黄是食品加工中重要的乳化剂。蛋黄中含有丰富的脂类。蛋黄蛋白有卵黄蛋白、卵黄磷蛋白和脂蛋白 3 种。蛋黄的乳化性质很大程度上取决于脂蛋白。蛋黄的发泡能力稍大于蛋清，但是它的泡沫稳定性远不如蛋清蛋白。

蛋清还是食品加工中重要的胶凝剂。

5.7.2 植物来源食品中的蛋白质

1. 谷类蛋白质

谷类蛋白质含量在 6%~20% 之间，含量随种类不同而不同。谷类蛋白质主要有小麦蛋白质、玉米蛋白和稻米蛋白三种。

（1）小麦蛋白质

小麦蛋白质的含量、蛋白质的组成对焙烤产品的品质影响很大。例如强力粉是含有较多蛋白质的面粉，在制作面包时具有很好的气体滞留能力，同时使产品具有良好的外观和质地。一般不同蛋白质含量的面粉其用途也不一。

（2）玉米胚乳蛋白

玉米胚乳蛋白是湿法加工玉米时，先脱去胚芽以及玉米皮等组织，然后再部分提取淀粉后获得的产物。玉米胚乳蛋白中富含叶黄素，缺乏赖氨酸和色氨酸两种必需氨基酸。

（3）稻米蛋白

稻米蛋白主要存在于内胚乳的蛋白体中，在碾米过程中几乎全部保存，其中80%为碱溶性蛋白——谷蛋白。稻米是唯一具有高含量谷蛋白和低含量醇溶谷蛋白(5%)的谷类，因此其赖氨酸含量也较高(约占3.5%~4.0%)。过分追求精白面和精白米，不但损失粮食，而且也损失大量蛋白质。

2. 油料种子蛋白质

目前油料蛋白质的利用主要是大豆蛋白质。大豆含有42%蛋白质、20%油和35%碳水化合物(按干基计算)。大豆蛋白质对于物理和化学处理非常敏感，例如加热(在含有水分的条件下)和改变pH值能使大豆蛋白的物理性质产生显著的变化，这些性质包括溶解度、黏度和分子量。

大豆蛋白质可分为两类：清蛋白和球蛋白。球蛋白约占大豆蛋白质的90%(以粗蛋白计)。大豆球蛋白可溶于水、盐、碱溶液，加酸调节pH值至等电点4.5或加入饱和硫酸铵溶液则沉淀析出。大豆蛋白质在pH值为3.75~5.25时溶解度最低，而在等电点的酸性一侧和碱性一侧具有最高溶解度。在pH=6.5时，脱脂大豆粉中的蛋白质约85%能被水提取出来，加入碱能再增加提取率5%~10%。所以工业上一般采取碱溶酸沉的工艺分离制备大豆蛋白质。

根据超离心的沉降系数可将水可提取的大豆蛋白质分为2S、7S、11S、15S等组分，其中7S和11S最重要，7S占总蛋白质的37%，11S占总蛋白质的31%。商业上重要的大豆蛋白质制品是大豆浓缩蛋白和大豆分离蛋白，它们的蛋白质含量分别高于70%和90%。

5.8 蛋白质在食品加工与储藏过程中的变化

食品的加工和储藏常涉及加热、冷却、干燥、化学试剂处理、辐照或其他各种处理，不可避免地会引起蛋白质的变化，对食品品质、安全性等产生一定影响。因而对此必须有全面的了解，以便在食品加工和储藏中选择适宜的处理条件，避免蛋白质发生不利的变化，促进蛋白质发生有利变化。

5.8.1 热处理的变化

在食品加工与储藏过程中，热处理是最常用的加工方法。

适度的热处理对蛋白质的影响有有利的一面。适度的热处理使蛋白质发生变性伸展，肽键暴露，利于蛋白酶的催化水解，有利于蛋白质的消化吸收；适度的热处理(热烫或蒸煮)可使一些酶如蛋白酶、脂肪氧合酶、淀粉酶、多酚氧化酶失活，防止食品色泽、质地、气味的不利变化；适度的热处理可使豆类和油料种子中的胰蛋白酶抑制剂、胰凝乳蛋白酶抑制剂抗营养因子变性失活，提高植物蛋白质的营养价值；适度的热处理可消除豆科植物性食品中凝集素对蛋白质营养的影响；适度的热处理还会产生一定的风味物质，有利于食品感官质量的提高。

但过度热处理会对蛋白质产生不利的影响。对蛋白质或蛋白质食品进行过度热处理，会引起氨基酸的脱氨、脱硫、脱二氧化碳、脱酰胺和异构化等化学变化，甚至产生有毒化合物，从而降低蛋白质的营养价值，这主要取决于热处理条件。例如，在115℃加热27h，有50%~60%的半胱氨酸被破坏，并产生硫化氢(下式中Pr代表蛋白质分子主体)。

$$2Pr—CH_2—SH \longrightarrow Pr—CH_2—S—CH_2—Pr+H_2S$$

半胱氨酸残基 　　　　羊毛硫氨酸残基

$$Pr—CH_2—SH+H_2O \longrightarrow Pr—CH_2—OH+H_2S$$

半胱氨酸残基 　　　　丝氨酸残基

蛋白质在超过100℃时加热，会发生脱酰胺反应。例如，来自谷氨酰胺和天冬酰胺的酰胺基会释放出氨，氨会导致蛋白质电荷和功能性质变化。

蛋白质在超过200℃的剧烈热处理下会导致氨基酸残基异构化，使L-氨基酸转变成D-氨基酸。大多数D-氨基酸不具有营养价值，还具有毒性。

在热处理过程中，蛋白质还容易与食品中的糖类、脂类、食品添加剂反应，产生变化。因此，食品加工中选择适宜的热处理条件，对保持蛋白质营养价值具有重要意义。

5.8.2　低温处理的变化

低温处理主要有冷却和冷冻。食品被冷却时，微生物生长受到抑制，蛋白质较稳定；食品被冷冻时，对蛋白质的品质有严重影响。鱼蛋白质很不稳定，经冷冻或冻藏后肌球蛋白变性，与肌动球蛋白结合，使肌肉变硬，持水性降低，解冻后鱼肉变得干而强韧。肉类食品经冷冻、解冻，组织及细胞膜被破坏，并且蛋白质间产生的不可逆结合代替了蛋白质和水的结合，使蛋白质的质地发生变化，持水性也降低。

蛋白质在冷冻条件下变性程度与冷冻速度有关。一般来说，冷冻速度越快，形成的冰晶越小，挤压作用较小，变性程度就小。根据此原理常采用快速冷冻法，以避免蛋白质变性，保持食品原有的风味。

5.8.3　脱水处理的变化

蛋白质食品脱水的目的是降低水分活度，增加食品稳定性，以便于保藏。脱水方法有以下几种：

（1）热风干燥脱水法

采用自然的温热空气干燥食品，脱水后的肉类蛋白、鱼类蛋白会变得坚硬、萎缩且回复性差，烹饪后感觉坚韧而无其原有风味。

（2）真空干燥脱水法

由于真空时氧气分压低，氧化速度慢，而且温度低，可减小非酶褐变及其他化学反应的发生，较热风干燥对肉类品质影响小。

（3）冷冻干燥脱水法

冷冻干燥脱水法的食品可保持原有形状，具有多孔性，回复性较好。但这种方法仍会使部分蛋白质变性，肉质坚韧，持水性下降。

（4）薄膜干燥脱水法

薄膜干燥脱水法是将食品原料置于蒸汽加热的旋转鼓表面，脱水形成薄膜。该方法不易控制，使产品略有焦味，会使蛋白质的溶解度降低。

（5）喷雾干燥脱水法

液体食品以雾状进入快速移动的热空气中，水分快速蒸发而成为小颗粒，颗粒物的温度快速下降。此法对蛋白质性质影响较小，是常用的脱水方法。

5.8.4 碱处理的变化

对食品进行碱处理，尤其是与热处理同时进行时，对蛋白质的营养价值影响很大。如蛋白质经过碱处理后能发生很多变化，生成各种新的氨基酸。首先半胱氨酸或磷酸丝氨酸残基经 β-消去反应形成脱氢丙氨酸（DHA）。DHA 的反应活性很强，导致它与赖氨酸、鸟氨酸、半胱氨酸残基发生缩合反应，形成赖氨丙氨酸、鸟氨丙氨酸和羊毛硫氨酸。DHA 还能与其他氨基酸残基通过缩合反应生成不常见的衍生物。在碱性热处理下，氨基酸残基也发生异构化，由 L 型变为 D 型，营养价值降低。DHA 反应性如图 5-13 所示。

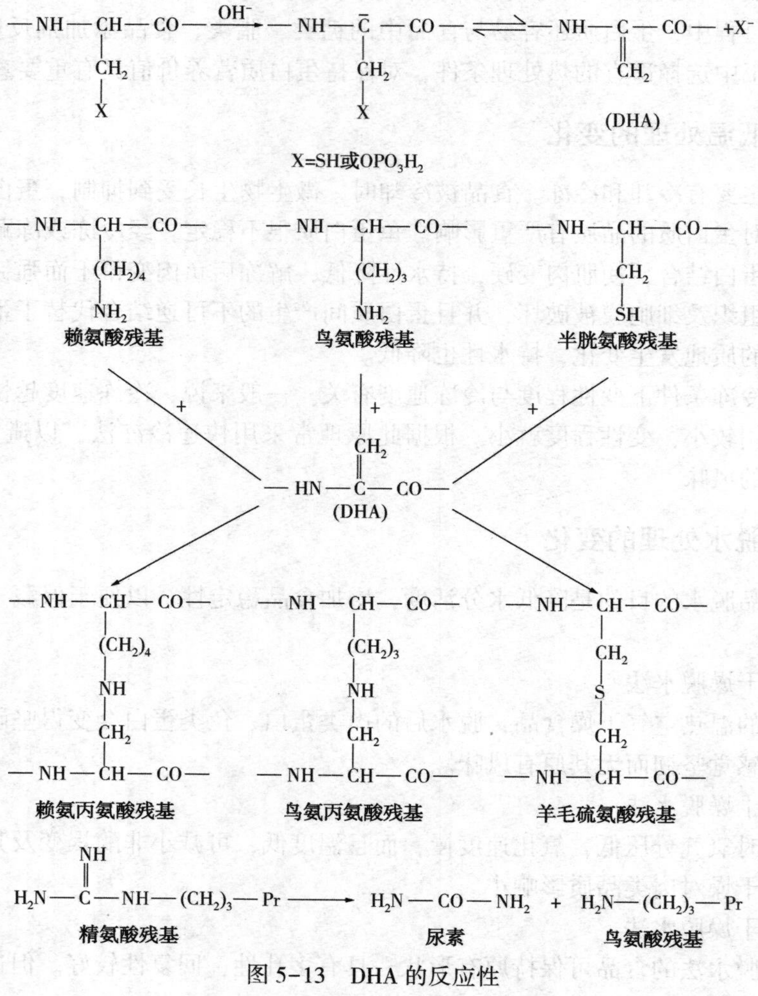

图 5-13 DHA 的反应性

5.8.5 氧化处理的变化

有时利用过氧化氢、过氧化乙酸、过氧化苯甲酰等氧化剂处理含有蛋白质的食品，在此过程中可引起蛋白质发生氧化，导致蛋白质营养价值降低，甚至还产生有害物质。对氧化反应最敏感的氨基酸是含硫氨基酸(如蛋氨酸、半胱氨酸、胱氨酸)和芳香族氨基酸(色氨酸)。其氧化反应见图5-14。

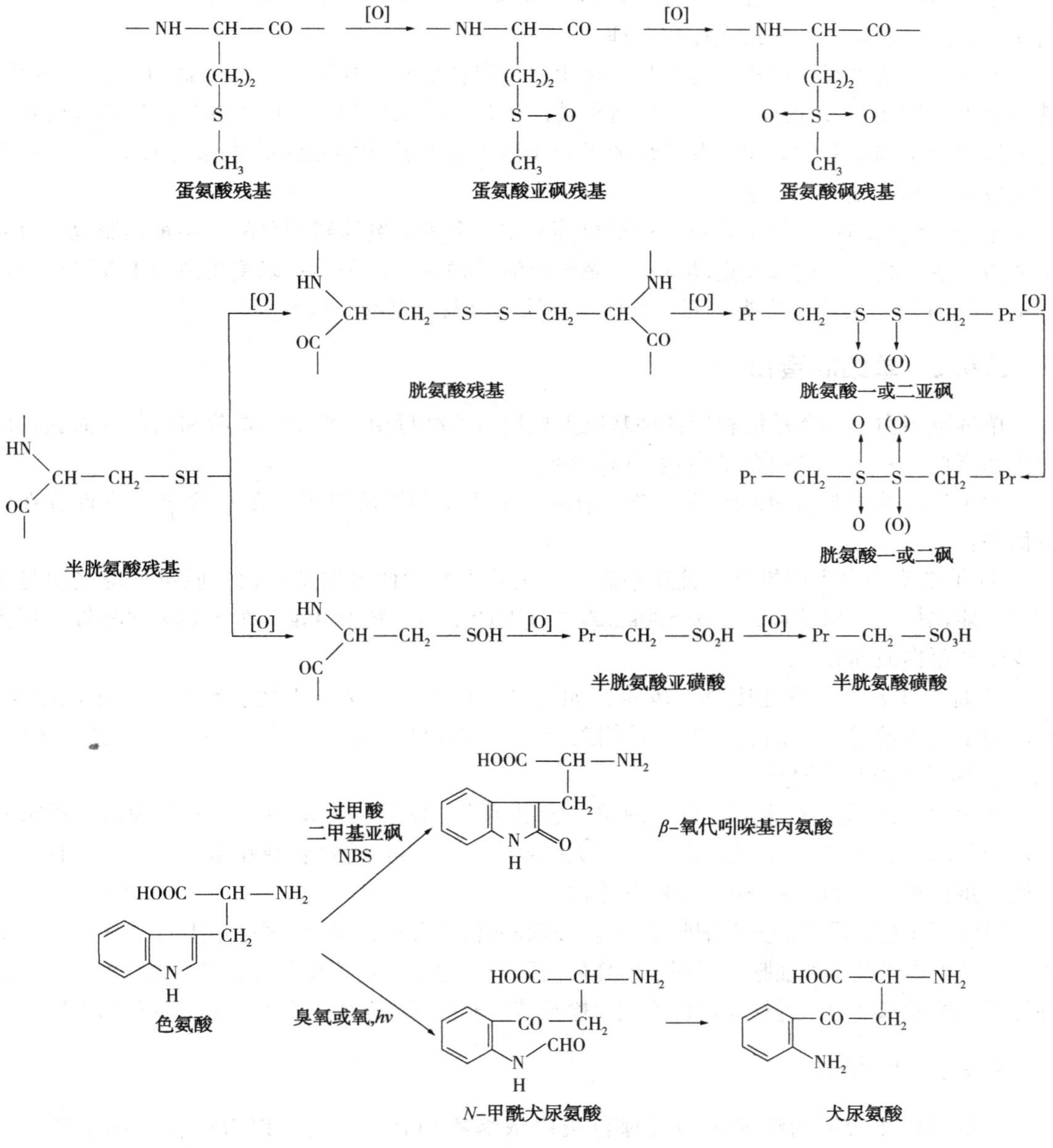

图 5-14　几种氨基酸的氧化反应

5.9　新型蛋白质资源的开发与利用

5.9.1　昆虫蛋白资源

全世界的昆虫约占地球生物物种的一半。我国昆虫的种类约有 15 万种，估计可食用的昆虫也有 1000 多种。昆虫体内干蛋白质含量很高，一般含量在 20% ~ 80%。昆虫中不仅蛋白质含量高，而且氨基酸组成比较合理。

人类开发昆虫蛋白质资源有较早的历史，据资料推断，我国早在公元前 11 世纪的周代，就有食虫的记载。最近几十年来，随着科技的进步，昆虫作为一类巨大的蛋白质资源已经取得了许多专家和学者的共识，并已形成了介于昆虫学和营养学之间的边缘交叉学科——"食用昆虫学""资源昆虫学"等。

至今，已用蚂蚁、蜂王浆及蜜蜂幼虫等开发出多种保健饮料和食品；用蚕蛹制成复合氨基酸粉、蛋白粉、蛋白肽及运动饮料；蚕丝可制成糖果、面条等；以黄粉虫为主要原料可以制备"汉虾粉"、虫酱、罐头、酒、蛋白功能饮料以及氨基酸口服液等。

5.9.2　单细胞蛋白

单细胞蛋白（SCP）是指利用各种基质大规模培养酵母菌、细菌、真菌和微藻等而获得的微生物蛋白。SCP 的蛋白含量高达 40% ~ 80%。

用于生产单细胞蛋白的细菌有光合细菌、小球藻和螺旋藻等。在开发 SCP 方面存在以下优势：

① 单细胞蛋白生产投资少且速率高。细菌几十分钟便可增殖一代，质量倍增之快是动植物不能比拟的。据估计，一头 500kg 的牛每天产蛋白质约 0.4kg，而 500kg 的酵母菌每天至少生产蛋白质 5000kg。

② 原料丰富。工农业废物、废水，如秸秆、蔗渣、甜菜、木屑、废糖蜜、废酒糟水、亚硫酸纸浆废液等，石油、天然气及相关产品，如原油、柴油、甲烷、甲醇、乙醇、CO_2、H_2 等，都可作为基质原料。

③ 可以工业化大量生产，设备简单，容易生产；需要的劳动力少，不受地区、季节和气候的限制。如年产 10^5 t SCP 的工厂，以酵母计，一年可产蛋白 4000 多吨；以大豆计，一年所产蛋白相当于 50 多万亩大豆所含蛋白。

但应用注意的是大部分单细胞蛋白含有较高的核酸含量，限制它们直接用于人类消费。对此，可采用热或碱处理细胞，有利于提高蛋白质的消化率、氨基酸有效性和除去核酸。经过这种处理的酵母和细菌，进行动物饲养试验检验其营养价值和食用安全性，未发现任何毒性。

5.9.3　叶蛋白

叶蛋白亦称为植物浓缩蛋白或绿色蛋白浓缩物（LPC）。它是以青绿植物的生长组织（茎、叶）为原料，经榨汁后利用蛋白质等电点原理提取的植物蛋白。按照溶解性，一般可以将植物茎叶中的蛋白分为两大类：一类为固态蛋白，存在于经粉碎、压榨后分离出的绿色沉淀物中，主要包括不溶性的叶绿体与线粒体构造蛋白、核蛋白和细胞壁蛋白，这类蛋白一般难溶于水。另一类蛋白为可溶性蛋白，存在于经离心分离出的上清液中，包括细胞质蛋白和线粒体蛋白的可溶性部分，以及叶绿体的基质蛋白，这些可溶性蛋白质的凝聚物就是叶蛋白。可用来提取叶蛋白的植物高达 100 多种，主要有野生植物牧草、绿肥类、树叶及一些农作物的废料，豆科牧草（苜蓿、三叶草、草木樨、紫云英等）、禾本科牧草（黑麦草、鸡脚草等）、叶菜类（苋菜、牛皮菜等）、根类作物茎叶（甘薯、萝卜等）、瓜类茎叶和鲜绿树叶等也是很好的叶蛋白来源。

叶蛋白制品含蛋白质 55%~72%，叶蛋白含有 18 种氨基酸，其中包括 8 种人体必需的氨基酸，且其组成比例平衡，与联合国粮食与农业组织（FAO）推荐的成人氨基酸模式基本相符，特别是赖氨酸含量较高，这对多以谷物类为主食的第三世界国家尤为重要。叶蛋白的 Ca、P、Mg、Fe、Zn 的含量高，是各类种子的 5~8 倍，胡萝卜素和叶黄素含量比各类种子分别高 20~30 倍和 4~5 倍，无动物蛋白所含的胆固醇，具有防病治病、防衰抗老、强身健体等多种生理功能，被 FAO 认为是一种高质量的食品。目前，工业生产的 LPC 主要来源于苜蓿，其蛋白质产量高，凝聚颗粒大、易分离、品质好，广泛应用于饲料工业，是一种具有高开发价值的新型蛋白质资源。

5.9.4 油料蛋白

油料种子制取油脂后，其饼粕常作为饲料或肥料，蛋白质资源未得到高值化利用。如大豆蛋白质含量达 40%左右，脱脂大豆蛋白含量最高可达 50%，除蛋氨酸和半胱氨酸含量稍低外，其他 6 种人体必需氨基酸的组成与联合国粮食与农业组织推荐值接近，还具有降低血清胆固醇的功能，是优良的植物蛋白质。

它的提取主要有如下方法：

① 酸性水溶液处理。用酸性溶液、水-乙醇混合溶液或热水处理，可除去可溶性糖类（低聚糖）和矿物质，大多数蛋白质在上述条件下保持适宜的不溶解状态。用蛋白质等电点 pH 值的酸性水溶液处理，蛋白质的伸展、聚集和功能性丧失最小，形成的蛋白质浓缩物经干燥后含大约 65%~75%的蛋白质、15%~25%的不溶解多糖、4%~6%的矿物质和 0.3%~1.2%的脂类。

② 使脱脂大豆粉在碱性水溶液中增溶，然后过滤或离心沉淀，除去不溶性多糖，在等电点（pH=4.5）溶液中再沉淀，洗涤蛋白质凝乳，除去可溶性糖类化合物和盐类。干燥（通常采用喷雾干燥）后得到含蛋白质 90%以上的分离蛋白。

类似的湿法提取和提纯蛋白质成分的方法，可用于花生、棉籽、向日葵和菜籽等脱脂蛋白粉，以及其他低油脂种子例如刀豆、豌豆、鹰嘴豆等豆科植物种子。而空气分级法（干法），适用于低油脂种子磨粉，可以利用富含蛋白质的浓缩物与大的淀粉颗粒之间在大小和密度上的差异进行分离。

目前油料蛋白的利用主要是大豆蛋白，大豆蛋白粉大量用于面条类、烘焙类以及主食系列产品。

5.10 蛋白质的色、香、味及影响因素

5.10.1 蛋白质的苦味

有些氨基酸是苦味的，蛋白质在部分酶解时产生的一些小分子肽的片段（如亮氨酰亮氨

酸二肽、精氨酰脯氨酸二肽等）也是苦味的。干酪和变质奶呈苦味均是由于蛋白质水解产生了苦味的短链多肽和氨基酸。分子量超过 6kD 的蛋白质水解物就难以进入呈味受体的作用部位，因而无味。分子量低于 6kD 的多肽称为短链多肽，它们是否呈苦味与其疏水性相关，参见 5.2.2 节。

5.10.2　蛋白质的异味

某些蛋白质制剂必须经过脱臭步骤以除去与蛋白质结合的那些异味物。醛、酮、醇、酚和氧化脂肪酸可以产生豆腥味、苦味或涩味，当它们与蛋白结合时，在烧煮和（或）咀嚼后释出而令人反感。

与消除异味完全不同的另一个问题是利用蛋白质作为风味的载体，例如使质构化的植物蛋白质具有肉的风味。最理想的情况是使所有挥发性的需要风味成分在储藏和加工期间保持结合状态，然后在口腔中快速、完全并保持原样地释放出来。任何可能改变蛋白质构象的因素都能影响其与挥发性化合物的结合。水可以促进极性物的结合，但对非极性化合物没有什么影响。在干燥的蛋白质组分中挥发性化合物的扩散是有限的，但只要稍微提高水的活度就能提高极性挥发物的流动性并且提高它们发现结合位点的能力。酪蛋白在中性或碱性环境中比在酸性环境中能结合更多的含羰基、醇或酯类的挥发物。氧化物和硫酸盐等离子在高浓度时能导致蛋白质伸展，提高与羰基化合物的结合，能使蛋白质解离或二硫键打开的试剂通常能增加蛋白质与挥发物的结合。寡聚蛋白解离成它们相应的亚基时，由于分子间的疏水区在单体构象改变时被掩蔽起来，因而减少了与非极性挥发物的结合。蛋白质的彻底水解会降低与挥发物的结合能力，例如每千克大豆蛋白可以结合 6.7mg 己醛，而该蛋白经酸性蛋白酶水解后仅保留 1mg/kg 的结合能力。因此可用蛋白质水解的方法来降低大豆蛋白质的豆腥味。相反，蛋白质受热而变性时，一般会增加对挥发物的结合。例如，在有己醛存在的条件下，将 10% 的大豆蛋白分离物水溶液在 90℃ 加热 1～24h，而后冷冻干燥，发现经过加热处理的比未加热处理的蛋白质结合的己醛量大 3～6 倍。脱水处理如冷冻干燥常释放出 50% 以上最初被蛋白结合的挥发性物质，但当挥发物蒸气压较低和以低含量存在时，它们能很好地保留。还应该提到的是脂类的存在可促进各类羰基挥发性物质的结合和保留，包括那些因脂类氧化所形成的挥发性物质。

5.10.3　天然蛋白质衍生物的甜味

20 世纪 60 年代以来，兴起了一个新的领域，即由一些本来不甜的非糖天然物质经过改性加工成为高甜度的安全甜味剂。已经投入工业化生产的主要有氨基酸及其二肽衍生物和二氢查耳酮衍生物两类，其他还有紫苏醛及其衍生物等。

在常见的氨基酸中，已发现其中数种具有甜味，如 Gly、D-Ala、D-Ser、D-Thr、D-Trp、D-Pro、D-Hyp 和 D-Glu 等。Ala、Ser、Thr 的 L-型异构体也有甜味。此外，还发现某些氨基酸的衍生物也有甜味，例如 6-甲基-D-色氨酸，它的比甜度约为 1000，有可能成为新型的甜味剂。

1969 年，有人发现天冬氨酰二肽衍生物系列中有许多都具有甜味，其中的天冬氨酰苯丙氨酸甲酯（APM）在 1974 年已被美国食品与药品管理局（FDA）批准为食用甜味剂，商品名为 Aspartame（阿斯巴甜）。这类甜味剂均为营养性的非糖化合物，其基本组成单位都是食品的天然成分，能参与体内代谢。它们的甜度曲线几乎与蔗糖重合，甜度优良。但其缺点是在高温下热稳定性较差。为了慎重起见，目前不少国家仍在进一步对这些二肽衍生物进行各种毒理试验。目前的研究表明，二肽衍生物要具有甜味必须具备下列结构特点：

① 构成二肽的氨基酸必须同为 L-型氨基酸。

② 肽键的 N-端必须是 Asp，而且它的—COOH 和—NH₂ 均为游离基。

③ 形成二肽的另一氨基酸必须是中性氨基酸，而且它的一端必须酯化。当其酯基越小时，甜度也越大。

④ 二肽衍生物的甜度随其分子量的增大而降低。

5.10.4 风味结合

蛋白质是无味的，但它可以结合风味化合物影响食品的风味。

一些蛋白质，尤其是油料种子蛋白质和乳清浓缩蛋白质，虽然在功能和营养上可以为人们所接受，但由于能结合不期望风味物，这些不期望风味物主要是不饱和脂肪酸经氧化生成的醛、酮、醇、酚和脂肪酸氧化物，这些不期望风味物就影响它们的风味。

相反，在制作食品时，蛋白质可以用作风味物的载体和改良剂，结合人们所需要的香气成分。例如要使质构化植物蛋白产生肉的风味，并保证所有挥发性风味成分在储藏和加工中能始终保持不变，并在口腔内迅速全部不失真地释放，就只有通过将挥发性化合物与蛋白质结合才能得到解决。蛋白质的这个性质特别有用，成功地模仿肉类风味是这类产品能使消费者接受的关键。

温度对风味结合的影响很小。盐对蛋白质风味结合性质的影响与它们的盐溶和盐析性质有关，例如，盐溶类型的盐降低风味结合，而盐析性质的盐提高风味结合。pH 值对风味结合的影响是：通常在碱性条件下更能促进风味结合。

化学改性会改变蛋白质的风味结合性质。蛋白质与亚硫酸盐结合会提高其能力；蛋白质经酶催化水解后会降低蛋白质的风味结合能力，这也是油料种子蛋白质除去不良风味的一个方法。

1. 挥发性物质和蛋白质之间的相互作用

风味结合包括食品的表面吸附或经扩散向食品内部渗透，且与蛋白质样品的水分含量和蛋白质与风味物质的相互作用有关。固体食品的吸附分为两种类型：①范德华力或氢键相互作用，以及蛋白质粉的空隙和毛细管中的物理截留引起的可逆物理吸附；②共价键或静电吸附。前一种反应释放的热能低于 20kJ/mol，第二种至少为 40kJ/mol。吸附性风味结合除涉及上述机理外，还有疏水相互作用。极性分子，如醇是通过氢键结合，但非极性氨基酸残基靠疏水相互作用优先结合低分子量挥发性化合物。对于液态或高水分含量食品，风味物质与蛋白质结合的机理主要是风味物质的非极性部分与蛋白质表面的疏水性区或空隙的相互作用，风味化合物与蛋白质极性基团，例如羟基和羧基，通过氢键和静电相互作用。而醛和酮在表面疏水区被吸附后，还可以进一步扩散至蛋白质分子的疏水区内部。

风味物质与蛋白质的相互作用通常是完全可逆的。然而在某些情况下，挥发性物质以共价键与蛋白质结合，这种结合通常是不可逆的，例如，醛或酮与氨基的结合、胺类与羧基的结合都是不可逆的结合。虽然羰基类挥发性化合物同蛋白质和氨基酸的 ε-氨基或 α-氨基之间能形成可逆的席夫碱，但分子量较大的挥发性物质可能发生不可逆固定。这种性质可以用来消除食品中原有挥发性化合物的气味。

2. 影响蛋白质风味物质结合的因素

挥发性的风味物质与水合蛋白之间是通过疏水相互作用结合，任何影响蛋白质疏水相互作用或表面疏水作用的因素，例如水活性、pH 值、盐、化学试剂、水解酶、变性及温度等都会影响风味的结合。

水可以提高蛋白质对极性挥发物的结合，但对非极性化合物的结合几乎没有影响。在干燥的蛋白质成分中，挥发性化合物的扩散是有限度的，稍微提高水的活性就能增加极性挥发物的迁移和提高它获得结合位点的能力。在水合作用较强的介质（或溶液）中，极性或非极性挥发物的残基结合挥发物的有效性受到许多因素的影响。酪蛋白在中性或碱性 pH 值时比在酸性 pH 值的溶液中结合的羧基、醇或酯类挥发性的物质更多，这与 pH 值引起的蛋白质构象变化有关。

盐溶类盐由于疏水相互作用而稳定，降低风味结合，而盐析类盐可提高风味结合。凡能使蛋白质解离或二硫键裂开的试剂，均能提高对挥发物的结合。然而低聚物解离成为亚单位可降低非极性挥发物的结合，因为原来分子间的疏水区随着单体构象的改变易变成被埋藏的结构。

蛋白质经酶彻底水解将会降低它对挥发性物质的结合，例如每千克大豆蛋白能结合 6.7mg 正己醛，可是用一种酸性细菌蛋白酶水解后只能结合 1mg 正己醛。因此，蛋白质水解可减轻大豆蛋白的豆腥味，此外，用醛脱氢酶使被结合的正己醛转变成己酸也能减少异味。

热处理对风味成分的结合影响主要是由于热对蛋白质的结构产生影响的结果。如用 75～85℃ β-乳球蛋白，其三级结构发生了变化。随着加热时间延长对 2-壬酮结合增多。10%的大豆蛋白离析物水溶液在有正己醛存在时于 90℃ 加热 1h 或 24h，然后冷冻干燥，发现其对正己醛的结合量比未加热的对照组分别大 3 倍和 6 倍。

5.11　食品蛋白质研究热点

5.11.1　蛋白质组学

蛋白质组（proteome）对不少人来说，目前还是一个比较陌生的术语。它是在 1994 年由澳大利亚 Macguarie 大学的 Wilkins 等首先提出的。

蛋白质组由原定义一个基因组所表达的蛋白质，改为细胞内的全部蛋白质，更为全面而准确。但是，要获得如此完整的蛋白质组，在实践中是难以办到的。因为蛋白质的种类和形态总是处在一个新陈代谢的动态过程中，随时发生着变化，难以测准。所以，1997 年，Cordwell 和 Humphery-Smith 提出了功能蛋白质组（functional proteome）的概念，它指的是在特定时间、特定环境和实验条件下基因组活跃表达的蛋白质。与此同时，中国生物科学家提出了功能蛋白质组学（functional protemics）新概念，把研究定位在细胞内与某种功能有关或在某种条件下的一群蛋白质。

提出蛋白质组的概念后，并于 1997 年构建成第一个完整的蛋白质组数据库——酵母蛋白质数据库（yeastproteindatabase，YPD），进展速度极快，新的思路和技术不断涌现。

蛋白质组学技术的广泛应用促进了营养学多个领域的发展，人们已经将它广泛地应用于食品营养、食品品质分析和安全检测等方面的研究中。另外，它也极大地拓展了食品科学的研究领域和促进了食品科学的快速发展，成为食品品质研究的一个高灵敏度和高准确性的研究平台。

5.11.2　生物活性多肽

食源性生物活性肽是一类从食物蛋白中获得的对生物机体的生命活动有益或有重要生理功能的活性物质。通过酶解，动物源、植物源蛋白质可以分解成许多具有活性的肽段，这些肽段具有降血压、抑菌、抗氧化、降血脂、提高免疫力、促进脑发育等活性。在食品加工中研究和应用最多的是生物活性肽的分离提取、结构鉴定和功能的研究。

5.11.3　胶原蛋白

胶原蛋白是动物有机体中含量最多的蛋白，30%左右的机体蛋白都是胶原蛋白，被广泛地应用于食品、医药材料、化妆品和农业生物肥料等众多领域，现在还被应用于食品保鲜膜的研究。胶原蛋白理化性质的固有差异主要表现在根据胶原蛋白的用途而出现的多元化或物理改性。目前，胶原蛋白主要从猪、牛、羊等家禽动物的皮和骨以及水产鱼类中提取。

5.11.4　肽聚糖识别蛋白

肽聚糖识别蛋白(PGRPs)是存在于昆虫、软体动物、棘皮动物和脊椎动物中的先天免疫分子，而不存在于线虫和植物。目前，在昆虫中已发现19种PGRPs，分为长型(L)和短型(S)两种形式。其中，短型PGRPs主要存在于血淋巴、角质层、脂肪细胞中，有时存在于肠道和血细胞中；而短型PGRPs主要在血细胞中表达。昆虫PGRPs的表达通常都是由于其受到细菌感染后诱导的。昆虫PGRPs能够激活Toll样受体或者免疫缺陷的信号转导通路，或者诱导蛋白质的水解，产生抗菌肽，诱导吞噬作用，水解肽聚糖，以及保护昆虫抵御外界的侵害。

哺乳动物有四种PGRPs，它们都是内分泌蛋白。目前，还不清楚它们是否与昆虫的PGRPs具有直接的同源性。哺乳动物PGRP-2，是一个N-乙酰胞壁酰-L-丙氨酸酰胺酶，能够水解细菌的肽聚糖，降低机体的促炎发生。PGRP-2是从肝脏分泌到血液中，再分布在由细菌感染的上皮细胞中。哺乳动物中的其他三种PGRPs是具有杀菌作用的分泌蛋白。PGRP-1主要在多形核白细胞的颗粒中表达；PGRP-3和PGRP-4主要在皮肤、眼睛、唾液腺、喉、舌、食道、胃和小肠中表达。这三种PGRPs都是通过与细菌肽聚糖的交互作用而起到杀菌作用，不同于其他的抗菌肽是细菌的细胞膜通过渗透进行杀菌。PGRPs的这种杀菌机理主要存在于哺乳动物中，有异于昆虫的PGRPs。

🌿 思考题 🌿

1. 名词解释：必需氨基酸、盐析、蛋白质变性作用、蛋白质等电点、肽键、蛋白质一级结构、蛋白质三级结构

2. α-螺旋结构有哪些特点？蛋白质三级结构有哪些特点？

3. 蛋白质酸水解时只能检测出17种氨基酸，为什么？

4. 简述判断粮食中一种蛋白质质量优劣的依据。

5. 蛋白质的结构与功能有哪些关系？

6. 沉淀蛋白质的方法有哪些？其沉淀的原理是什么？

7. 稳定蛋白质胶体的因素有哪些？

8. 什么是蛋白质的变性作用？变性蛋白质有何特性？研究蛋白质变性有何意义？在粮食业务中为什么要防止蛋白质变性？

9. 请计算天冬氨酸($pK_1 = 2.09$，$pK_2 = 3.86$，$pK_3 = 9.8$)及赖氨酸($pK_1 = 2.18$，$pK_2 = 8.95$，$pK_3 = 10.53$)的pI值。

第6章 维生素与矿物质

6.1 维生素

维生素又名维他命，通俗来讲，即维持生命的物质，是维持人体生命活动必需的一类有机物质，也是保持人体健康的重要活性物质。维生素在体内的含量很少，但不可或缺。各种维生素的化学结构以及性质虽然不同，但它们却有着以下共同点：

① 维生素均以维生素原的形式存在于食物中；

② 维生素不是构成机体组织和细胞的组成成分，也不会产生能量，它的作用主要是参与机体代谢的调节；

③ 大多数的维生素，机体不能合成或合成量不足，不能满足机体的需要，必须经常通过食物中获得；

④ 人体对维生素的需要量很小，日需要量常以毫克或微克计算，但一旦缺乏就会引发相应的维生素缺乏症，对人体健康造成损害。

维生素与碳水化合物、脂肪和蛋白质3大物质不同，在天然食物中仅占极少比例，但又为人体所必需。有些维生素如 B_6、K 等能由动物肠道内的细菌合成，合成量可满足动物的需要。动物细胞可将色氨酸转变成烟酸(一种 B 族维生素)，但生成量不敷需要；维生素 C 除灵长类及豚鼠以外，其他动物都可以自身合成。植物和多数微生物都能自己合成维生素，不必由体外供给。许多维生素是辅基或辅酶的组成部分。

维生素是人和动物营养、生长所必需的某些少量有机化合物，对机体的新陈代谢、生长、发育、健康有极重要作用。如果长期缺乏某种维生素，就会引起生理机能障碍而发生某种疾病。一般由食物中取得。现阶段发现的有几十种，如维生素 A、维生素 B、维生素 C 等。

维生素是人体代谢中必不可少的有机化合物。人体犹如一座极为复杂的化工厂，不断地进行着各种生化反应。其反应与酶的催化作用有密切关系。酶要产生活性，必须有辅酶参加。已知许多维生素是酶的辅酶或者是辅酶的组成分子。因此，维生素是维持和调节机体正常代谢的重要物质。可以认为，最好的维生素是以"生物活性物质"的形式，存在于人体组织中。

维生素的种类很多，目前发现食物中维生素有 60 多种。通常按其溶解性质分为脂溶性和水溶性两大类：属于脂溶性的维生素有维生素 A、维生素 D、维生素 E 和维生素 K；属于水溶性的维生素有 B 族维生素以及维生素 C。

6.1.1 维生素 A

维生素 A(vitamin A)是一类具有生物活性的不饱和烃，有维生素 A_1(视黄醇，retinol)和 A_2，以及 β-胡萝卜素，结构如图 6-1 所示。

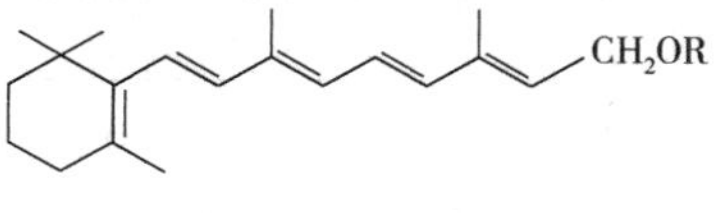

维生素A₁(视黄醇) 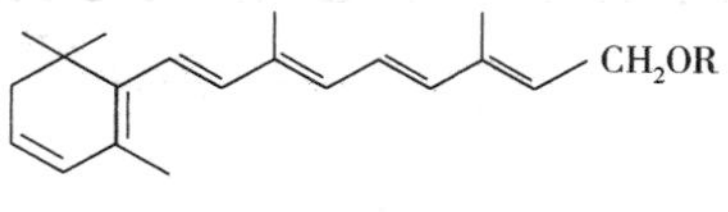　　　　　　　维生素A₂

维生素A₁(视黄醇)

维生素A₂

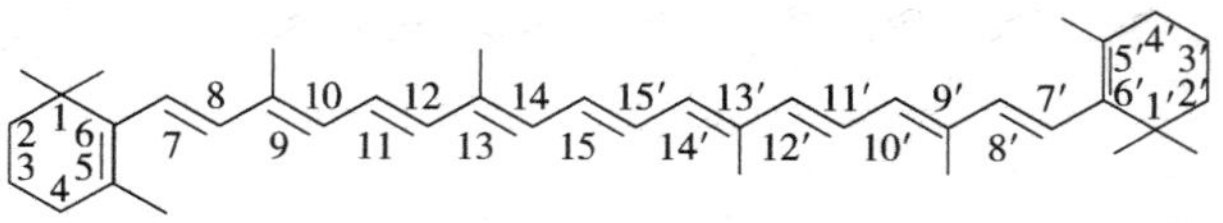

β-胡萝卜素

图 6-1　维生素 A 与 β-胡萝卜素的结构

维生素 A 以具有维生素 A 活性的类胡萝卜素形式存在于动物组织、植物体及真菌中。经动物摄取吸收后,类胡萝卜素经过代谢转变为维生素 A。动物源食物中,以鱼肝油含量最多,其他动物的肝脏及卵黄中也很丰富。而类胡萝卜素则广泛含于绿叶蔬菜、胡萝卜、棕榈油等植物性食物中。类胡萝卜素主要有胡萝卜素类和叶黄素类(表 6-1)。

表 6-1　类胡萝卜素结构及维生素 A 前体活性

化合物	结　　构	相对活性
β-胡萝卜素	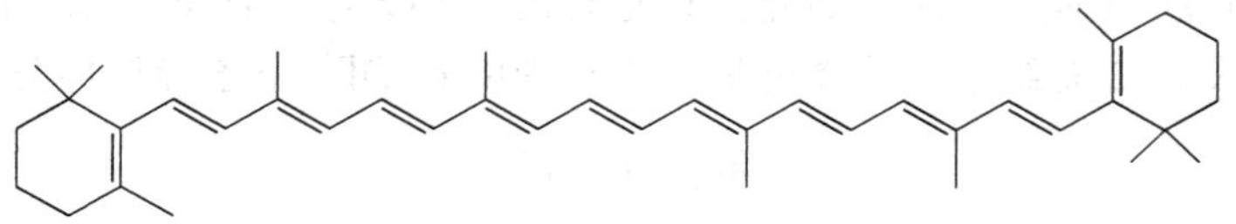	50
α-胡萝卜素	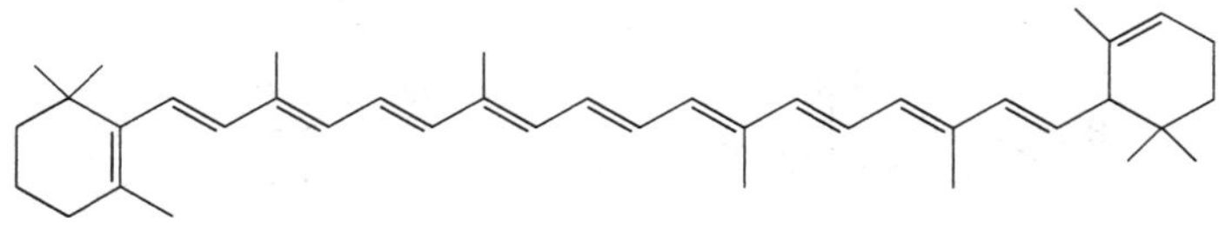	25
β-阿朴-8′-胡萝卜醛	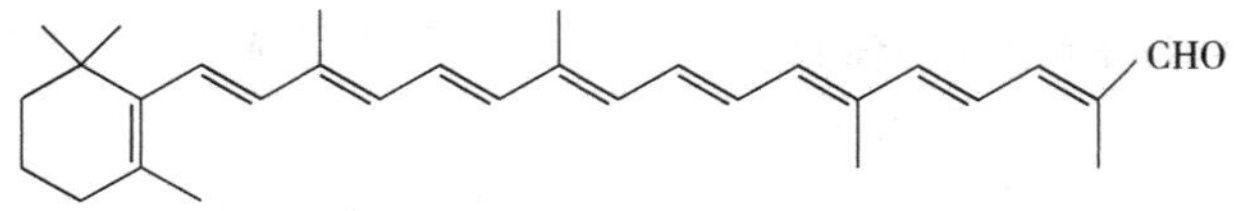	25~30
玉米黄素	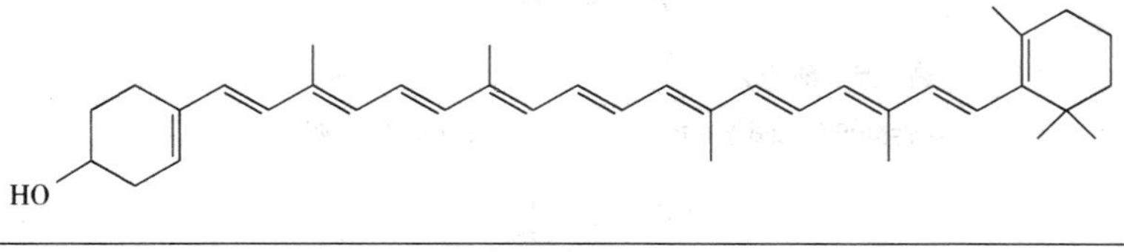	0
角黄素	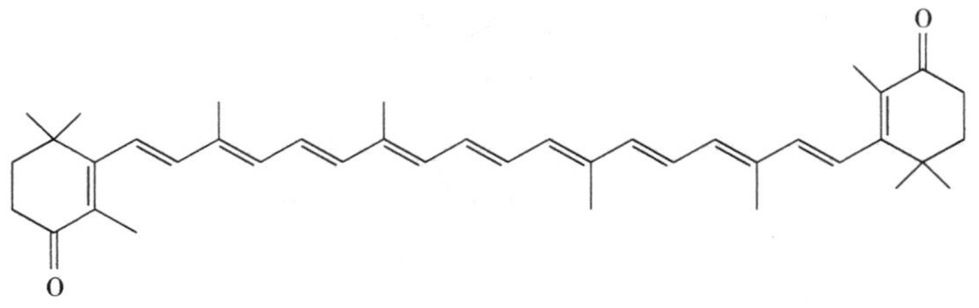	0

101

化合物	结　　构	相对活性
虾红素	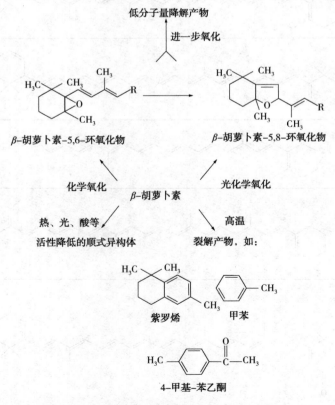	0
番茄红素		0

维生素 A 和维生素 A 原对氧、氧化剂、脂肪氧合酶等敏感，光照可以加速其氧化反应。一般的加热、碱性条件和弱酸性条件下维生素 A 比较稳定，但在无机强酸中不稳定。在缺氧情况下，维生素 A 和维生素 A 原可能产生许多变化，尤其是 β-胡萝卜素可以通过顺反异构化而转变为新 β-胡萝卜素，降低其营养价值，蔬菜在烹饪和罐装时就能发生此反应。金属铜离子对它的破坏很强烈，铁也如此，只是程度上稍差些。图 6-2 总结了维生素 A 被破坏的一些途径。表 6-2 总结了某些新鲜加工果蔬中的 β-胡萝卜素异构体分布。

图 6-2　维生素 A 降解的主要途径和产物

表 6-2　某些新鲜加工果蔬中的 β-胡萝卜素异构体分布

产品	状态	占总 β-胡萝卜素的百分数/%			产品	状态	占总 β-胡萝卜的百分数/%		
		13-顺	反式	9-顺			13-顺	反式	9-顺
红薯	新鲜	0.0	100.0	0.0	黄瓜	新鲜	10.5	74.9	14.5
	罐装	15.7	75.4	8.9	腌黄瓜	巴氏灭菌	7.3	72.9	19.8
胡萝卜	新鲜	0.0	100.0	0.0	番茄	新鲜	0.0	100.0	0.0
	罐装	19.1	72.8	8.1		罐装	38.8	53.0	8.2
南瓜	新鲜	15.3	75.0	9.7	桃	新鲜	9.4	83.7	6.9
	罐装	22.0	66.6	11.4		罐装	6.8	79.9	13.3
菠菜	新鲜	8.8	80.4	10.8	杏	脱水	9.9	75.9	14.2
	罐装	15.3	58.4	26.3		罐装	17.7	65.1	17.2
羽衣甘蓝	新鲜	16.3	71.8	11.7	油桃	新鲜	13.5	76.6	10.0
	罐装	26.6	46.0	26.2	李	新鲜	15.4	76.7	8.0

日常食品中富含维生素 A 和胡萝卜素的食品及含量见表 6-3。膳食中维生素 A 和维生素 A 原的比例最好为 1：2。水果和蔬菜的颜色深浅并非是显示含维生素 A 或维生素 A 原多寡的绝对指标。

表 6-3　一些食物中维生素 A 和胡萝卜素的含量

食物名称	维生素 A/(mg/100g)	胡萝卜素/(mg/100g)
牛肉	37	0.04
黄油	2363~3452	0.43~0.17
干酪	553~1078	0.07~0.11
鸡蛋(煮熟)	165~488	0.01~0.15
鲜鱼(罐头)	178	0.07
牛乳	110~307	0.01~0.06
番茄(罐头)	0	0.5
桃	0	0.34
洋白菜	0	0.10
花椰菜(煮熟)	0	2.5
菠菜(煮熟)	0	6.0

6.1.2　维生素 D

维生素 D 又称抗软骨病或抗佝偻病维生素。维生素 D 是固醇类物质，具有环戊烷多氢菲结构。现已确知的有 6 种，即维生素 D_2、D_3、D_4、D_5、D_6 和 D_7(图 6-3)。各种维生素 D 在结构上极为相似，仅支链 R 不同。其中以维生素 D_2 和 D_3 最为重要。

维生素 D 是无色晶体，不溶于水，而溶于脂肪溶剂。其性质相当稳定，不易被酸、碱或氧破坏，有耐热性，但可被光及过度的加热(160~190℃)所破坏。

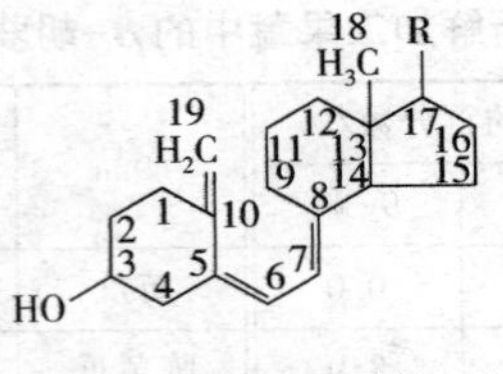

图 6-3 维生素 D 的通式

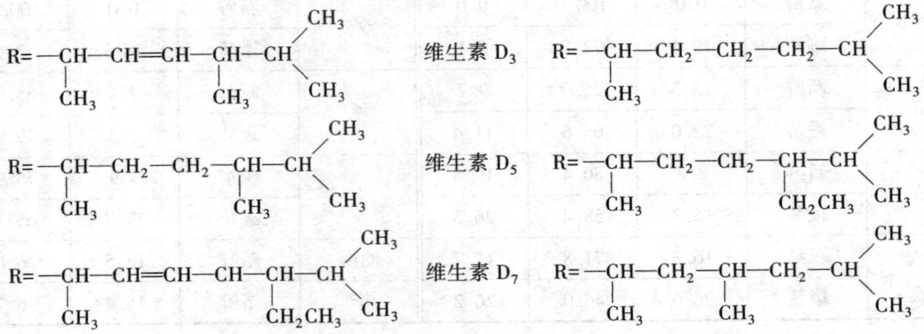

维生素 D₂ R= 结构式   维生素 D₃ R= 结构式

维生素 D₄ R= 结构式   维生素 D₅ R= 结构式

维生素 D₆ R= 结构式   维生素 D₇ R= 结构式

　　维生素 D 仅存在于动物体内，植物体中不含维生素 D。但大多数植物中都含有固醇，不同的固醇经紫外光照射后可变成相应的维生素 D，因此这些固醇又可称为维生素 D 原。各种维生素 D 原与所形成的维生素 D 的关系，见表 6-4。

表 6-4 维生素 D 原与所形成的维生素 D

维生素 D 原的名称	D 原支链 R 的结构	维生素 D 的名称	相对生物效价
麦角固醇	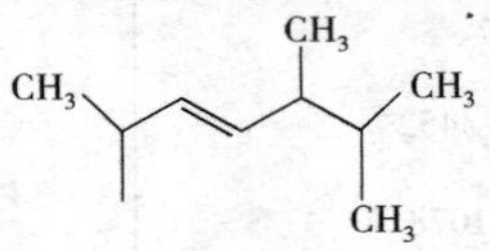	D_2，麦角钙化醇	1
7-脱氢胆固醇	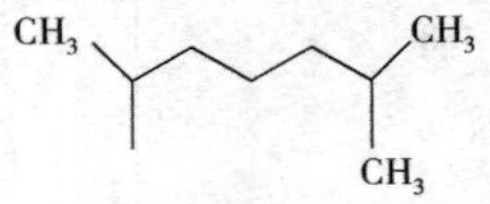	D_3，胆钙化醇	1
22-双氢麦角固醇	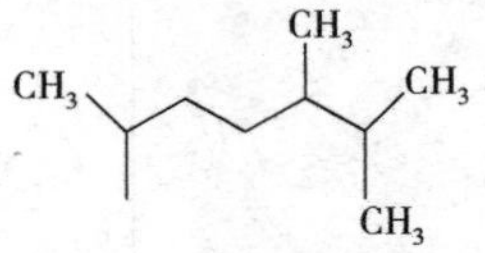	D_4，双氢麦角钙化醇	$\frac{1}{2} \sim \frac{1}{3}$
7-脱氢谷固醇	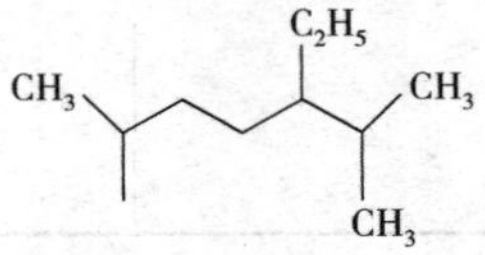	D_5，谷钙化醇	$\frac{1}{40}$
7-脱氢豆固醇	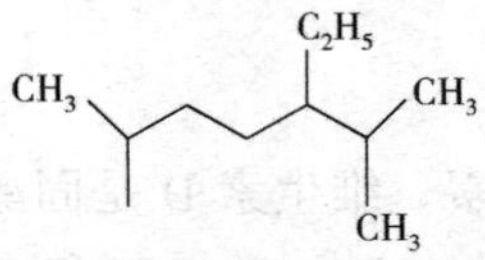	D_6，豆钙化醇	$\frac{1}{300}$
7-脱氢菜籽固醇	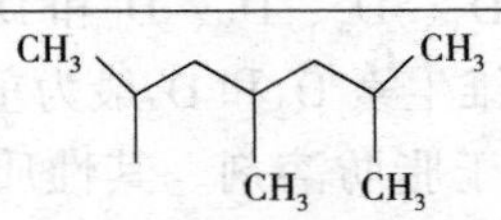	D_7，菜籽钙化醇	1

维生素 D 的生理功能是促进钙、磷吸收和促进骨骼发育。维生素 D 通过对 RNA 的影响，诱导钙的载体蛋白的生物合成，从而促进钙、磷的吸收。维生素 D 缺乏时，儿童易患佝偻病，成人易患软骨病。相反，长期大量使用也可以引起维生素 D 过多症，表现为食欲下降、呕吐、腹泻等典型症状。

维生素 D 在食物中常与维生素 A 伴存。鱼类脂肪及动物肝脏中含有丰富的维生素 D，其中以海产鱼肝油中的含量为最多，蛋黄、牛奶、奶油次之。夏天的牛奶和奶油中维生素 D 的含量比冬天的多，这是由于夏季的阳光较强有利于动物体产生维生素 D 的缘故。

6.1.3 维生素 E

维生素 E 又称生育酚，各种维生素 E 都是苯并三氢吡喃的衍生物，其基本构造如图 6-4 所示。

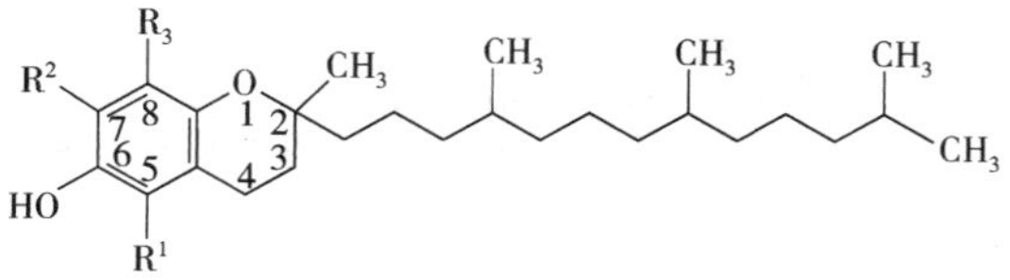

图 6-4 维生素 E 的基本结构

维生素 E 为淡黄色透明的黏稠液体，不溶于水，易溶于脂性溶剂，对氧敏感，极易被氧化。食品在一般的加工过程中，维生素 E 的损失不大，在有氧存在时，维生素 E 的损失增大（图 6-5）。例如，在面粉加工中，对面粉进行增白就会导致大量维生素 E 的损失。

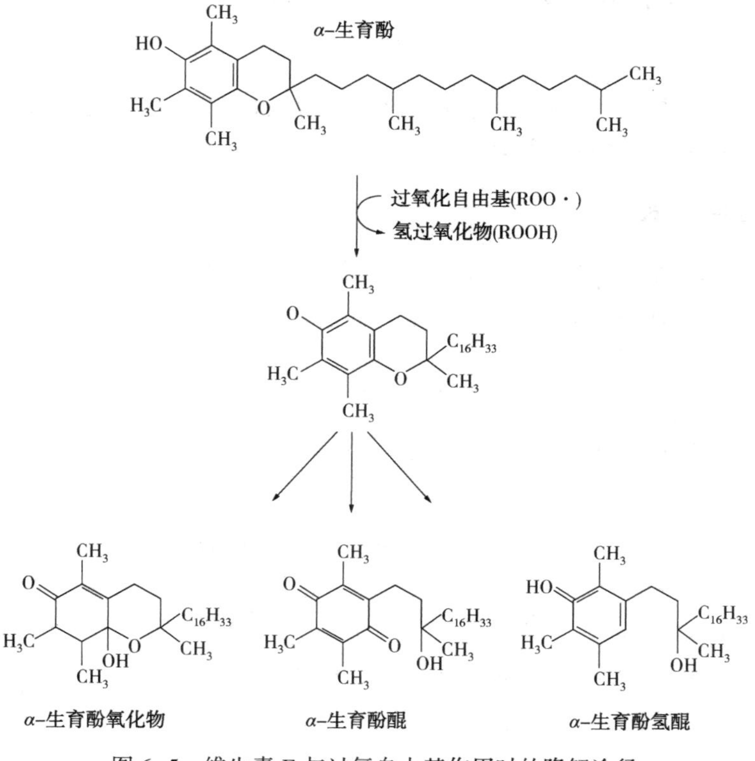

图 6-5 维生素 E 与过氧自由基作用时的降解途径

此外，单重态氧还能攻击生育酚分子的环氧体系，使之形成氢过氧化物衍生物，再经过重排，生成生育酚醌和生育酚醌-2,3-环氧化物（图6-6）。因此，维生素 E 是一种生物抗氧化剂，能防止磷脂中不饱和脂肪酸被氧化。对动物的生育也起着重要的作用。缺乏维生素 E 时，会造成不育。

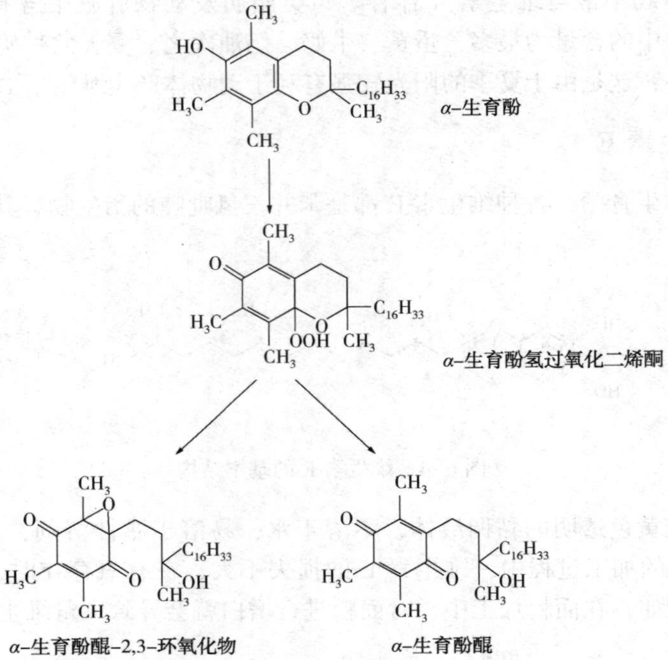

图 6-6　α-生育酚与单重态氧反应途径

维生素 E 的来源丰富，一般食品中都含有。大豆油、玉米油、麦胚油中有含有丰富的维生素 E，豆类和绿叶蔬菜中也含量丰富。

6.1.4　维生素 K

维生素 K 又称凝血维生素，是具有异戊二烯类侧链的萘醌类化合物，天然维生素 K 有 K_1 和维生素 K_2 之分。其结构如下：

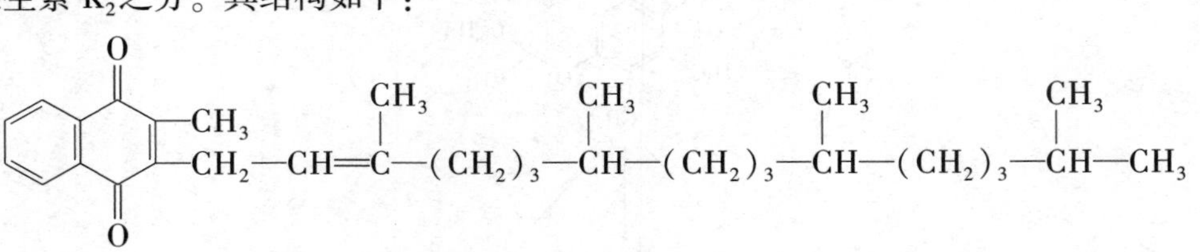

维生素 K_1（叶绿醌，phylloquinone）

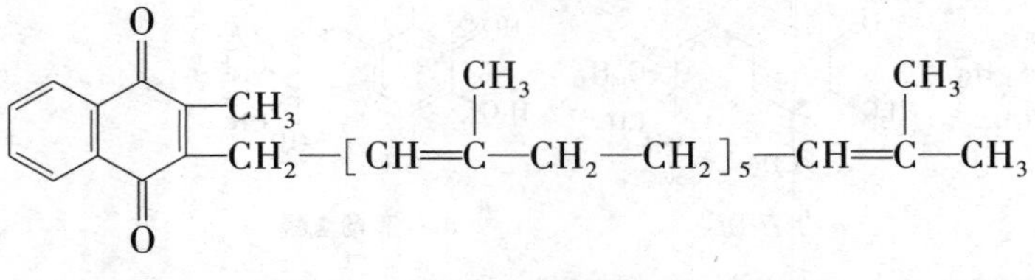

维生素 K_2（金合欢醌，famoquinone） 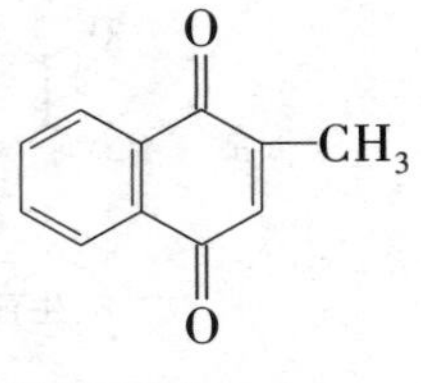　　　　维生素 K_3（2-甲基萘醌，menaquinone）

106

维生素 K 都是脂溶性物质。维生素 K_1（$C_{31}H_{46}O_2$）为黏稠的黄色油状物，其醇溶液冷却时可呈结晶状析出，熔点为-20℃；维生素 K_2（$C_{41}H_{56}O_2$）为黄色结晶体，熔点为 53.5~54.5℃。维生素 K_1 和 K_2 均有耐热性，但易被碱和光破坏，必须避光保存，K_1 和 K_2 更易于氧化。

维生素 K 能促进血液凝固，缺乏时，血浆内凝血酶原含量降低，导致血液凝固时间加长。肝脏功能失常时，维生素 K 失去促进肝脏凝血酶原合成的功效。此外，维生素 K 还有增强肠道蠕动和分泌的功能。

维生素 K 在绿叶蔬菜、动物肝脏和鱼肉中含量丰富；人和动物的肠道细菌能合成维生素 K。人体一般不会缺乏维生素 K，若食物中缺乏绿叶蔬菜或长期服抗生素影响肠道微生物生长，则会造成维生素 K 缺乏。

6.1.5　维生素 C

维生素 C 又名抗坏血酸，是一个羟基羧酸的内酯，具烯二醇结构，有较强的还原性。维生素 C 有四种异构体（图 6-7）。

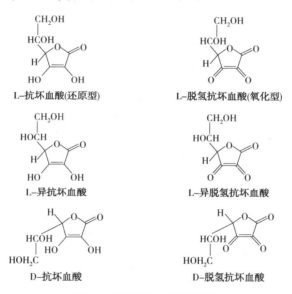

图 6-7　维生素 C 的各种结构

维生素 C 是最不稳定的维生素，极易受温度、盐和糖的浓度、pH 值、氧、酶、金属离子特别是 Cu^{2+} 和 Fe^{2+}、水分活度、抗坏血酸与脱氢抗坏血酸的比例等因素的影响而发生降解。抗坏血酸的降解反应途径见图 6-8 和图 6-9。

维生素 C 是人体一种必需维生素，它的主要生理功能为：有利于铁的吸收，并参与铁蛋白的合成；维持细胞的正常代谢；对铅化物、苯以及细菌毒素等具有解毒作用；参与胶原蛋白中合成羟脯氨酸的过程，防止毛细血管脆性增加，有利于组织创伤的愈合；促进心肌利用葡萄糖和心肌糖原的合成，有扩张冠状动脉的效应；是体内良好的自由基清除剂。

维生素 C 主要存在于植物组织中，尤其是酸味较重的水果和新鲜叶菜类含维生素 C 较多，如柑橘类、草莓、荔枝、绿色蔬菜及一些浆果中维生素含量较为丰富，而在刺梨、猕猴桃、蔷薇果和番石榴等水果中维生素 C 含量也非常高。维生素 C 在一些常见植物产品中的含量见表 6-5。

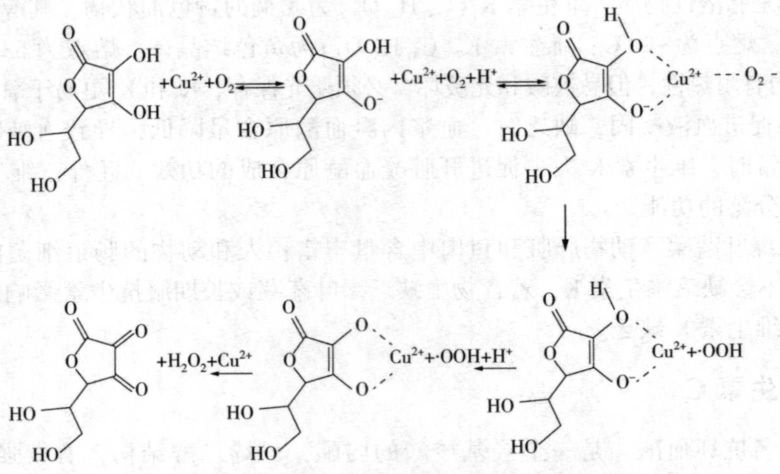

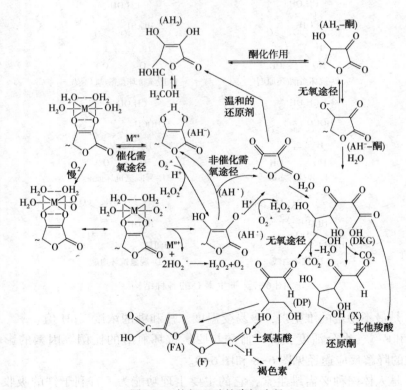

图 6-8　Cu²⁺存在下维生素 C 的氧化过程

图 6-9　抗坏血酸的降解途径

表 6-5　维生素 C 在食物中的含量　　　　　　　　　　mg/100g 可食部分

食品	含量	食品	含量	食品	含量
冬季花椰菜	113	番石榴	300	土豆	73
黑葡萄	200	青椒	120	菠菜	220
卷心菜	47	甘蓝	500	南瓜	90
柑橘	220	山楂	190	番茄	100

6.1.6 维生素 B_1

维生素 B_1 又称硫胺素（thiamin），化学结构如图 6-10 所示。

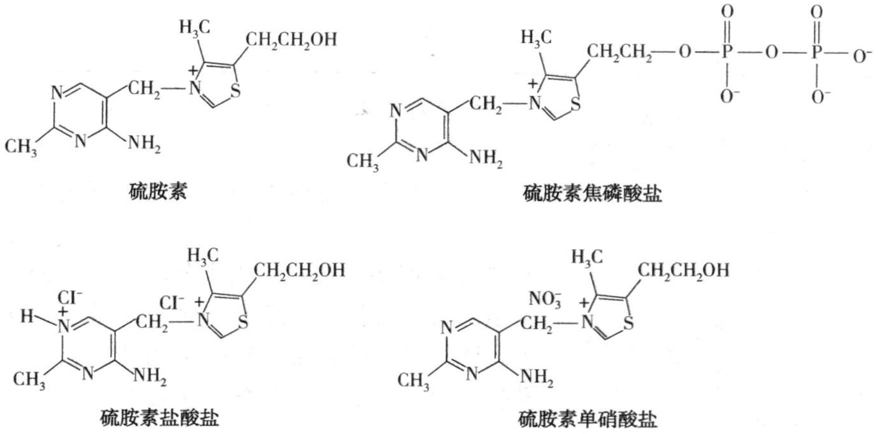

图 6-10 各种形式硫胺素的结构

虽然硫胺素对热、光和酸较稳定，但在中性和碱性条件下易降解，属于最不稳定的一类维生素。食品中其他组分也会影响硫胺素的降解，如单宁能与硫胺素形成加成产物而使其失活；二氧化硫或亚硫酸盐会导致其破坏；类黄酮会使硫胺素分子发生变化；胆碱使其分子断裂而加速降解；但是蛋白质和碳水化合物对硫胺素的热降解有一定的保护作用，主要是因为蛋白质可与硫胺素的硫醇形式形成二硫化物，从而使其降解被阻止。硫胺素的降解过程见图 6-11。

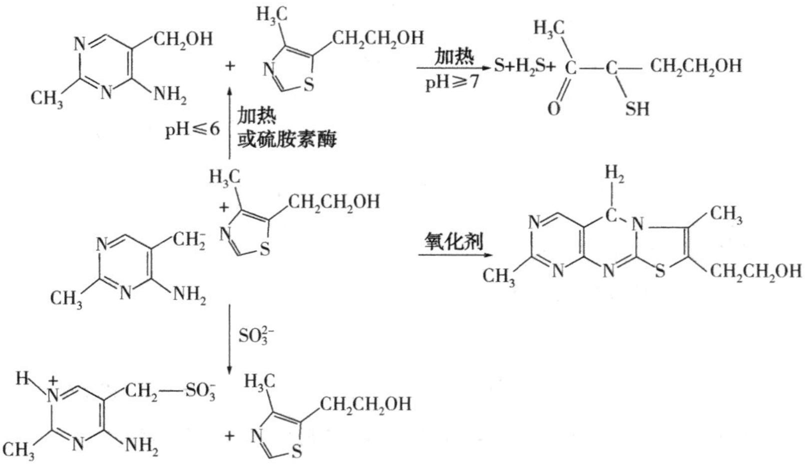

图 6-11 硫胺素的降解历程

在室温和低水分活度的条件下，硫胺素显示出极好的稳定性，而在高水分活度和高温下长期储存，损失较大（表 6-6）。

表 6-6　罐装食品中硫胺素的保留率

食品名称	经12个月储藏后的保留率/%		食品名称	经12个月储藏后的保留率/%	
	38℃	1.5℃		38℃	1.5℃
杏	35	72	番茄汁	60	100
绿豆	8	76	豌豆	68	100
利马豆	48	92	橙汁	78	100

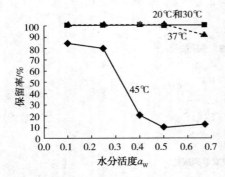

图 6-12　水分活度和温度对模拟早餐
食品中硫胺素保留率的影响

如在模拟谷类早餐食品中，当温度低于 37℃、水分活度为 0.10~0.65 时，硫胺素只有很少或几乎没有损失；当温度升高到 45℃，且水分活度大于 0.40 时，硫胺素的降解速度加剧，尤其当水分活度在 0.50~0.65 之间时更为突出；当水分活度在 0.65~0.85 范围内增加时，硫胺素的降解速度维持不变(图 6-12)。

硫胺素广泛分布于整个动植物界，其良好来源是动物的内脏、瘦肉、全谷、豆类和坚果。

6.1.7　维生素 B₂

维生素 B$_2$ 又称核黄素，在自然状态下是磷酸化的，一种形式为黄素单核苷酸(FMN)，另一种形式为黄素腺苷嘌呤二核苷酸(FAD)，如图 6-13 所示。

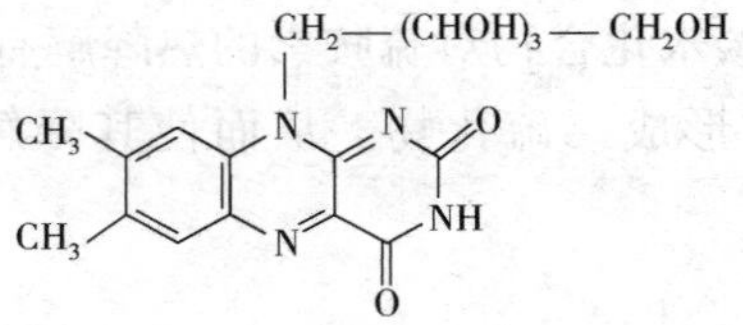

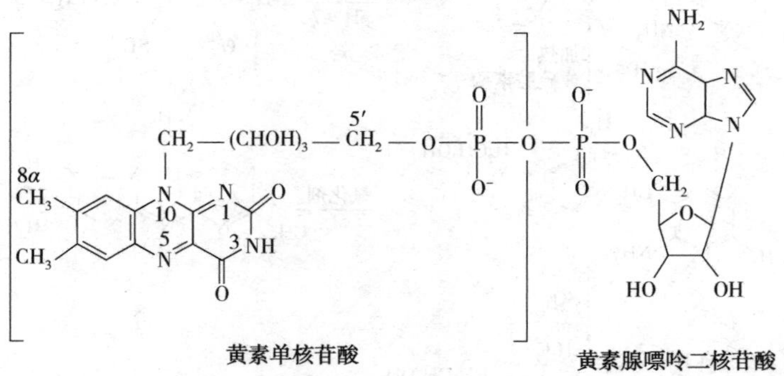

核黄素

黄素单核苷酸　　　　黄素腺嘌呤二核苷酸

图 6-13　核黄素、黄素单核苷酸和黄素腺嘌呤二核苷酸的结构

核黄素与其他黄素能以多种离子状态存在于氧化体系中，包括其母体即全氧化型的黄色的醌，在不同 pH 值下的红色的或蓝色的黄素半醌以及无色的氢醌(图 6-14)。

核黄素在酸性介质中稳定性最高，在中性 pH 值条件下稳定性下降，而在碱性环境中则快速降解。核黄素降解的主要机制是光化学过程，生成了光黄素(lumiflavin)和光色素(lumi-chrome)(图 6-15)。

110

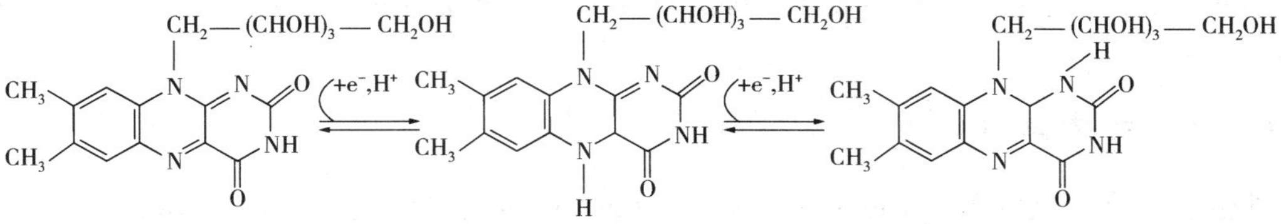

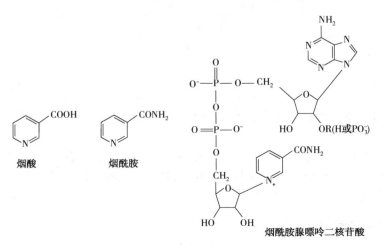

图 6-14 核黄素的氧化还原反应

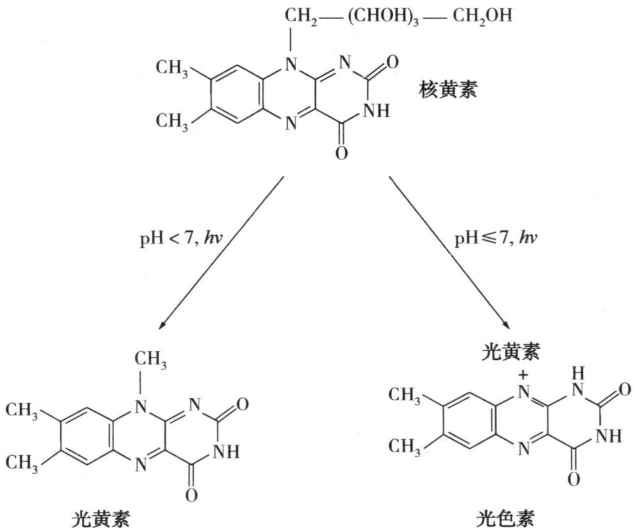

图 6-15 核黄素在光化学作用中的降解

核黄素的良好食物来源是动物性食物，尤其是动物内脏以及蛋黄、乳类，鱼类。植物性食物中则以绿叶蔬菜类如菠菜、韭菜、油菜及豆类中含量较多。

6.1.8 维生素 B_5

维生素 B_5 又称尼克酸(niacin)、烟酸，也为尼克酸和尼克酰胺的总称(图 6-16)。

图 6-16 烟酸、烟酰胺和烟酰胺腺嘌呤二核苷酸的结构

烟酸广泛存在于动植物性食物中，如蘑菇、酵母、动物内脏、瘦肉、全谷、豆类及绿叶蔬菜等。

6.1.9　维生素 B_6

维生素 B_6 包括吡哆醛(pyridoxal)、吡哆醇(pyridoxol)和吡哆胺(pyridoxamine)3 种化合物(图 6-17)。

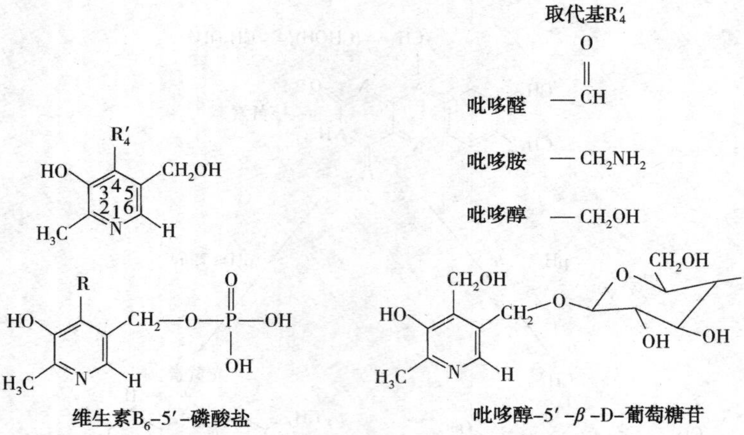

图 6-17　维生素 B_6 的结构

一些食品中维生素 B_6 的稳定性见表 6-7。

表 6-7　食品中维生素 B_6 的稳定性

食品	处理	保留率/%
面包(加维生素 B_6)	烘烤	100
强化玉米粉	50%相对湿度，38℃保存 12 个月	90~95
强化通心粉	相对湿度，38℃保存 12 个月	100
全脂牛乳	蒸发并高温消毒	30
	蒸发并高温消毒，室温保存 6 个月	18
代乳粉(液体)	加工与消毒	33~55(天然)
代乳粉(固体)	喷雾干燥	84(加入)
	灌装	57
去骨鸡	辐射(2.7Mrad)	68

维生素 B_6 摄入不足可导致维生素 B_6 缺乏症，表现为脂溢性皮炎、口炎、口唇干裂、舌炎、易激怒、抑郁等。

维生素 B_6 的食物来源很广泛，但一般含量均不高。白色的肉类(鸡肉、鱼肉等)、肝脏、蛋等中含量相对较高，但奶及奶制品中含量少；植物性食物中如豆类、谷类、水果和蔬菜中的维生素 B_6 含量也较多。

6.1.10　维生素 B_{11}

维生素 B_{11} (vitamin B_{11})又名叶酸(folic acid)，包括一系列化学结构相似、生理活性相同的化合物。它们的分子结构中包括 3 个部分，即蝶呤、对氨基苯甲酸和谷氨酸部分(图 6-18)。叶酸在体内的生物活性形式是四氢叶酸，是在叶酸还原酶、维生素 C、辅酶 II 的协同作用下转化的，即只有谷氨酸部分为 L-构型和 C_6 为 6S 构型的叶酸酯和四氢叶酸酯才具有维生素活性。叶酸对于核苷酸、氨基酸的代谢具有重要的作用，缺乏叶酸会造成各种贫血病、口腔炎等症状发生。

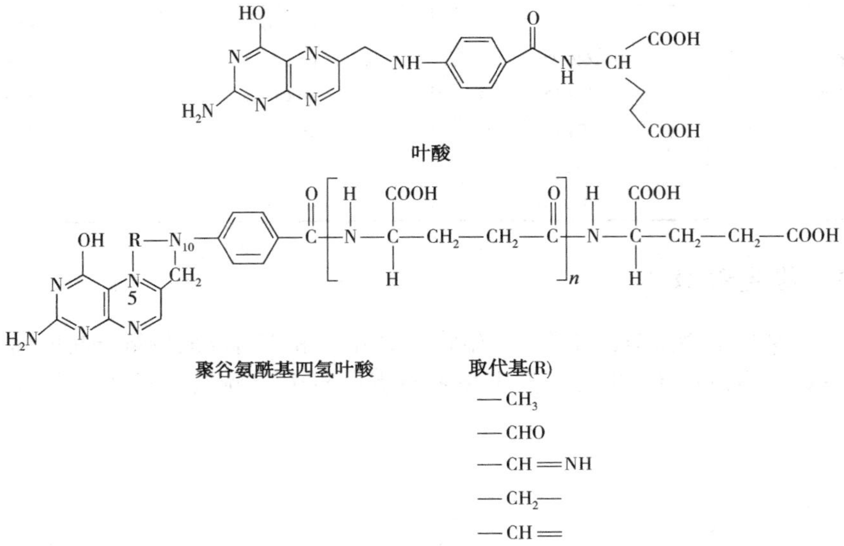

图 6-18　维生素 B_{11} 的结构

　　四氢叶酸的几种衍生物稳定性顺序为：5-甲酰基四氢叶酸>5-甲基-四氢叶酸>10-甲基-四氢叶酸>四氢叶酸。四氢叶酸被氧化降解后转化为两种产物，即蝶呤类化合物和对氨基苯甲酰谷氨酸(图 6-19)，同时失去生物活性。

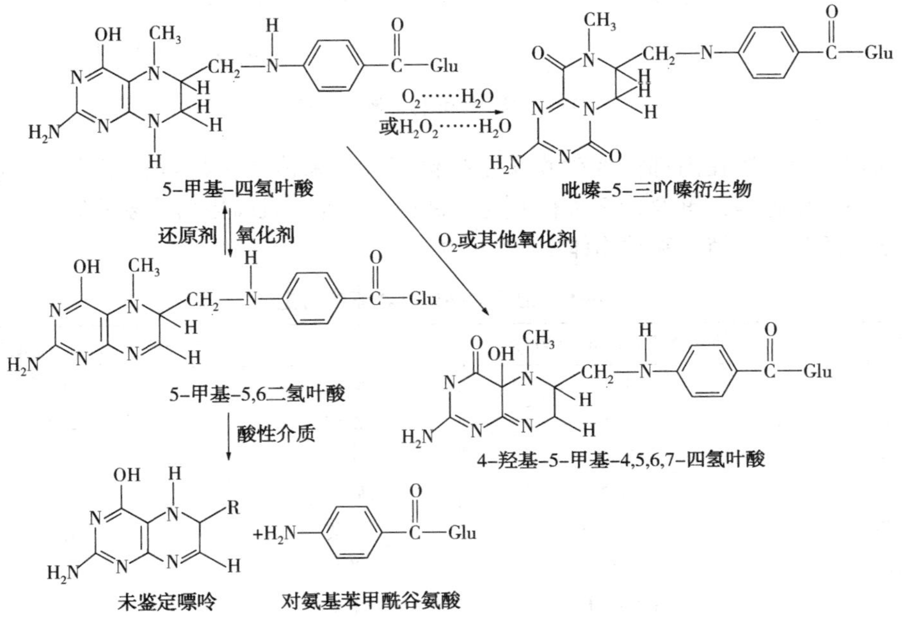

图 6-19　5-甲基四氢叶酸的氧化降解

113

叶酸的良好来源为肝、肾、绿叶蔬菜、马铃薯、豆类、麦胚及坚果等。各种加工处理对食品中叶酸的影响程度见表6-8。

表6-8 加工过程对蔬菜中叶酸含量的影响

蔬菜（水中煮10min）	总叶酸含量/（μg/100g 鲜样）		
	新鲜	煮后	叶酸在蒸煮水中的含量
芦笋	175±25	146±16	39±10
绿化菜	169±24	65±7	116±35
芽甘蓝	88±15	16±4	17±4
卷心菜	30±12	16±8	17±4
花菜	56±18	42±7	47±20
菠菜	143±50	31±10	92±12

6.1.11 维生素 H

维生素H，又称生物素H，辅酶R。生物素H由脲和带有戊酸侧链噻吩的两个五元环组成。天然存在的为右旋的D-生物素。生物素与蛋白质中的赖氨酸残基结合形成生物胞素（图6-20）。

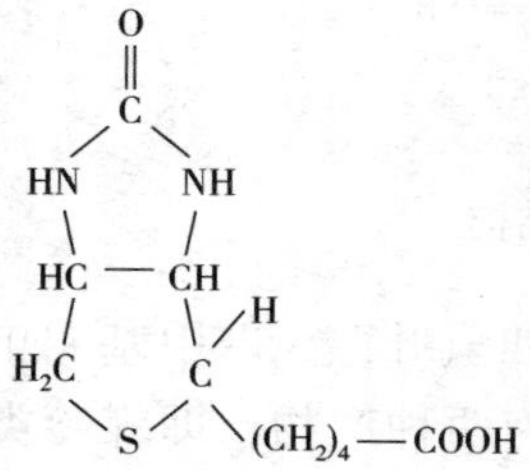

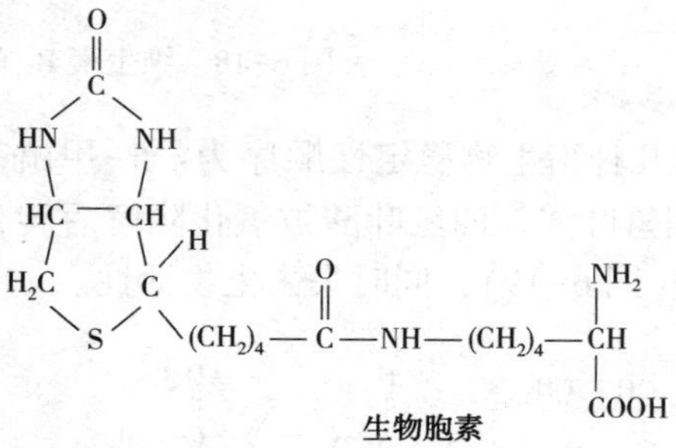

图6-20 生物素和生物胞素的结构

很多动物包括人体在内都需要生物素维持健康，如果体内生物素轻度缺乏可致皮肤干燥、脱屑、头发变脆等，重度缺乏时有可逆性脱发、抑郁、肌肉疼痛、萎缩等。

生物素广泛分布于植物和动物体中（表6-9）。

表6-9 常见食品中生物素的含量

食品	生物素含量/（μg/100g）	食品	生物素含量/（μg/100g）
苹果	0.9	蘑菇	16.0
大豆	3.0	柑橘	2.0
牛肉	2.6	花生	30.0
牛肝	96.0	马铃薯	0.6
乳酪	1.8~8.0	菠菜	7.0
莴苣	3.0	番茄	1.0
牛乳	1.0~4.0	小麦	5.0

6.1.12 维生素 B₃

维生素 B_3(vitamin B_3)又称泛酸(pantothenic acid),结构为 D(+)-N-2,4-二羟基-3,3-二甲基丁酰-β-丙氢酸(图 6-21)。

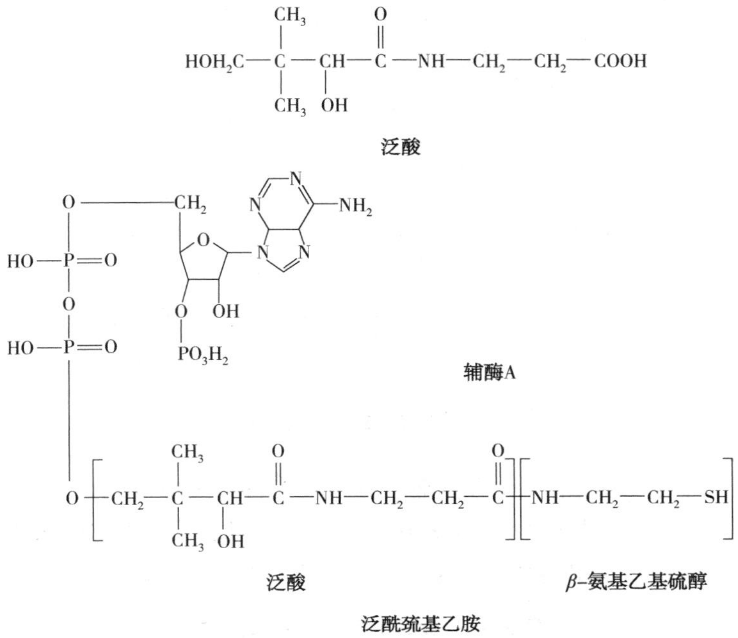

图 6-21 泛酸的结构

泛酸广泛分布于生物体中,富含泛酸的食物主要是肉、未精制的谷类制品、麦芽与麦麸、动物肾脏/心脏、绿叶蔬菜、啤酒酵母、坚果类、鸡肉、未精制的糖蜜等。食品中泛酸的分布见表 6-10。

表 6-10 常见食品中泛酸的含量

食品	泛酸含量/(mg/g)	食品	泛酸含量/(mg/g)
干啤酒酵母	200	荞麦	26
牛肝	76	菠菜	26
蛋黄	63	烤花生	25
小麦麸皮	30	全乳	24

在食品加工和储藏过程中,尤其在低水分活度的条件下,泛酸具有较高的稳定性。在烹调和热处理的过程中,随处理温度的升高和水溶流失程度的增大,通常损失率在 30%~80% 范围内。

6.1.13 维生素 B₁₂

维生素 B_{12}(vitamin B_{12})是唯一含有金属元素钴的维生素,所以又称其为钴胺素(cobalamin),化学结构复杂,结构式见图 6-22。

在体内维生素 B_{12}作为变位酶的辅酶,参加一些异构化反应。维生素 B_{12}对红细胞的成熟

115

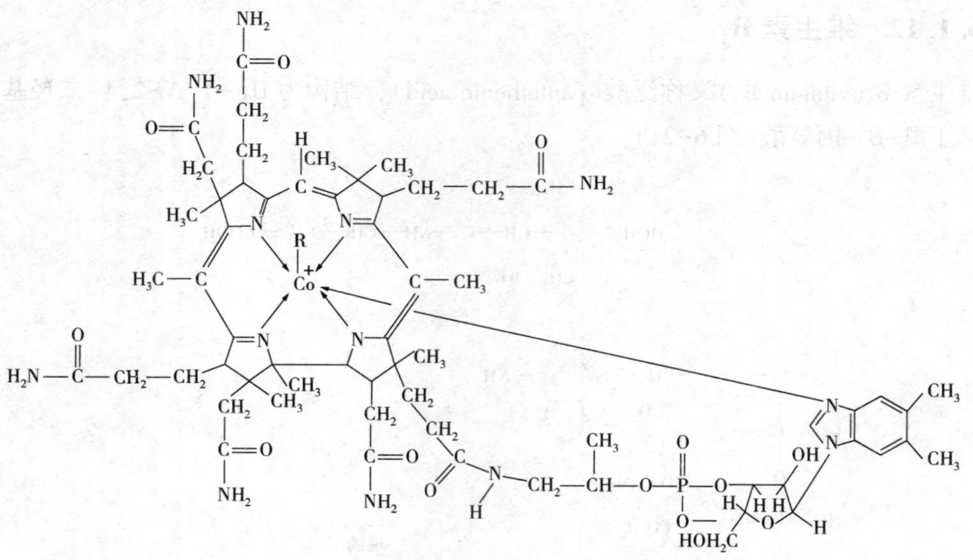

图 6-22　维生素 B_{12} 的结构

起重要作用。可用维生素 B_{12} 治疗恶性贫血、神经炎、神经萎缩等病症。

维生素 B_{12} 来源主要是动物性食品(表 6-11),人和动物主要靠肠道细菌合成 B_{12}。动物肝、肾、鱼、肉、蛋类等食品富含维生素 B_{12},所以人体一般不缺乏 B_{12}。

表 6-11　食品中维生素 B_{12} 的含量

食　　品	维生素 B_{12} 含量/（μg/100g 湿重）
器官(肝脏、肾、心脏)、贝类(蛤、蚝)	>10
脱脂浓缩乳,某些鱼、蟹、蛋黄	3~10
肌肉、鱼、乳酪	1~3
液体乳、赛达乳酪、农家乳酪	<1

6.1.14　食品中维生素损失的常见原因

在烹饪过程中,从原料的洗涤、初加工到烹制成菜,食物中的各种维生素会因水浸、受热、氧化等原因而引起不同程度的损失,从而导致膳食的营养价值降低。

维生素在烹饪过程中的损失,主要是由于维生素的性质所决定的。引起其损失的有关性质主要有以下几个方面。

1. 氧化反应

对氧敏感的维生素有维生素 A、E、K、B_1、B_{12}、C 等,它们在食品的烹饪过程中,很容易被氧化破坏。尤其是维生素 C 对氧很不稳定,特别是在水溶液中更易被氧化,氧化的速度与温度关系密切。烹饪时间越长,维生素 C 氧化损失就越多,因此在烹饪中应尽可能缩短加热时间,以减少维生素 C 的损失。

2. 溶解性

水溶性维生素在烹饪过程中因加水量越多或汤汁溢出越多,而溶于菜肴的汤汁中的维生素也就越多。汤汁溢出的程度与烹调方法有关，一般采用蒸、煮、炖、烧等烹制方法，汤汁溢出量可达50%，因此水溶性维生素在汤汁中含量较大；采用炒、滑、熘等烹调法，成菜时间短，尤其是原料经勾芡下锅汤汁溢出不多，因此水溶性维生素从菜肴原料中析出量不多。

脂溶性维生素如维生素 A、D、K、E 等只能溶解于脂肪中，因此菜肴原料用水冲洗过程和以水作传热介质烹制时，不会流失，但用油作传热介质时，部分脂溶性维生素会溶于油脂中。在凉拌菜中加入食用油不但可以增加其风味，还能增加人体对凉拌菜中脂溶性维生素的吸收。

3. 热分解作用

一般情况下，水溶性维生素对热的稳定性都较差，而脂溶性维生素对热较稳定，但易氧化的例外，如维生素 A 在隔绝空气时，对热较稳定，但在空气中长时间加热的破坏程度会随时间延长而增加，尤其是油炸食品，因油温较高，会加速维生素 A 的氧化分解。

4. 酶的作用

在动植物性原料中，都存在多种酶，有些酶对维生素也具有分解作用，如蛋清中的抗生物素酶能分解生物素，果蔬中的抗坏血酸氧化酶能加速维生素 C 的氧化作用。这些酶在 90~100℃下经 10~15min 的热处理，即可失去活性。如未加热的菜汁中维生素 C 因氧化酶的作用，氧化速度较快，而加热后，菜汁因氧化酶失活，维生素 C 氧化速度则相应地减慢。

此外，维生素的变化还受到光、酸、碱等因素的影响。

6.1.15 食品中维生素损失的途径

1. 食品中维生素含量的内在变化

由于维生素的化学结构和理化性质存在着很大的差异，食品中的维生素之间也存在着相互影响及干扰彼此稳定性的问题，这类问题对于维生素强化食品更应引起关注。

目前，了解比较清楚的主要有 5 种维生素之间会影响相互的稳定性，其中包括 V_C、V_{B12}、V_{B1}、叶酸及 V_{B2}。例如：叶酸对光不稳定，会分解从而失去生理活性；如存在微量核黄素，则会加速叶酸的光分解。V_{B12} 对氧化剂和还原剂敏感，而 V_C、V_{B1} 和烟酰胺分解产物的存在则会加剧其分解反应。V_{B2} 的荧光特性则能够促使 V_C 因光作用而发生氧化。

水果和蔬菜中维生素随着成熟度的变化而变化。所以，选择适当的原料品种和成熟度是果蔬加工中十分重要的问题。例如，番茄在成熟前 V_C 含量最高，而辣椒成熟期时 V_C 含量最高。另外，果蔬食品原料不同组织部位及收获的时间等农业生产条件对食品中维生素含量也有较大的影响。

2. 加工前的预处理与维生素的损失程度关系很大

① 水果和蔬菜在清洗时，一般维生素的损失很少，但要注意避免挤压和碰撞。

② 果蔬在切分、水洗过程中，水溶性维生素损失较多，这是由于表面积增大后，增加其与空气及水的接触，加速了维生素氧化与流失。对于化学性质较稳定的水溶性维生素如泛酸、烟酸、叶酸、核黄素等，溶水流失是最主要的损失途径。

③ 水果和蔬菜的去皮、整理常会造成浓集于表皮或老叶中的维生素的大量流失。苹果皮中 V_C 的含量比果肉高 3~10 倍，柑橘皮中的 V_C 比汁液中含量高，莴苣和菠菜外层叶中 V_C 比内层叶中高。

3. 食品中维生素在热烫与热处理过程中的变化

① 常压湿热往往易引起水溶性、热敏性维生素的较多损失。

② 高温短时处理时，维生素的损失相对较少。

③ 油炸熟化时，热敏性维生素的损失少。

④ 脂溶性维生素一般比水溶性维生素对热比较稳定。

⑤ 食品中 V_C、V_{B1}、V_D 和泛酸对热最不稳定。

4. 食品中添加的外来成分对维生素的影响

食品加工过程中，有时为了工艺上的需要、产品设计的需求等，会使用一些食品成分之外的一些天然的或化学的物质来帮助实现这些加工设计，如食品添加剂。

① 一些糖类，特别是一些还原糖，可以与具有氧化性的维生素发生氧化–还原反应，从而影响这些维生素的稳定性。

② 亚硫酸(盐)等氧化剂对维生素的影响。硫胺素、维生素 B_{12}、维生素 A、维生素 E 以及维生素 K 等都对亚硫酸盐非常敏感。尤其是硫胺素与亚硫酸盐发生反应后，便失去了维生素的生理活性。

③ 酸、碱性介质对维生素的影响。泛酸、维生素 B_{12}、叶酸对酸敏感，在酸性环境中容易失去活性。酸性环境有助于抗坏血酸的稳定性，弱酸条件下维生素 B_{12} 也具有非常好的稳定性。维生素 E、维生素 B_1、维生素 B_6、维生素 B_{12}、叶酸等对碱敏感。

④ 亚硝酸盐对维生素的影响。亚硝酸盐是食品添加剂的一种，具有助色、防腐作用，广泛用于熟肉类、灌肠类和罐头等动物性食品。亚硝酸盐可以与维生素 C 发生氧化–还原反应，生成的 NO 可与肌红蛋白结合产生亮红色物质，从而增强发色效果、保持长时间不褪色。

⑤ 金属离子对维生素的影响。微量元素引起的氧化还原反应对维生素的稳定性有破坏作用。铁、铜、锌、锰和硒等微量元素、游离重金属离子、对维生素的稳定性均具有很强的破坏作用。叶酸在高水分活度下，微量元素可以加速其分解作用；硫胺素则对铜等金属离子敏感；维生素 C 对微量金属元素也非常敏感，特别是金属元素铁和铜离子均可以加速其氧化反应的发生。

6.2 矿物质

人体重量 96% 是有机物和水分，4% 为无机元素组成。人体内约有 50 多种矿物质在这些无机元素中，已发现有 20 种左右元素是构成人体组织、维持生理功能、生化代谢所必需的，除 C、H、O、N 主要以有机化合物形式存在外，其余称为无机盐或矿物质。大致可分为常量元素和微量元素两大类。

人体必需的矿物质有钙、磷、镁、钾、钠、硫、氯 7 种，其含量占人体 0.01% 以上或膳食摄入量大于 100mg/d，被称为常量元素。而铁、锌、铜、钴、钼、硒、碘、铬 8 种为必需的微量元素。微量元素是指其含量占人体 0.01% 以下或膳食摄入量小于 100mg/d 的矿物质。还有锰、硅、镍、硼和钒 5 种是人体可能必需的微量元素；还有一些微量元素有潜在毒性，一旦摄入过量可能对人体造成病变或损伤，但在低剂量下对人体又是可能的必需微量元素，这些微量元素主要有：氟、铅、汞、铝、砷、锡、锂和镉等。但无论哪种元素，和人体所需的三大营养素：碳水化合物、脂类和蛋白质相比，都是非常少量的。

矿物质具有以下的特点：

① 体内不能合成，必须从食物和饮用水中摄取。

② 矿物质在体内组织器官中的分布不均匀。

③ 矿物质元素相互之间存在协同或拮抗效应。

④ 部分矿物质需要量很少，生理需要量与中毒剂量的范围较窄，过量摄入易引起中毒。

矿物质的生理功能：

① 构成机体组织的重要成分：钙、磷、镁，存在于骨骼、牙齿中。缺乏钙、镁、磷、锰、铜，可能引起骨骼或牙齿不坚固。

② 为多种酶的活化剂、辅因子或组成成分：钙——凝血酶的活化剂、锌——多种酶的组成成分。

③ 某些具有特殊生理功能物质的组成部分：碘——甲状腺素、铁——血红蛋白。

④ 维持机体的酸碱平衡及组织细胞渗透压：酸性（氯、硫、磷）和碱性（钾、钠、镁）无机盐适当配合，加上重碳酸盐和蛋白质的缓冲作用，维持着机体的酸碱平衡；无机盐与蛋白质一起维持组织细胞的渗透压；缺乏铁、钠、碘、磷可能会引起疲劳等。

⑤ 维持神经肌肉兴奋性和细胞膜的通透性：钾、钠、钙、镁是维持神经肌肉兴奋性和细胞膜通透性的必要条件。

⑥ 矿物质如果摄取过多，容易引起过剩症及中毒。所以一定要注意矿物质的适量摄取。

6.2.1 常量元素

1. 钠和钾

钠（Na）和钾（K）的作用与功能关系密切，两者均是人体的必需营养素。

（1）钠

钠作为血浆和其他细胞外液的主要阳离子，在保持体液的酸碱平衡、渗透压和水的平衡方面起重要作用；与钾共同作用可维持人体体液的酸碱平衡；在肾小管中参与氢离子交换和再吸收；可调节细胞兴奋性和维持正常的心肌运动；参与细胞的新陈代谢。在食品工业中钠可激活某些酶如淀粉酶；和氯离子组成的食盐是不可缺少的调味品；降低食品的 A_w，抑制微生物生长，起到防腐的作用；作为膨松剂改善食品的质构。

在食用不加盐的严格素食或长期出汗过多、腹泻、呕吐等情况下，将会发生钠缺乏症，可造成生长缓慢、食欲减退、体重减轻、肌肉痉挛、恶心、腹泻和头痛等症状。

钠的主要来源是食盐和味精，钾的主要食物来源是水果、蔬菜和肉类。人们一般很少出现钠、钾缺乏症，但当钠摄入过多时会造成高血压。

（2）钾

钾的生理功能：维持碳水化合物、蛋白质的正常代谢；维持细胞内正常的渗透压；维持细胞内外正常的酸碱平衡和电离平衡；维持神经肌肉的应激性和正常功能；维持心肌的正常功能；可降低血压。

钾缺乏可引起心跳不规律和加速、心电图异常、肌肉衰弱和烦躁，最后导致心搏停止。钾可作为食盐的替代品及膨松剂。

钾广泛分布于食物中，肉类、各种水果和蔬菜类都是其良好来源。但当限制钠时，这些食物的钾也受到限制。急需补充钾的人群为大量饮用咖啡的人、经常酗酒和喜欢吃甜食的人、血糖低的人和长时间节食的人。

2. 钙和磷

钙(Ca)和磷(P)也是人体必需的营养素之一。体内99%的钙和80%的磷以羟磷灰石的形式存在于骨骼和牙齿中。钙的生理功能是构成骨骼和牙齿，维持神经和肌肉活动，促进体内某些酶的活性。此外，钙对血液凝固、神经肌肉的兴奋性、细胞膜功能的维持以及激素的分泌都起着决定性的作用。缺乏钙将影响人体骨骼的发育和结构，使血钙浓度降低，神经肌肉兴奋性增加，导致肠壁平滑肌强烈收缩而引起腹痛等。磷作为核酸、磷脂、辅酶的组成部分，参与碳水化合物和脂肪的吸收与代谢，调节能量释放，机体代谢中能量多以 ADP+磷酸+能量、ATP 及磷酸肌醇的形式储存。此外，磷酸盐还参与调节酸碱平衡的作用。通常磷缺乏症表现为：骨质脆弱，疏松；牙龈脓疡；佝偻病，生长迟缓；虚弱，疲劳，厌食；手足、面部肌肉痉挛。

由于钙能与带负电荷的大分子形成凝胶，如低甲氧基果胶、大豆蛋白、酪蛋白等，加入罐用配汤可提高罐装蔬菜的坚硬性，因此，在食品工业中广泛用作质构改良剂。磷在软饮料中用作酸化剂，三聚磷酸钠有助于改善肉的持水性，在剁碎肉和加工奶酪时使用磷可起到乳化助剂的作用。此外，磷还可充当膨松剂。

钙的主要来源有乳及其制品、绿色蔬菜、豆腐、鱼和骨等，磷广泛存在于动植物组织中，并与蛋白质或脂肪结合成核蛋白、磷蛋白和磷脂等，也有少量其他有机磷和无机磷化合物。植物性食品中含有大量的磷，但大多数以植酸磷的形式存在，难以被人体消化与吸收。可通过发酵或浸泡方式将其水解，释放出游离的磷酸盐，从而提高磷的生物利用率。磷在食物中分布很广，特别是谷类和含蛋白质丰富的食物，如瘦肉、蛋、鱼(籽)、内脏、海带、花生、豆类、坚果、粗粮等。因此，一般膳食都能满足人体的需要。

3. 镁

镁(Mg)虽然是常量元素中体内总含量较少的一种元素，但具有非常重要的生理功能。镁是人体内含量较多的阳离子之一，是构成骨骼、牙齿和细胞浆的主要成分，与钙在功能上既协同又对抗。当镁摄入过多时，又阻止骨骼的正常钙化。镁是细胞内的主要阳离子之一，和 Ca、K、Na 一起与相应的阴离子协同，可调节并抑制肌肉收缩及神经冲动，维持体内酸碱平衡、心肌正常功能和结构；镁还是多种酶的激活剂，可使很多酶系统(碱性磷酸酶，烯醇酶，亮氨酸氨肽酶)活化，也是氧化磷酸化所必需的辅助因子。通过对核糖体的聚合作用，参与蛋白质的合成，使 mRNA 与 70S 核糖体连接；参与 DNA 的合成与分解，维持核酸结构的稳定。

食品工业中镁主要用作颜色改良剂。在蔬菜加工中常因叶绿素中的镁脱去生成脱镁叶绿素，使色泽变暗。膳食中的镁来源于全谷、坚果、豆类和绿色蔬菜中，一般很少出现缺乏症。

镁较广泛地分布于新鲜的绿叶蔬菜、海产品、豆类、可可粉、谷类、花生、全麦粉、小米等食物中。

长期慢性腹泻将引起镁的过量排出，可出现抑郁、眩晕、肌肉软弱等镁缺乏症状。

4. 硫

硫(S)对机体的生命活动起着非常重要的作用，在体内主要作为合成含硫氨基酸如胱氨酸、半胱氨酸和甲硫氨酸的原料。食品工业中常利用 SO_2 和亚硫酸盐作为褐变反应的抑制剂；在制酒工业中广泛用于防止和控制微生物生长。硫分布广，富含含硫氨基酸的动植物食品是硫的主要膳食来源。

6.2.2 微量元素

1. 锌

锌（Zn）主要通过体内某些酶类直接参与DNA、RNA和蛋白质的代谢。锌与胰岛素、前列腺素、促性腺素等激素的活性有关，具有提高机体免疫力的功能，与人的视力及暗适应能力关系密切。此外，锌可能是细胞凋亡的一种调节剂。

一般动物性食品中锌的含量较高，肉中锌的含量约为20~60mg/kg，而且肉中的锌与肌球蛋白紧密连接在一起，提高了肉的持水性。除谷类的胚芽外，植物性食品中锌含量较低，如小麦含20~30mg/kg，且大多与植酸结合，不易被吸收与利用。水果和蔬菜中含锌量很低，大约2mg/kg。有机锌的生物利用率高于无机锌。

2. 铁

铁（Fe）是人体必需的微量元素，也是体内含量最多的微量元素。机体内的铁都以结合态存在，没有游离的铁离子存在。

铁的生理作用如下。

① 铁是血红素的组成成分之一。

② 与蛋白质结合构成血红蛋白与肌红蛋白，参与氧的运输，促进造血，维持机体的正常生长发育。

③ 作为碱性元素，也是维持机体酸碱平衡的基本物质之一。

④ 参与细胞色素氧化酶、过氧化物酶的合成。

⑤ 是体内许多重要酶系如细胞色素酶，过氧化氢酶与过氧化物酶的组成成分，参与组织呼吸，促进生物氧化还原反应。

⑥ 可增加机体对疾病的抵抗力。

食品工业中铁主要有以下几个方面的作用。

① 通过Fe^{2+}与Fe^{3+}催化食品中的脂质过氧化。

② 颜色改变剂。与多酚类形成绿色、蓝色或黑色复合物，在罐头食品中与S^{2-}形成黑色的FeS；在肌肉中以其价态不同呈现不同的色泽如Fe^{2+}呈红色，而Fe^{3+}呈褐色。

③ 营养强化剂。在越来越多的食品中使用铁进行营养强化。

不同化学形式的铁，其强化后的生物可利用性也不同。食物中含铁化合物为血色素铁和非血色素铁。动物性食品如肝脏、肉类和鱼类所含的铁为血色素铁，能直接被肠道吸收。植物性食品中的水果、蔬菜、谷类、豆类及动物性食品中的牛奶、鸡蛋所含的铁为非血色素铁，以络合物形式存在。络合物的有机部分为蛋白质、氨基酸或有机酸，此种铁须先在胃酸作用下与有机酸部分分开，成为亚铁离子才能被肠道吸收。

3. 铜

人体中的铜（Cu）大多数以结合状态存在，如血浆中大约有90%的铜以铜蓝蛋白的形式存在。

铜的生理功能如下。

① 参与体内多种酶的构成，已知有十余种酶含铜，且都是氧化酶，如细胞色素氧化酶、过氧化物歧化酶、酪氨酸酶、多巴-β-羟化酶、赖氨酰氧化酶等。

② 铜通过影响铁的吸收、释放、运送和利用来参与造血过程。

③ 体内弹性组织和结缔组织中有一种含铜的酶，可以催化胶原成熟，保持血管弹性和骨骼的坚韧性，保持人体皮肤的弹性和润泽性，毛发正常的色素和结构。

④ 影响肾上腺皮质类固醇和儿茶酚胺的合成，并与机体的免疫有关。

⑤ 参与生长激素、脑垂体素、性激素等重要生命活动，维护中枢神经系统的健康。

⑥ 对结缔组织的形成和功能具有重要作用。

⑦ 与毛发的生长和色素的沉着有关。

⑧ 能调节心搏，缺铜会诱发冠心病。

铜缺乏会导致结缔组织中胶原交联障碍，以及贫血、中性粒细胞减少、动脉壁弹性减弱、骨质疏松及神经系统症状等。

铜在动物肝脏、肾、鱼、虾、蛤蜊中含量较高，在豆类、果类、乳类中含量较少。

食品加工中铜可催化脂质过氧化、抗坏血酸氧化和非酶氧化褐变；作为多酚氧化酶的组成成分催化酶促褐变，影响食品的色泽。但在蛋白质加工中，铜可改善蛋白质的功能特性，稳定蛋白质的起泡性。绿色蔬菜、鱼类和动物肝脏中含铜丰富，牛奶、肉、面包中含量较低。食品中锌过量时会影响铜的利用。

4. 碘

碘(I)在机体内主要通过构成甲状腺素而发挥各种生理作用。碘在体内主要参与甲状腺素[三碘甲腺原氨酸(T3)和四碘甲腺原氨酸(T4)]的合成；促进生物氧化，协调氧化磷酸化过程，调节能量转化；它活化体内的酶，调节机体的能量代谢，促进生长发育，参与 RNA 的诱导作用及蛋白质的合成；促进神经系统发育，组织的发育和分化及蛋白质的合成。面粉加工焙烤食品时，KIO_3作为面团改良剂，能改善焙烤食品质量。机体缺碘会产生甲状腺肿，幼儿缺碘会导致呆小病。

机体所需的碘可以从饮水、食物及食盐中获取，其含碘量主要决定于各地区的生物地质化学状况。一般情况下，远离海洋的内陆山区，其土壤和空气中含碘较少，水和食物中含碘也不高。因此，可能成为地方性甲状腺高发地区。

海带及各类海产品是碘的丰富来源，每 100g 海带(干)含碘 24000μg。乳及乳制品中含碘量在 200~400μg/kg，植物中含碘量较低。食品加工中一些含碘食品如海带长时间的淋洗和浸泡会导致碘的大量流失。内陆地区常会出现缺碘症状，沿海地区很少缺碘。一般可通过营养强化碘的方法预防和治疗碘缺乏症。对于不能常吃到海产品的地区，体内碘的需要也可通过膳食中添加碘化钾的食盐而获得。目前，通常使用强化碘盐，即在食盐中添加碘化钾或碘酸钾使 1g 食盐中碘量达 70μg。

5. 硒

硒(Se)是机体重要的必需微量元素。硒参与谷胱苷肽过氧化物酶(GSH—PX)的合成，可发挥抗氧化作用，清除体内过氧化物，保护细胞膜结构的完整性和正常功能的发挥。

硒能加强维生素 E 的抗氧化作用，但维生素 E 主要防止不饱和脂肪酸氧化生成氢过氧化物(ROOH)，而硒使氢过氧化物(ROOH)迅速分解成醇和水。硒还具有促进免疫球蛋白生成和保护吞噬细胞完整的作用。

硒的生物利用率与硒化合物的形态有关，最活泼的是亚硒酸盐，但它化学性质最不稳定。许多硒化合物有挥发性，在加工中有损失。例如脱脂奶粉干燥时大约损失 5%的硒。硒的食物来源主要是动物内脏，其次是海产品、淡水鱼、肉类，蔬菜和水果中含量最低。

缺硒是引起克山病的一个重要病因，还会诱发肝坏死及心血管疾病。

动物性食物肝脏、肾、肉类及海产品是硒的良好来源，但食物中硒含量受当地水土中硒含量的影响很大。

6. 铬

铬（Cr）是人和动物必需的微量元素，它的生理功能如下：

① 是葡萄糖耐量因子（GTF）的组成成分，对调节体内糖代谢起重要作用。

② 铬可增强脂蛋白脂酶和卵磷脂胆固醇酰基转移酶的活性，促进高密度脂蛋白（HDL）的生成。

③ Cr^{3+} 在葡萄糖磷酸变位酶中起着关键性的作用。

④ 是核酸类的稳定剂，可防止细胞内某些基因物质的突变并预防癌症。

⑤ 影响机体的脂质代谢，降低血中胆固醇和甘油三酯的含量，预防心血管病。

因此，缺铬主要表现为葡萄糖耐量受损，也会导致脂质代谢失调，易诱发冠状动脉硬化导致心血管病，并可能伴随有高血糖、尿糖。

铬的最丰富来源是啤酒酵母，动物肝脏、胡萝卜、红辣椒等中含铬较多。有机铬易被吸收，Fe 与 Zn 及植酸盐等妨碍铬的吸收，而 Mn 与 Mg 及草酸盐可促进铬的吸收。

7. 钴

钴（Co）是早期发现的人和动物体内必需的微量元素之一。钴的生理功能如下：

① 以维生素 B_{12} 和 B_{12} 辅酶的组成形式储存于肝脏中，对蛋白质、脂肪、糖类代谢、血红蛋白的合成都具有重要的作用，并可扩张血管，降低血压。

② 可激活很多酶，如能增加人体唾液中淀粉酶的活性，增加胰淀粉酶和脂肪酶的活性。

③ 能防止脂肪在肝细胞内沉着，预防脂肪肝。

④ 能刺激人体骨髓的造血系统，促使血红蛋白的合成及红细胞数目的增加；能促进锌在肠道吸收。因此，钴缺乏会引起营养性贫血症。

⑤ 钴可增强机体的造血功能，可能的途径有直接刺激和间接刺激。

⑥ 钴通过维生素 B_{12} 参与体内甲基的转移和糖代谢。

⑦ 钴还可以提高锌的生物利用率。

钴在动物内脏中含量较高，发酵的豆制品如臭豆腐、豆豉、酱油等都含有少量维生素 B_{12}，可作为钴的食物来源；乳制品和谷类一般含钴较少。

6.2.3　矿物质的生物有效性

矿物质的生物有效性也称矿物质的生物利用率，是指食品中矿物质被机体吸收、利用的比例。影响矿物质生物有效性的因素有化学形式、颗粒大小、食品组成、食品加工、生理因素。

1. 食品的可消化性

一种食物只有被人体消化后，营养物质才能被吸收利用。相反，如果食物不能消化，即使营养丰富也得不到吸收利用。因此，一般来说，食物营养的生物有效性与食物的可消化性成正比关系。例如动物肝脏、肉类中的矿物质成分有效性高，人类可以充分吸收利用，而麸皮、米糠中虽含有丰富的铁、锌等必需营养素，但这些物质可消化性很差，因此生物有效性很低。一般来说，动物性食物中矿物质的生物有效性优于植物性食物。

2. 矿物质的化学与物理形态

矿物质的化学形态对矿物质的生物有效性影响相当大，甚至有的矿物质只有某一化学形态才能具有营养功能，例如：钴只有以氰基钴胺(维生素 B_{12})供应才有营养功能；又如亚铁血红素中的铁可直接吸收，其他形式的铁必须溶解后才能进入全身循环，因此血色素铁的生物有效性比非血色素铁高。许多矿物质成分在不同的食物中，由于化学形态的差别，生物有效性相差很大。矿物质的物理形态对其生物有效性也有相当大的影响，在消化道中，矿物质必须呈溶解状态才能被吸收，溶解度低，则吸收差；颗粒的大小也会影响可消化性和溶解，因而影响生物有效性。若用难溶物质来补充营养时，应特别注意颗粒大小。

3. 矿物质与其他营养素的相互作用

矿物质与其他营养素的相互作用对生物有效性的影响应视不同情况而定，有的提高生物有效性，有的降低生物有效性，相互影响极为复杂。膳食中一种矿物质过量就会干扰对另一种必需矿物质的作用。例如，两种元素会在蛋白质载体上的同一个结合部位竞争而影响吸收，或者一种过剩的矿物质与另一种矿物质化合后一起排泄掉，造成后者的缺乏。如钙抑制铁的吸收，铁抑制锌的吸收，铅抑制铁的吸收。营养素之间相互作用，提高其生物有效性的情况也不少，如铁与氨基酸成盐、钙与乳酸成乳酸钙，都使这些矿物质成为可溶态，有利于吸收。

4. 食品配位体

金属螯合物的稳定性和溶解度决定了金属元素的生物有效性。与金属形成可溶螯合物的配位体可促进一些食品中矿物质的吸收。如螯合剂 EDTA 能促进铁的吸收。与矿物质形成难溶螯合物的配位体妨碍矿物质的吸收。如草酸抑制钙的吸收，植酸抑制铁、锌和钙的吸收。难消化且分子量高的配位体(如膳食纤维和一些蛋白质)会妨碍矿物质的吸收。

5. 个体生理状态

机体的自我调节作用对矿物质生物有效性有较大影响。矿物质摄入不足时会促进吸收，摄入量充分时会减少吸收。如铁、钙和锌都存在这种影响。吸收功能障碍会影响矿物质的吸收，胃酸分泌少的人对铁和钙的吸收能力下降。个体年龄不同，也影响矿物质的生物有效性，一般随年龄增长吸收功能下降，生物有效性也随之降低。

6.2.4　矿物质在食品加工过程中的变化

微量元素不会因酸碱处理，接触空气、氧气或光线等情况而损失，但食品加工方法会影响食物矿物质的含量和可利用性。如，在食品烹调过程中，矿物质容易从汤汁中流失。而某些鱼类罐头，由于加热杀菌时间长以致鱼骨酥软，反而提高了鱼骨中钙、磷等矿物质的利用率。

食品加工中矿物质的增加，可能是由于加工用水、食品添加剂的加入而导致，或是接触金属容器和包装材料所造成。

食品中矿物质的损失与其他营养素(如维生素)的损失不同，常常不是由化学反应引起的，而是通过矿物质的丢失或与其他物质形成一种不适宜人和动物体吸收利用的化学形式而损失。食品加工中的清洗、整理、去除下脚料、烫漂、蒸煮等手段是矿物质损失的主要途径。食品中矿物质损失的另一途径是与食品中其他成分的相互作用而导致生物利用率的下降。一些多价阴离子，如广泛存在于植物性食物中的草酸、植酸等就能与二价金属离子如铁、钙等形成相应的盐，而这些盐是非常不易溶解的，在消化道中被机体吸收利用的程度很低，造成矿物质营养质量下降。食品的主要加工方法对矿物质的影响有以下几个方面。

1. 烫漂对食品中矿物质含量的影响

食品在烫漂或蒸煮时，若与水接触，则食品中的矿物质损失可能很大，这主要是因为烫漂后沥滤的结果。至于矿物质损失程度的差别则与它们的溶解度有关。但硝酸盐的损失对人体的健康是有益的。

2. 烹调对食品中矿物质含量的影响

烹调对不同食品的不同矿物质含量影响不同。在烹调过程中，矿物质很容易从汤汁内流失。如马铃薯在烹调时的铜含量随烹调类型的不同而有所差别，铜在马铃薯皮的含量较高，煮熟后含量下降，而油炸后含量却明显增加。豆子煮熟后矿物质的损失非常显著。

3. 碾磨对食品中矿物质含量的影响

谷物是矿物质的一个重要来源，谷物的胚芽和糊粉层中富含矿物质，所以谷物在碾磨时会损失大量的矿物质，损失量随碾磨的精度而增加，但各种矿物质的损失有所不同。小麦磨成粉时由于去除了胚芽和外面的麦麸层而导致矿物质的损失，其中锰、铁、钴、铜、锌损失严重。精碾大米损失 75% 的铬和锌，锰、铜和钴损失 26%～45%；同白砂糖相比，粗糖和废糖蜜是微量元素更好的来源。

4. 大豆深加工对微量元素的影响

大豆加工成脱脂大豆蛋白粉，或进一步制成大豆浓缩蛋白与大豆分离蛋白。大豆在加工过程中除硅外不会损失大量的微量元素，而铁、锌、铝、硒等元素反而得到浓缩。因为大豆蛋白质经过深度加工后提高了蛋白质的含量，这些矿物成分可能结合在蛋白质分子上。

5. 其他

食品加工时，加工用水、设备、包装条件以及使用的食品添加剂也是食品中矿物质增加的重要原因。通常用于食品强化的矿物质有钙、铁、锌、铜、碘等。

总之，食品加工对矿物质含量的影响与多种因素有关。它不但与加工的手段（工艺）有关，而且也和食品中矿物质的组成和分布密切相关。

思 考 题

1. 各类矿物质的生理功能，以及影响矿物质生物有效性的因素？
2. 各类维生素的生理功能及其来源？
3. 食品中维生素损失的常见原因？

第7章 酶

7.1 概　述

酶是一类极为重要的生物催化剂，存在于一切生物体内。酶具有专一性强、反应条件温和、催化效率高等优点，在基本不影响其他品质的前提下利用酶制剂可有针对性地改善食品中某一特定物质的含量，进而提高食品的品质与产量。人们对酶的认识最早起源于酿酒、造酱等生产与生活实践。在食品加工中可以利用原料中原有酶的作用，产生人们所需要的品质。例如，在茶叶深加工时利用茶鲜叶中氧化酶可加工出红茶；但对于绿茶的加工来说，氧化酶的作用则产生不良的影响，因此在加工过程中要抑制氧化酶的作用。在加工及储藏过程中也可利用外源酶来提高食品品质和产量，例如以玉米淀粉为原料生产高果糖玉米糖浆，就是利用了淀粉酶和葡萄糖异构酶；牛乳中添加乳糖酶，可解决人群中乳糖酶缺乏的问题。酶的本质和基础理论在生物化学中已有详细介绍，本章着重介绍在食品加工和储藏过程中常用酶的特点、作用及与此相关的一些基本知识。

7.1.1　酶的化学本质

从微生物到植物再到人，酶是所有有机体体内的组成成分。可以这样说，在生物有机体内每当物质需要由一种形式转化为另一种形式时，酶都可以起催化作用促使反应加速。实际上生物体内除少数几种酶为核糖核酸（RNA）分子外，大多数的酶类都是具有生物催化作用的蛋白质。酶催化所有生物体必需的代谢活动，比如，在胃内，酶将食物消化为极小的颗粒，以易于转化为体内的能量。酶是球形蛋白质，酶受到环境因素的作用结构发生变化，甚至丧失活性。酶与其他蛋白质的不同之处在于，酶分子的空间结构上含有特定的具有催化功能的区域。每种酶只催化一种反应或者其逆反应。底物与酶像钥匙与锁一样配套。只有当酶找到其合适的底物时，生化反应才会发生。酶的作用底物大多数是小分子，因此酶分子只有小部分氨基酸侧链与底物直接发生作用。这些与酶催化活性相关的氨基酸侧链称为酶的活性中心。酶的活性中心是指酶与底物结合并发生反应的区域，一般位于酶分子的表面，大多数为疏水区。酶的活性中心由结合基团和催化基团组成，结合基团负责与底物特异性结合，催化基团直接参与催化。结合基团和催化基团属于酶的必需基团，这些功能基团可能在一级结构上相差较远，但在空间结构上比较接近。对于不需要辅酶的酶来说，酶的活性中心就是指起催化作用的基团在酶的三级结构中的位置；对于需要辅酶的酶来说，辅酶分子或辅酶分子的某一部分结构往往就是活性中心的组成部分。酶活性中心区域出现频率最高的氨基酸主要是 Ser、His、Asp、Cys、Tyr、Glu 等。

酶属生物大分子，分子量至少在 1 万以上。根据酶蛋白分子的特点可将酶分为三类，即：单体酶，只有一条具有活性部位的多肽链，分子量在 $(1.3 \sim 3.5) \times 10^4$ 之间，例如溶菌酶、胰蛋白酶等，属于这一类的酶很少，一般都是催化水解反应的酶；寡聚酶，由几个甚至几十个亚基组成，亚基间不是共价键结合，彼此很容易分开，分子量从 3.5×10^4 到几百万，如 3-磷酸甘油醛脱氢酶等；多酶体系，由几种酶彼此嵌合形成的复合体，分子量一般都在几百万以上，例如用于脂肪酸合成的脂肪酸合成酶复合体。

7.1.2　酶的辅助因子及其在酶促反应中的作用

许多酶并不是纯粹的蛋白质，它们还含有金属离子和/或低分子量非蛋白质的有机小分子，这些非蛋白组分被称为酶的辅助因子，它是酶活不可缺少的组分。失去辅助因子的没有酶活的蛋白质称为脱辅基酶蛋白，含有辅助因子的酶称为全酶。辅助因子包括金属离子和辅酶，辅酶又分为辅基和底物。

金属酶是指与金属离子结合较为紧密的酶，在酶纯化过程中，金属离子仍被保留；金属激活酶是指金属原子结合不很紧密的酶，纯化的酶需加入金属离子，才能被激活。例如，细胞内含量最多的 K^+ 能激活许多酶，另外，K^+ 也能促进底物的结合。

辅酶是有机化合物，往往是维生素或维生素衍生物。有时，在没有酶存在的情况下，它们也能作为催化剂，但没有像和酶结合时那样有效。如同金属离子-酶键合情况一样，辅酶-酶的结合也有紧密的或疏松的。与酶结合紧密的称为辅基，不能通过透析除去，在酶催化的过程中保持与酶分子的结合。通常这样的酶将两个作用底物一个接一个转化，而辅基最终被还原成起始状态。与酶可逆结合且结合疏松的称为辅底物，因为在反应开始，它们常与其他底物一起和酶结合，反应结束后以改变的形式被释放。辅底物通常与至少两种酶作用，将氢或功能基团从一种酶转运到另一种酶，所以被称为"转运代谢物"或"中间底物"。由于其在后来的反应中可以再生，因此与真正的底物是有区别的。中间底物的浓度是非常低的。常见的辅酶有：氧化/还原反应的辅酶 NAD^+（辅酶 I）和 $NADP^+$（辅酶 II），由维生素烟酰胺或烟酸衍生而成，与酶结合疏松；氧化/还原反应的辅基 FMN 和 FAD；参与磷酸转移反应的辅酶 ADP；参与共价催化作用的 TPP（焦磷酸硫胺素）等。

7.1.3　酶作为催化剂的特点

酶是一种生物催化剂，除具有一般催化剂的性质外，还显示出生物催化剂的特性：酶的催化效率较高，酶催化反应的反应速率比非催化反应高 $10^8 \sim 10^{20}$ 倍，比其他催化反应高 $10^7 \sim 10^{13}$ 倍。但酶比其他一般催化剂更加脆弱，容易失活，凡使蛋白质变性的因素都能使酶结构被破坏而完全失去活性。酶催化的最适条件几乎都是温和的温度和非极端 pH 值。

酶的作用具有高度的专一性（specificity），只能催化一种或一类化学反应（反应专一性），而且对底物有严格的选择（底物专一性）。另外变构酶还具有调节专一性的作用。

在生命体中酶活性是受多方面调控的，如酶浓度的调节、激素的调节、共价修饰调节、抑制剂和激活剂的调节、反馈调节、变构调节、金属离子和其他小分子化合物的调节等。

7.2　影响酶反应速率的因素

食品中的酶只能通过间接测定其催化活性来达到检测的目的，在这方面与其他的酶不同。本节主要讨论反应物的浓度（主要是酶和底物）、活化剂与抑制剂、pH 值、温度、反应介质的离子强度、水活性等与酶反应速率的关系。

7.2.1 底物浓度

采用酶促反应的初速率（V_0）对底物浓度（S）作图，结果如图 7-1 所示。可以看到当底物浓度较低时，反应速率与底物浓度的关系是呈正比关系，为一级反应；之后随着底物浓度的增加，反应速率不是成直线增加，这一段反应表现为混合级反应；如果再继续加大底物浓度，曲线表现为零级反应，反应速率趋向一个极限，说明酶已被底物饱和。

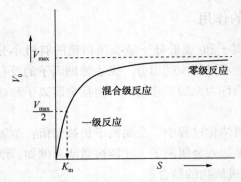

图 7-1 酶反应速率与底物浓度的关系

7.2.2 pH 值

每种酶都有一最适 pH 值范围，通常酶只在此范围内才具有催化活性。在某一特定 pH 值时，酶促反应具有最大反应速率，高于或低于此值，反应速率下降，通常称此时的 pH 值为酶的最适 pH 值。酶催化反应对介质的 pH 值是非常敏感的，适宜的酶促反应 pH 值范围都较窄。食品中酶的最适 pH 值，一般在 5.5~7.5 之间。反应速率与 pH 值的关系通常呈钟形曲线。

pH 值对酶活力的影响是一个较复杂的问题，底物种类、辅助因子、缓冲液类型和离子强度等都会影响酶的最适 pH 值。所以酶的最适 pH 值并不是一个常数，只是在一定条件下才有意义。一些酶的最适 pH 值见表 7-1。

表 7-1 部分酶的最适 pH 值

酶	最适 pH 值	酶	最适 pH 值
酸性磷酸酯酶（前列腺腺体）	5	果胶裂解酶（微生物）	9.0~9.2
碱性磷酸酯酶（牛乳）	10	果胶酯酶（高等植物）	7
α-淀粉酶（人唾液）	7	黄嘌呤氧化酶（牛乳）	8.3
β-淀粉酶（红薯）	5	脂肪酶（胰脏）	7
羧肽酶 A（牛）	7.5	脂肪氧化酶-1（大豆）	9
过氧化氢酶（牛肝）	3~10	脂肪氧化酶-2（大豆）	7
纤维素酶（蜗牛）	5	胃蛋白酶（牛）	2
无花果蛋白酶（无花果）	6.5	胰蛋白酶（牛）	8
木瓜蛋白酶（木瓜）	7~8	凝乳酶（牛）	3.5
β-呋喃果糖苷酶（土豆）	4.5	聚半乳糖醛酸酶（番茄）	4
葡萄糖氧化酶（点青霉）	5.6	多酚氧化酶（桃）	6

pH 值通过以下方面影响酶的催化活性。

① 远离酶的最适 pH 值的酸碱环境将影响蛋白质的构象，使酶变性或失活。

② 偏离酶的最适 pH 值的酸碱环境改变了酶的活性位点上产生的静电荷数量，从而影响酶活力。而且，底物分子的解离状态和酶分子的解离状态也受 pH 值的影响。对于一种只有解离状态的酶，只有最适 pH 值能够满足酶的活力中心与底物基团结合，以及产生催化位点的作用，因此，除此 pH 值外均会降低酶的催化活力。此外，pH 值还影响到酶-底物络合物

ES 的形成，从而降低酶活性。

③ pH 值影响酶分子中其他基团的解离，因而也影响酶分子的构象和酶的专一性，同时底物的离子化作用也受 pH 值的影响，从而使底物的热力学函数发生变化，结果降低酶的催化作用。

通常是测定酶催化反应的初速率和 pH 值的关系来确定酶的最适 pH 值。然而在食品加工中酶作用的时间相当长，因此除确定酶的最适 pH 值外，还应当考虑酶的 pH 值稳定性。

7.2.3　温度

温度对酶催化反应速率的影响有双重效应：一方面是当温度升高，反应速率加快，对于许多酶来说，当温度从 22℃ 升高到 32℃ 时，反应速率可提高 2 倍。另一方面，随着温度升高，酶逐渐变性，从而降低酶的催化反应速率。酶最适反应温度是这两种效应平衡的净结果。热处理在食品加工和储藏过程中是一个重要的因素。在低温范围内随温度提高，酶活性增加，但超过一定的温度范围后，酶活性则随温度的升高而下降，甚至失去酶活，如图 7-2 所示。每一种酶都具有一最适温度范围。据此，可通过改变食品加工及储藏时的温度控制某种酶的活性。通过冷藏可以延缓或抑制食品中不利变化和反应；热处理可以促进酶反应，也可以通过使酶失活而阻止不利反应的发生。如果通过热的作用钝化酶活性，减少某种酶反应对食品的影响，则常采取快速升温的办法。

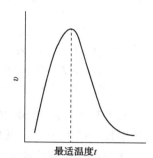

图 7-2　温度与酶反应
速率的关系

同样酶的最适温度不是酶的特征物理常数，有诸多的因素影响，如酶作用的时间长短、酶和底物的浓度、pH 值、辅助因子等。酶在干燥状态比在潮湿状态对温度的耐受力要高。

各种酶的热稳定性相差较大。有些酶在较低的温度下就失活，有些酶在较高的温度下至少在短时间内保持活性，还有些酶低温下的稳定性低于正常温度下的稳定性。酶的热失活遵循一级反应动力学方程：

$$c_t = c_0 e^{-kt}$$

式中　c_t、c_0 分别代表时间 t 和时间 0 时的酶活；k 为反应速率常数。

令

$$c_0/c_t = 10, \quad t = 2.3/k = D$$

所谓的"D 值"是指将酶活减少为原来的 1/10 所需要的时间。提到 D 值时要说明其特定的温度。

牛奶中的脂肪酶和碱性磷酸酶对热不稳定，而酸性磷酸酶很稳定（图 7-3），常用酸性磷酸酶区分生乳和巴氏杀菌乳。鉴于碱性磷酸酶的活性比脂肪酶容易检测，常用它区分生乳和巴氏杀菌乳。图 7-4 所示的是土豆块茎中的所有酶中，过氧化物酶的热稳定性最好，加热不易使之失活，其他蔬菜中的酶情况类似。因此，过氧化物酶可以用于使所有酶热失活的调控过程，比如评价热烫处理过程的充分与否。对于那些能引起食品品质下降的酶，在储藏过程中需进行失活处理。例如半熟的豌豆种子中脂肪氧化酶（脂氧酶）会引起种子腐败，该酶比过氧化物酶更易热失活，所以只需将脂氧酶热烫失活即可，而不必将过氧化物酶热失活。

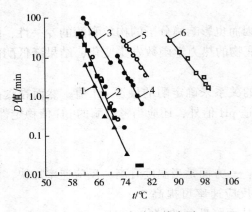
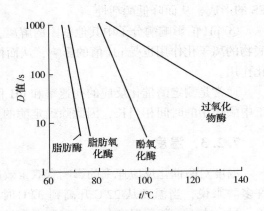

图 7-3　牛奶中酶的热失活

1—脂肪酶(失活程度，90%)；2—碱性磷酸酶(90%)；

3—过氧化氢酶(80%)；4—黄嘌呤氧化酶(90%)；

5—过氧(化)物酶(90%)；6—酸性磷酸酶(99%)

图 7-4　土豆块茎中酶的热失活

　　酶的热失活还与 pH 值有关。豌豆种子中的脂肪氧化酶(脂氧酶)在等电点时热变性失活的速率最慢(图 7-5)。其他的酶也是如此。

　　在温度低于 0℃ 时酶活性有所下降，但冰晶的形成会造成酶和底物的浓缩，相对提高了酶的催化活性。在低温储藏期间，如食品的黏度增加，可通过限制底物的扩散，降低酶活性。在完全冰冻的食品中，酶的催化活性暂时停止，大多数酶的酶活受冰冻的影响是可逆的。在食品储藏中，如果储存温度低于玻璃化转变温度 T_g 和 T'_g，则酶的活性完全被抑制。食品应尽量避免在稍低于水的冰点温度保藏，减少因冷冻而引起的酶和底物浓缩造成的酶活力增加。此外，冷冻和解冻能破坏组织结构，从而导致酶与底物更接近，从图 7-6 看出鳄鱼肌肉组织中的磷脂酶在 -4℃ 的活力相当于 -2.5℃ 的 5 倍。

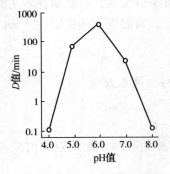
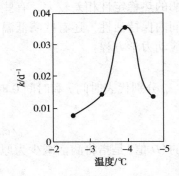

图 7-5　豌豆种子的脂肪氧化酶在
65℃ 时的热失活受 pH 值的影响

图 7-6　在冰点温度以下鳄鱼肌肉组织中
磷脂酶催化磷脂水解的速率常数(k)

7.2.4　水分活度

　　酶反应速率也受水分活度的影响，水分活度较低时，酶活性被抑制。只有酶的水合作用达到一定程度时才显示出活性。例如溶菌酶蛋白含水量为 0.2g/g 蛋白质时，酶开始显示催化活性；当水含量达到 0.4g/g 蛋白质时，在整个酶分子的表面形成单分子水层，此时酶的活性提高；当含水量为 0.9g/g 蛋白质时，溶菌酶活性达到极限，此时底物及产物分子扩散将不受限制。β-淀粉酶在 a_w 为 0.8(约 2% 的含水量)以上才显示出水解淀粉的活力;当水分活度 a_w 为 0.95(约 12% 的含水量)时,酶的活力提高 15 倍(图 7-7)。

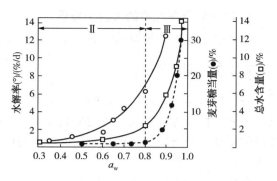

图 7-7　水分活度对酶活力的影响
○—磷脂酶催化卵磷脂水解;
●—β-淀粉酶催化淀粉水解

7.2.5　酶浓度

一般情况下在 pH 值、温度和底物浓度一定时,酶催化反应速率正比于酶的浓度,但如果底物溶解度受到限制、底物中存在竞争性抑制剂、底物缓冲剂或反应体系有不可逆抑制剂如 Hg^{2+}、Ag^+ 或 Pb^{2+} 等,也会影响酶与底物的作用,都会造成酶催化反应与米氏方程偏离。

7.2.6　激活剂

凡是能提高酶活性的物质都称为激活剂,在酶促反应体系中加入激活剂可增加反应速率。激活剂按分子大小分为三类。

1. 无机离子

金属离子不仅对很多酶的构象稳定、底物与酶的结合等有影响,而且也影响路易斯酸形成或作为电子载体参与催化反应的过程,从而起激活作用。

作为激活剂起作用的金属离子有 K^+、Na^+、Mg^{2+}、Zn^{2+}、Fe^{2+} 和 Cu^{2+} 等,例如对于催化水解磷酸酯键的酶,Mg^{2+} 通过亲电路易斯酸的方式作用,使底物或被作用物的磷酸酯基上的 P—O 键极化,以便产生亲核攻击。Ce^{4+} 可催化核酸磷酸酯键发生水解,其作用机理是 Ce^{4+} 与磷酸基配位,使 P 原子的电正性增大,并且 Ce^{4+} 的 4f 轨道与磷酸基的有关轨道形成新的杂化轨道,使 P 更易接受与 Ce^{4+} 配位的 OH 的亲核进攻而形成五配位中间体,与 Ce^{4+} 配位的水发生解离并起催化作用,进一步促使 P—O(5′) 键或 P—O(3′) 键发生断裂。

阴离子和氢离子也都具有激活作用,但不明显,如 Cl^- 和 Br^- 对动物唾液中的 α-淀粉酶仅显示较弱的激活作用。

一种激活剂对某些酶能起激活作用,但对另一种酶可能有抑制作用。有时离子之间还存在拮抗效应。例如 Na^+ 抑制 K^+ 的激活作用,Mg^{2+} 激活的酶则常为 Ca^{2+} 所抑制。而有的金属离子如 Zn^{2+} 和 Mn^{2+} 可替代 Mg^{2+} 起激活作用。

有的金属离子在高浓度时甚至可以从激活剂转为抑制剂。例如 Mg^{2+} 在浓度为 $(5\sim10)\times10^{-3}mol/L$ 时对 $NADP^+$ 合成酶有激活作用,但在 $30\times10^{-3}mol/L$ 时则酶活性下降;若用 Mn^{2+} 代替 Mg^{2+},则在 $1\times10^{-3}mol/L$ 起激活作用,高于此浓度,酶活性下降,也不再有激活作用。

2. 中等大小的有机分子

某些还原剂,如半胱氨酸、抗坏血酸、还原型谷胱甘肽、氰化物等能激活某些酶,使酶中二硫键还原成硫氢基,从而提高酶活性,如木瓜蛋白酶和 D-甘油醛-3-磷酸脱氢酶。

金属螯合剂 EDTA 因能螯合酶中的重金属杂质,从而消除了这些离子对酶的抑制作用。因此在酶制备时通常要加 EDTA。

131

3. 具有蛋白质性质的大分子物质

此类物质能起到酶原激活的作用，使原来无活性的酶原转变为有活性的酶。

7.2.7 抑制剂

一些物质与酶结合后，使酶活力下降，但并不引起酶蛋白变性的作用。凡是降低酶催化反应速率的物质称抑制剂。酶的抑制作用与酶的失活作用是不同的，凡能使酶蛋白质变性的任何作用都能使酶失活，例如剪切力、超高压、辐照或是与有机溶剂混溶。显而易见，抑制作用不同于变性作用。

食品组成中常存在有酶抑制剂，如豆科种子中存在的胰蛋白酶抑制剂、胰凝乳蛋白酶抑制剂、淀粉酶抑制剂；另外，食品中还含有非选择性抑制较宽酶谱的组分，比如酚类和芥末油。此外，食品中因环境污染带来的重金属、杀虫剂和其他的化学物质都可成为酶的抑制剂。

食品加工及储藏过程中也常采取一些抑制酶活性的工艺，如通常经过热加工以破坏酶结构抑制不需要的酶促反应，加入 SO_2 抑制酚酶活性等。

除物理因子外，许多化学或生物化学的抑制剂，其结构往往类似于底物，从而产生竞争性抑制作用。从对酶活性抑制的动力学角度，抑制剂可以分为两类，即可逆抑制剂和不可逆抑制剂。可抑制类型又细分为竞争性抑制、非竞争性抑制、反竞争性抑制三类。

7.2.8 其他因素

高电场脉冲(gigh electric field pulses，HEEP)及高压对食品的质量、耐藏性及对酶活性的影响等方面都有较多研究。这里主要介绍它们对酶活性的影响。

1. HEFP

HEEP 处理食品，由于能使酶电荷及结构改变，还可抑制食品中某些酶活性，故可提高食品的可储藏性。但有些酶在低脉冲电场作用下对其有激活作用，只在相对较高的脉冲电场作用较长时间下才能失活。如溶菌酶(lysozyme)和胃蛋白酶(pepsin)，在 30pulses 和 13～80kV/cm 作用下对其有激活作用。用 30pulses 和 13.5kV/cm 处理 lysozyme 酶，酶活损失60%，用 30pulses 和 50kV/cm 处理，其酶活为 20%。用 HEFP(30pulses 和 40kV/cm)处理胃蛋白酶，其活性与对照相比达到 260%。

2. 高压

从酶的结构及催化机理可知，一旦其结构改变，它的活性就要下降乃至完全失活。压力对酶活性的影响视酶的种类不同而不同，但在较高压力下一般都能使大部分酶失活。

在完整的细胞中酶与底物是分开的，但较低的压力下对细胞结构就有破坏作用，当压力诱导的细胞膜结构破坏后，就导致了酶与底物的结合，表现出酶活的增加或减少。

压力对酶失活效果与酶的类型、pH 值、介质组成、温度等有关。对于一些酶，如胰蛋白酶、胰凝乳蛋白酶及胰凝乳蛋白酶原，即使较高的压力也不能完全失活。研究表明循环加压可使其失活。在这种加压方式下，多数酶都较易失活，如胰蛋白酶、胰凝乳蛋白酶、胃蛋白酶、α-淀粉酶，但果胶甲酯酶(EC3.1.1.11)活性较稳定。

在果汁加工及保藏方面，通常用加热的方式使果胶甲酯酶(PME)失活。但加热对果汁的风味、色泽及营养都有负面影响。用约 600MPa 的压力处理橘子汁可使 PME 的失活率达90%以上，且是不可逆失活。在 Ca 离子及柠檬酸介质(pH＝3.5～4.5)作用下西红柿中的

PME，用高压处理比在水介质中更易失活，且酸度愈低其失活效果愈好。

果蔬中过氧化物酶 POD 对储藏品质有负面影响。果蔬中 POD 对热有较强的稳定性。结果发现这种酶也有较强的耐压性，如四季豆中 POD 在室温下至少要 900MPa 的压力处理 10min 才能达到 88% 的失活率。草莓汁中 POD 在 20℃下用 300MPa 的压力处理 15min 才开始出现失活。

脂肪氧化酶（EC 1.13.11.12，LOX，lipoxygenase）能催化含有顺，顺-1,4-戊二醛的脂肪酸氧化产生相应的氢过氧化物。用高压、加温（750MPa、75℃）处理 5min 可有效使大豆中 LOX 失活。

多酚氧化酶（EC 1.14.18.1，PPO，polyphenoloxidase）是造成破损果蔬褐变的主要原因。高压处理技术可替代热处理失活。但不同的食品中 PPO 对压力的耐受性大不相同。研究表明蘑菇及马铃薯中 PPO 非常耐压，需要约 800~900MPa 才能失活，而杏、草莓和葡萄中 PPO 分别加压约 100MPa、400MPa 和 600MPa 以上就可以使其失活。

7.3 酶与食品质量的关系

7.3.1 与色泽相关的酶

绿色常常作为人们判断许多新鲜蔬菜和水果质量的标准之一。在成熟时，水果的绿色减退而代之以红色、橙色、黄色和黑色。青刀豆和其他一些绿叶蔬菜，随着成熟度增加导致叶绿素含量降低。上述的颜色变化都与食品中的内源酶有关，其中最主要的是脂肪氧化酶、叶绿素酶和多酚氧化酶。

1. 脂肪氧化酶

脂肪氧化酶（EC 1.13.11.2）对于食品方面的影响，有些是有益的，有些是无益的。如用于小麦粉和大豆粉的漂白，制作面团时在面筋中形成二硫键等作用是有益的。然而，脂肪氧化酶对亚油酸酯的催化氧化则可能产生一些负面影响，破坏叶绿素和胡萝卜素，从而使色素降解而发生褪色；或者产生具有青草味的不良异味；破坏食品中的维生素和蛋白质类化合物；食品中的必需脂肪酸，例如亚油酸、亚麻酸和花生四烯酸遭受氧化性破坏。

脂肪氧化酶的上述所有反应结果，都是来自酶对不饱和脂肪酸（包括游离的或结合的）的直接氧化作用，形成自由基中间产物，其反应历程如图 7-8 所示。在反应的第 1、2 和 3 步包括活泼氢脱氢形成顺，顺-烷基自由基、双键转移，以及氧化生成反，顺-烷基自由基与烷过氧自由基；第 4 步是形成氢氧化物。然后，进一步发生非酶反应导致醛类（包括丙二醛）和其他不良异味化合物的生成。自由基和氢过氧化物会引起叶绿素和胡萝卜素等色素的损失、多酚类氧化物的氧化聚合产生色素沉淀，以及维生素和蛋白质的破坏。食品中存在的一些抗氧化剂如维生素 E、没食子酸丙酯、去甲二氢愈创木酸等能有效阻止自由基和氢过氧物引起的食品损伤。

2. 多酚氧化酶

如莲藕由白色变为粉红色后，其品质下降，这是由于莲藕中的多酚氧化酶和过氧化物酶催化氧化了莲藕中的多酚类物质。多酚氧化酶（EC 1.10.3.1）通常又称为酪氨酸酶、多酚酶、酚酶、儿茶酚氧化酶、甲酚酶或儿茶酚酶，这些名称的使用是由测定酶活力时使用的底物，以及酶在植物中的最高浓度所决定。

多酚氧化酶能催化两类完全不同的反应。一类是羟基化，另一类是氧化反应（图 7-9）。

前者可以在多酚氧化酶的作用下氧化形成不稳定的邻苯醌类化合物，然后再进一步通过非酶催化的氧化反应，聚合成为黑色素，导致香蕉、苹果、桃及马铃薯等发生褐变和黑斑形成。然而对红茶、咖啡、葡萄干和梅干的色素形成则是需宜的，如茶鲜叶中多酚类在多酚氧化酶作用下被氧化成茶黄素，进一步自动氧化成茶红素，多酚类是无色有涩味的一类成分，一旦被氧化，涩味减轻，并产生红茶所特有的色泽。

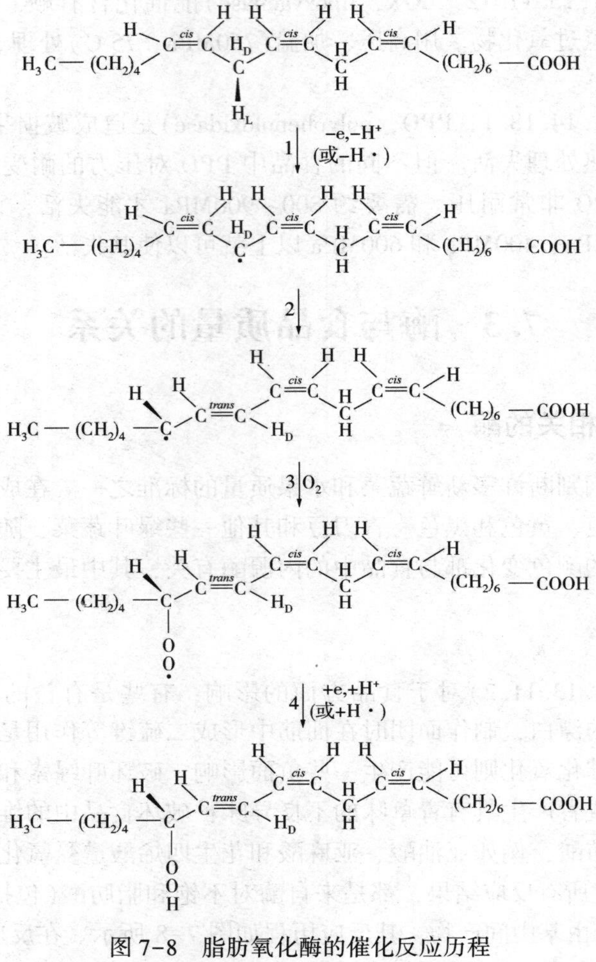

图 7-8　脂肪氧化酶的催化反应历程

对甲酚　　　　　4-甲基儿茶酚

儿茶酚　　　　　邻苯醌

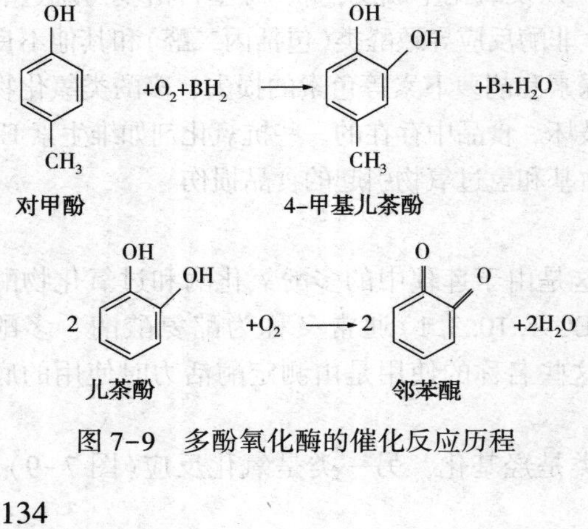

图 7-9　多酚氧化酶的催化反应历程

一旦酚类物质发生氧化，不仅对食品色泽产生不利的影响，还会对营养和风味产生影响。如邻苯醌与蛋白质中赖氨酸残基的 ε-氨基反应，可引起蛋白质的营养价值和溶解度下降；与此同时，由于褐变反应也会造成食品的质构和风味变化。热带水果 50% 以上的损失都是由于酶促褐变引起的。同时酶促褐变也是造成新鲜蔬菜例如莴苣和果汁的颜色变化、营养和口感变劣的主要原因。因此，科学工作者提出了许多控制果蔬加工和储藏过程中酶促褐变的方

134

法，例如驱除 O_2 和底物酚类化合物以防止褐变，或者添加抗坏血酸、亚硫酸氢钠和硫醇类化合物等，将初始产物、邻苯醌还原为原来的底物，从而阻止黑色素的生成。此外，采取一些使多酚氧化酶失活的方法可有效抑制酶促褐变。

7.3.2 与质构相关的酶

食品质构是食品的质量的指标之一，水果和蔬菜的质构主要与复杂的碳水化合物有关，例如果胶物质、纤维素、半纤维素、淀粉和木质素。然而影响各种碳水化合物结构的酶可能是一种或多种，它们对食品的质构起着重要的作用。如水果后熟变甜和变软，就是酶催化降解的结果。蛋白酶的作用也可使动物和高蛋白植物食品的质构变软。

1. 果胶酶

果胶酶主要有三种类型，它们作用于果胶物质都产生需宜的反应。

果胶甲酯酶(EC 3.1.1.11)水解果胶的甲酯键，生成果胶酸和甲醇(图 7-10)。果胶甲酯酶又称为果胶酯酶、果胶酶、脱甲氧基果胶酶。当有二价金属离子，例如 Ca^{2+} 存在时，果胶甲酯酶水解果胶物质生成果胶酸，由于 Ca^{2+} 与果胶酸的羧基发生交联，从而提高了食品的质构强度。

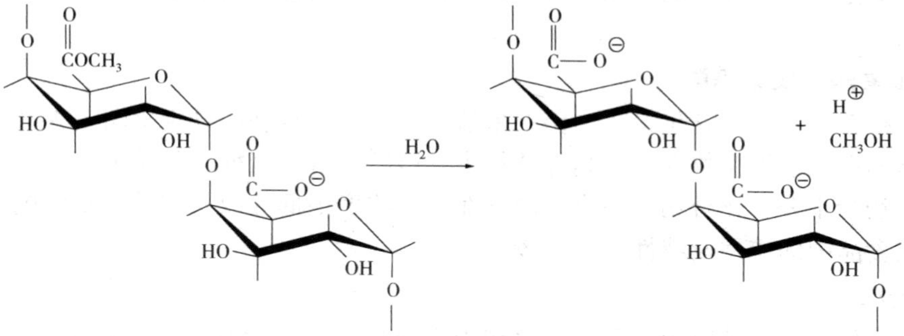

图 7-10 果胶甲酯酶水解示意

聚半乳糖醛酸酶(EC 3.2.1.15)水解果胶物质分子中脱水半乳糖醛酸单位的 α-1，4-糖苷键(图 7-11)。

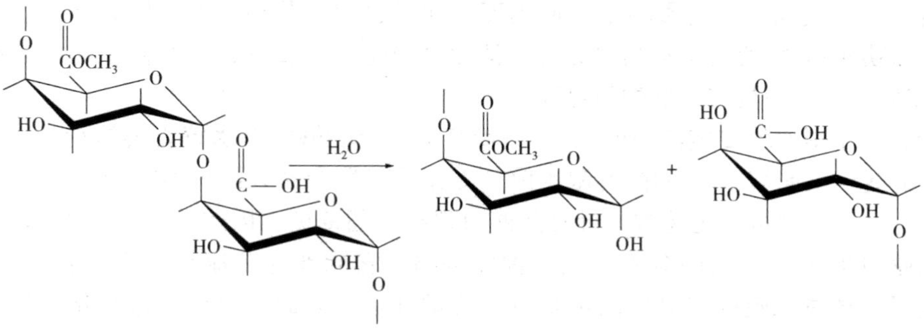

图 7-11 聚半乳糖醛酸酶水解示意

聚半乳糖醛酸酶有内切和外切酶两种类型存在，外切型是从聚合物的末端糖苷键开始水解，而内切型是作用于分子内部。由于植物中的果胶甲酯酶能迅速裂解果胶物质为果胶酸，因此关于植物中是否同时存在聚半乳糖醛酸酶(作用于果胶酸)和聚甲基半乳糖醛酸酶(作用于果胶），目前仍然有着不同的观点。聚半乳糖醛酸酶水解果胶酸，将引起某些食品原料物质（如番茄）的质构变软。

果胶酸裂解酶[聚-(1,4-α-D-半乳糖醛酸苷)裂解酶，EC 4.2.2.2]在无水条件下能裂解果胶和果胶酸之间的糖苷键，其反应机制遵从β-消去反应(图7-12)。它们存在于微生物中，而在高等植物中没有发现。

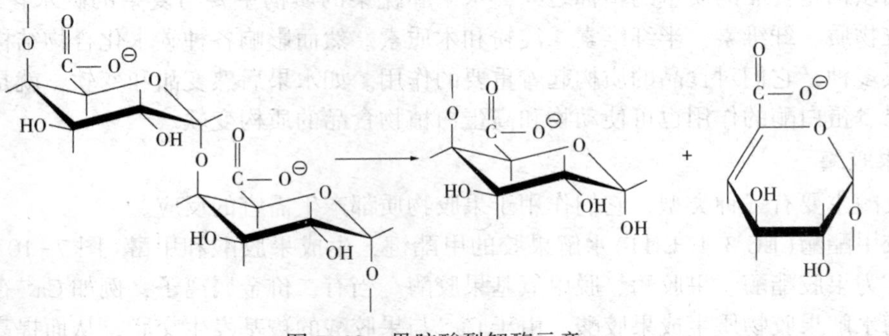

图7-12　果胶酸裂解酶示意

原果胶酶是第4种类型的果胶降解酶，仅存在于少数几种微生物中。原果胶酶水解原果胶生成果胶。

2. 纤维素酶和戊聚糖酶

水果、蔬菜中纤维素含量很少，但在果蔬汁加工中却常利用纤维素酶改善其品质。

戊聚糖酶存在于微生物和一些高等植物中，能够水解木聚糖、阿拉伯聚糖和木糖与阿拉伯糖的聚合物为小分子化合物。在小麦中存在少数浓度很低的内切和外切水解戊聚糖酶，目前对它们在食品中的应用及特性的了解较少。

3. 淀粉酶

淀粉酶不仅存在于动物中，而且也存在于高等植物和微生物中，能够水解淀粉。因此，食品在成熟、保藏和加工过程中淀粉常常被降解。淀粉在食品中除有营养作用外，主要与食品的黏度等有关，如果在食品的储藏和加工中淀粉被淀粉酶水解，将显著影响食品的质构。淀粉酶包括α-淀粉酶、β-淀粉酶和葡糖淀粉酶三种主要类型，此外还有一些降解酶。

α-淀粉酶对食品的主要影响是降低黏度，同时也影响其稳定性，例如布丁、奶油沙司等。唾液和胰α-淀粉酶对于食品中淀粉的消化吸收是很重要的，一些微生物中含有较高水平的α-淀粉酶，它们具有较好的耐热性。

β-淀粉酶不能水解支链淀粉的α-1,6-糖苷键，但能够完全水解直链淀粉为β-麦芽糖。因此，支链淀粉仅能被β-淀粉酶有限水解。麦芽糖浆聚合度大约为10，在食品工业中，应用十分广泛，麦芽糖可以迅速被酵母麦芽糖酶裂解为葡萄糖，因此，β-淀粉酶和α-淀粉酶在酿造工业中非常重要。β-淀粉酶是一种巯基酶，它能被许多巯基试剂抑制。在麦芽中，β-淀粉酶可以通过二硫键与另外的巯基以共价键连接，因此，淀粉用巯基化合物处理，例如半胱氨酸，可以增加麦芽中β-淀粉酶的活性。

糖化酶在食品和酿造工业上有着广泛的用途，例如果葡糖浆的生产。

4. 蛋白酶

作用于蛋白质的酶可以从动物、植物或微生物中分离得到，尤其是从动植物的废弃物中制备，可提高其利用途径。目前作用于蛋白质的酶类种类丰富，在食品中应用广泛。动物屠

136

宰后，肌肉将变得僵硬(肌球蛋白和肌动蛋白相互作用引起伸展的结果)，在储存时，通过内源酶(Ca^{2+}激活蛋白酶，或许是组织蛋白酶)作用于肌球蛋白-肌动蛋白复合体，肌肉将变得多汁。添加外源酶，例如木瓜蛋白酶和无花果蛋白酶，由于它们的选择性较低，主要是水解弹性蛋白和胶原蛋白，从而使之嫩化。

在转谷氨酰胺酶(TGase)的作用过程中，γ-羧酸酰胺基作为酰基供体，其酰基受体有以下几种。

① 伯胺基。如式(7-1)所示。
② 多肽链中赖氨酸残基的 ε-氨基。如式(7-2)所示。
③ 水。当不存在伯胺基时，如式(7-3)所示。

$$R—Glu—CO—NH_2+NH_2—R' \longrightarrow R—Glu—CO—NH—R'+NH_3 \qquad (7-1)$$

$$R—Glu—CO—NH_2+NH_2—Lys—R' \longrightarrow R—Glu—CO—NH—Lys—R'+NH_3 \qquad (7-2)$$

$$R—Glu—CO—NH_2+H_2O \longrightarrow R—Glu—CO—OH+NH_3 \qquad (7-3)$$

TGase 可以改善蛋白质凝胶的特性。在制作鱼香肠时，加入 TGase 处理后，其脱水收缩现象也明显降低。据报道，利用盐和 TGase 可改善鱼香肠的质构。

从图 7-13 可知，在制造鱼糜时加入 TGase 可提高鱼糜制品的硬度，当外加水量为 60%，酶添加量为 0.9%时，鱼糜的硬度达 78.1，比相应的对照提高 95.8%。

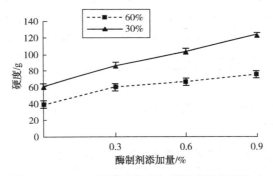

图 7-13 TGase 制剂对带鱼鱼糜制品硬度的影响

另外，TGase 还可改善肉制品口感、风味等特性，提高蛋白质的成膜性能等。

7.3.3 与风味相关的酶

食品在加工和储藏过程中，由于酶的作用可能使原有的风味减弱或失去，甚至产生异味。例如不恰当的热烫处理或冷冻干燥，由于过氧化物酶、脂肪氧化酶等的作用，会导致青刀豆、玉米、莲藕、冬季花菜和花椰菜等产生明显的不良风味。当不饱和脂肪酸存在时，过氧化物酶能促进不饱和脂肪酸的过氧化物降解，产生挥发性的氧化风味化合物。此外，过氧化物酶在催化过氧化物分解的历程中，同时产生了自由基，它能引起食品许多组分的破坏并对食品风味产生影响。过氧化物酶是一种非常耐热的酶，广泛存在于所有高等植物中，通常将过氧化物酶作为一种控制食品热处理的温度指示剂，同样也可以根据酶作用产生的异味物质作为衡量酶活力的灵敏方法。

研究表明青刀豆和玉米产生不良风味和异味主要是脂肪氧化酶催化氧化的作用，而冬季花椰菜却主要是在半胱氨酸裂解酶的作用下形成不良风味。然而，又有研究表明，尽管过氧化物酶还不是完全决定食品产生异味的酶，但是，它以较高的水平在自然界存在，优良的耐热性能，使之仍能作为判断一种冷冻食品风味稳定性和果蔬热处理是否充分的一项指标。

在加工乳制品时添加适量脂肪酶，可增强干酪和黄油的香味。选择性地使用较高活力的蛋白酶和肽酶，再与合适的脂肪酶结合起来可以使干酪的风味强度比一般成熟的干酪的风味至少提高10倍。使用这种方法，干酪的风味是完全可以接受的，不会增加由于蛋白质酶过分水解产生的苦味。

柚皮苷是葡萄柚和葡萄柚汁产生苦味的物质，可以利用柚皮苷酶处理葡萄柚汁，破坏柚皮苷从而脱除苦味，也有采用生物技术去除柚皮苷生物合成的途径达到改善葡萄柚和葡萄柚汁口感的目的。

在原料中除了游离的香气成分外，还有更多的香气成分是以 D-葡萄糖苷形式存在。一些糖苷酶通过水解香气的前体物质，可提高食品的香气。β-葡萄糖苷酶（EC 3.2.1.21）是指能够水解芳香基或烷基葡萄糖苷或纤维二糖的糖苷键的一类酶。利用内源或外源的 β-葡萄糖苷酶水解这些前体物质，释放出香气成分，如利用 β-葡萄糖苷酶处理桃、红葡萄汁，经 GC-MS（气相色谱-质谱联用仪）分析该酶处理前后主要风味成分，结果发现，该酶能明显提高其香气（表7-2）。

表 7-2　β-葡萄糖苷酶处理前后的桃及红葡萄汁中主要风味成分的比较

品种	α-蒎烯		α-松油烯		γ-松油烯		α-松油醇		芳香醇		香叶醇		苯甲醇		苯乙醇	
	对照	处理	对照	处理	对照	处理	对照	处理	对照	处理	对照	处理	对照	处理	对照	处理
桃	0.06	7.1	0.2	0.67	0.06	0.1	0.13	0.26	0.3	0.42	0.05	0.84	0.15	1.12	0.11	0.23
红葡萄汁	0.02	0.1	0.03	0.5	0.02	0.1			0.75	0.9					0.04	0.2

注：比较应该无单位。

如在茶叶加工时，适当地摊放可提高茶鲜叶中 β-葡萄糖苷酶的活性，随着其酶活性的提高，游离态香气成分增加（表7-3）。

表 7-3　摊放过程中 β-葡萄糖苷酶和游离态香气含量的变化

摊放时间/h	β-葡萄糖苷酶活性（总重）/(U/g)	游离态香气（净重）/(μg/g)
0	0.38	3.16
4	0.41	5.91

7.3.4　与营养相关的酶

食品在加工及储藏室过程中一些酶活性的变化对食品营养影响的研究已有较多报道。已知脂肪氧化酶氧化不饱和脂肪酸，会引起亚油酸、亚麻酸和花生四烯酸这些必需脂肪酸含量降低，同时产生过氧自由基和氧自由基，这些自由基将使食品中的类胡萝卜素、生育酚、维生素 C 和叶酸含量减少，破坏蛋白质中的半胱氨酸、酪氨酸、色氨酸和组氨酸残基，或者引起蛋白质交联。一些蔬菜（如西葫芦）中的抗坏血酸能够被抗坏血酸酶破坏。硫胺素酶会破坏氨基酸代谢中必需的辅助因子硫胺素。此外，存在于一些微生物中的核黄素水解酶能降解核黄素。多酚氧化酶不仅引起褐变，使食品产生不需宜的颜色和味道，而且还会降低蛋白质中的赖氨酸含量，造成营养价值损失。

超氧化物歧化酶（superoxode dismutase，SOD）是广泛存在于动植物体内的一种金属酶。SOD 的作用主要表现在：清除过量的超氧化自由基，具有很强的抗氧化、抗突变、抗辐射、

138

消炎和抑制肿瘤的功能，不仅能延缓由于自由基侵害而出现的衰老现象，提高人体对抗自由基诱发疾病的能力，而且对抗疲劳、恢复体力、减肥、美容护肤也有很好的效果。

SOD 添加到食品中有两方面作用。一是作为抗氧剂，SOD 可作为罐头食品、果汁罐头的抗氧剂，防止过氧化酶引起的食品变质及腐烂现象；二是作为食品营养的强化剂，SOD 有延缓衰老的作用，可大大提高食品的营养强度。

一些水解酶类可将大分子分解为可吸收的小分子，从而提高食品的营养。如植酸酶就可对阻碍矿物质吸收的植酸进行水解，可提高磷等无机盐的利用率。同时由于植酸酶破坏了对矿物质和蛋白质的亲和力，也能提高蛋白质的消化率。

7.4　酶在食品加工中的应用

酶不仅广泛用于食品的制造与加工，而且在改善食品的品质和风味方面大有用场。风味酶的发现和应用，在食品风味的再现、强化和改变方面有广阔应用前景。自然界发现的酶有数千种，但工业上常用的酶只有数十种，而目前大量生产的仅有十余种。其中80%的工业酶是水解酶，主要用于降解自然界中的高聚物，如淀粉、蛋白质、脂肪等物质。食品行业是应用酶制剂最早和最广泛的行业，如 α-淀粉酶、β-淀粉酶、糖化酶、异淀粉酶、蛋白酶、右旋糖酐酶和葡萄糖异构酶等(表 7-4)。

表 7-4　酶在食品行业中的应用

酶	来　源	主 要 用 途
α-淀粉酶	枯草杆菌、米曲霉、黑曲霉	淀粉液化，制造糊精、葡萄糖、饴糖、果葡糖浆
β-淀粉酶	麦芽、巨大芽孢杆菌、多黏芽孢杆菌	制造麦芽，啤酒酿造
糖化酶	根霉、黑曲霉、红曲霉、内孢霉	淀粉糖化，制造葡萄糖、果葡糖
异淀粉酶	气杆菌、假单胞杆菌	制造直链淀粉、麦芽糖
蛋白酶	胰、木瓜、枯草杆菌、霉菌	啤酒澄清，水解蛋白、多肽、氨基酸
右旋糖酐酶	霉菌	糖果生产
葡萄糖异构酶	放线菌、细菌	制造果葡糖、果糖
葡萄糖氧化酶	黑曲霉、青霉	蛋白加工、食品保鲜
柑橘苷酶	黑曲霉	水果加工、去除橘汁苦味
天冬氨酸酶	大肠杆菌、假单胞杆菌	由反丁烯二酸制造天冬氨酸
磷酸二酯酶	橘青霉、米曲霉	降解 RNA，生产单核苷酸作食品增味剂
纤维素酶	木霉、青霉	生产葡萄糖
溶菌酶	蛋清、微生物	食品杀菌保鲜

下面分别从果蔬类食品加工、酿酒工业、乳品工业、焙烤食品和肉类加工等方面进行简单介绍。

7.4.1　果蔬类食品加工

在果蔬类食品加工过程中，加入各种酶，可以保证果蔬类食品的"质"和"量"。

1. 果蔬制品的脱色

果蔬大多含有花青素，在不同的 pH 值下呈现不同的颜色，对果蔬制品的色泽有影响。例如，在光照或高温下变为褐色，与金属离子反应则呈灰紫色。

能催化花青素水解，生成 β-葡萄糖和它的配基的一种 β-葡萄糖苷酶即为花青素酶。将一定浓度的花青素酶加入果蔬制品中，在 40℃下保温 20~30min，是为了防止果蔬变色和保证产品质量。

2. 果汁生产

在果汁的生产过程中，加入果胶酶、纤维素酶、α-淀粉酶和糖化酶溶菌酶等，就可以使压榨方便、出汁多且果汁澄清。

（1）果胶酶

果胶酶（pectinase）主要包括果胶酯酶（PE）、聚半乳糖醛酸酶（PG）、聚甲基半乳糖醛酸酶（PMG）、聚半乳糖醛酸裂合酶（PGL）和聚甲基聚半乳糖醛酸裂合酶（PMGL）等，常用的是 PE 和 PG。

果胶酶用于果汁和果酒的澄清方面效果极佳；柚苷酶用于分解柑橘类果肉和果汁中的柚皮苷，以脱除苦味；橙皮苷酶可使橙皮苷分解，能有效地防止柑橘类罐头制品出现白色浑浊；葡萄糖氧化酶可去除果汁、饮料、罐头食品和干燥果蔬制品中的氧气，防止产品氧化变质，防止微生物生长，以延长食品保存期；溶菌酶可防止细菌污染，起食品保鲜作用等。

一种能催化果胶甲酯分子水解、生成果胶酸和甲醇的果胶水解酶是果胶酯酶。

一种能催化聚半乳糖醛酸水解的果胶酶是聚半乳糖醛酸酶（polygalacturonase，PG）。根据作用方式不同，分为内切聚半乳糖醛酸酶和外切聚半乳糖醛酸酶。

内切聚半乳糖醛酸酶（endo-polygalacturonase，endo-PG，EC3.2.1.15）随机水解果胶酸和其他聚半乳糖醛酸分子内部的糖苷键，生成分子量较小的寡聚半乳糖醛酸。

外切聚半乳糖醛酸酶（exo-polygalacturonase，exo-PG，EC3.2.1.67）从聚半乳糖醛酸链的非还原端开始，逐个水解 α-1,4-糖苷键，生成 D-半乳糖醛酸，每次少一个聚半乳糖醛酸。

在果汁生产过程中，经果胶酶的作用，方便压榨、出汁率高，在沉降、过滤和离心分离中，沉淀分离明显，达到果汁澄清效果。经果胶酶处理的果汁稳定性好，在存放过程中可以避免产生浑浊，在苹果汁、葡萄汁和柑橘汁等的生产中已广泛使用。

（2）纤维素酶

天然果品中由于本身含有纤维类和半纤维类物质直接榨汁难度大，出汁率低。在榨汁前，用纤维素酶对原料进行预处理，可较好地解决这类问题。而纤维素酶则是一组包含半纤维素酶、蛋白酶、果胶酶、核糖核酸酶的复合酶，具有很强地降解纤维素和破裂植物及其果实细胞壁的功能，可以将植物纤维素水解为单糖和二糖，从而极大地提高物料的利用率。

（3）α-淀粉酶和糖化酶

高淀粉含量原料（莲子、马蹄、板栗）制作澄清饮料过程中常出现淀粉颗粒相互结合形成沉淀问题。可以使用 α-淀粉酶和糖化酶，这类原料中的淀粉在淀粉酶和糖化酶作用下，可转化为葡萄糖和可溶的小分子糖类，从而解决了此问题。

（4）柚苷酶和柠碱前体脱氢酶

柚皮苷和柠碱是柑橘类果汁产生苦味的主要物质。通过柚苷酶的作用，可将柚皮苷分解为无苦味的鼠李糖、葡萄糖和柚皮素，通过柠碱前体脱氢酶的作用，使柠碱前体脱氢，大大减少苦味。

在果汁的制造中，在添加酶以前，需先确定所要添加酶的种类，并需事先确定该酶添加的时机、添加浓度、反应温度、反应时间等变数。选用适当种类的酶，于适当时机添加，既能发挥预期作用，而又不至于发生太大不良副作用。添加浓度的确定，与成本有很大关系，较高档的酶可以考虑先施以固定化处理，以减少消耗量。反应温度的高低与处理速度的快慢以及酶存活期的长短、香气的保存情况都有关系；反应时间则影响处理程度及产量。原料水果本性的变异，例如 pH 值的升高或降低等，可能影响上述变数的决定。因此资料库的建立、原料性质的掌握、果汁制造过程中品质数据的及时取得及操作变数的及时修正，也都是酶在果汁生产中成功应用所不可缺少的。

3. 柑橘罐头防止白色浑浊

柑橘中含有橙皮苷（橙皮素-7-芸香糖苷），其溶解度小，容易生成白色浑浊。在橙皮苷酶作用下，橙皮苷水解生成鼠李糖和橙皮素-7-葡萄糖苷，从而柑橘类罐头不会出现白色浑浊。

4. 橘瓣囊衣的酶法脱除

加工橘子砂囊，以往多使用酸碱处理脱去囊衣，排出大量废水，可造成环境的严重污染。目前，从黑曲霉中筛选出来的果胶酶、纤维素酶、半纤维素酶等可代替消耗水量、费工费时的酸碱处理法，已广泛应用于橘瓣去除囊衣。

7.4.2 酿酒工业

1. 酶在啤酒酿造中的应用

我国生产啤酒的传统工艺，原料大麦芽与辅料大米的通常配比是 7：3。由于我国适宜种植大麦的面积不大，产量不高且质量欠佳，达不到啤酒生产的标准，因此需要进口相当一部分大麦。另外，用于啤酒生产的大麦要经过发芽制成麦芽才能用，制麦芽的设备花费大，工艺复杂，损耗大麦颇多，成本昂贵，因而可以用微生物产酶代替部分大麦芽酿造啤酒。

在啤酒的生产中，酶主要是在制浆和调理两个阶段使用。啤酒是以麦芽为主要原料，经糖化和发酵而成的含酒精饮料，其工艺流程见图 7-14。

在浸泡麦芽浆时，温度约 65℃，浓的麦芽浆可以稳定进行糖化。在制浆过程中温度逐渐升高，有利于使蛋白酶、α-淀粉酶和 β-葡聚糖酶发挥作用，使麦芽中的多糖及蛋白类物质降解为酵母可利用的合适的营养物质。

在加啤酒花前，应煮沸麦芽汁使上述酶失活。木瓜蛋白酶、菠萝蛋白酶或霉菌酸性蛋白酶都可以降解使啤酒浑浊的蛋白质组分，防止啤酒的冷浑浊，延长啤酒的储存期；应用糖化酶能够降解啤酒中的残留糊精，既保证了啤酒中最高的乙醇含量，又不必添加浓糖液来增加啤酒的糖度。

中性蛋白酶在啤酒中的应用：啤酒工业副产物的 80% 以上是啤酒糟（BSG），它又称麦芽糟、麦糟，含蛋白质

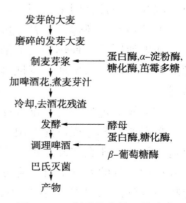

图 7-14　啤酒酿造的工艺流程

23%～27%，是一种好的蛋白质资源。少数厂家直接以废弃物形式排放，这既浪费了蛋白质资源，又污染了环境。而以中性蛋白酶水解啤酒糟中的蛋白质，得到含有多种氨基酸、肽的

营养液，既可作为食品添加剂，又可作为保健食品及化工产品的基料。

2. 酶在白酒生产中的应用

旧工艺用麸曲和自培酒母生产白酒的效率很低，糖化酶和酒用活性干酵母在白酒生产上的应用，取代了旧工艺，新工艺简单、出酒率高（2%~7%），节约粮食，生产成本低，简化设备，节省厂房场地。白酒除了要有一定量的乙醇外，还需要有一定量的香味物质，为此人们又研制出专用复合酶。

白酒生产是多种微生物发酵，酸性蛋白酶加入白酒生产的料醅中，分解料醅中的蛋白质为小肽或氨基酸，促进白酒生产菌群的生长，产酒量多且香味浓郁，因此酸性蛋白酶在白酒生产中起着重要的作用。

如果在酒精饮料的发酵过程中加入一定量的脂肪酶，可以改善稻米和酒精饮料的味道，具有类似奶酪的香味。

目前大部分小曲白酒厂的生产工艺是加酒用复合酶，此酶是按一定比例由糖化酶、酸性蛋白酶、增香酵母曲和酒用酵母曲等多种生物制品组成的，不同的配比可以生产出不同风味的白酒。这种新工艺方法简单，出酒率高，而且酒的风味好。

3. 用于解决问题和防止问题出现的酶

（1）制浆过程中的细菌 α-淀粉酶

制浆过程的最大变化是不可溶的淀粉分子转变成可溶的、能够发酵的糖和不可发酵的糖。在淀粉转化中起主要作用的是 α-淀粉酶和 β-淀粉酶。α-淀粉酶（E.C.3.2.1.1）可以将可溶和不可溶的淀粉切成许多可被 β-淀粉酶（E.C.3.2.1.2）进攻的短链。在全麦芽发酵中，最终即最高的制浆温度是 78℃，这样可以使麦芽汁与没用的谷粒之间最易分离。通过添加细菌 α-淀粉酶，最终的麦芽汁温度可以增加到 85℃。外源酶可以将残留的淀粉降解为寡糖，并将这一过程一直延续至过滤环节，由此防止了麦芽汁分离时由于淀粉的凝胶作用而引起的黏度增加。在制浆之前用泵将热稳定性细菌 α-淀粉酶加入到过滤器中，以降解残留的淀粉。由于过滤器中的麦芽汁温度比较高，所以比较稀薄，可以更快、更顺利地穿过过滤介质。

在制浆槽中当高比例的附加物稀释了内源酶的浓度时，添加细菌 α-淀粉酶变得十分重要。因为这一稀释因素适用于所有的内源酶，所以额外的酶制剂和酶混合物被广泛应用，后者除了淀粉酶，还包括如 β-葡聚糖酶和蛋白酶之类的其他酶类。

如果使用了一种热稳定的细菌 α-淀粉酶，那么酿造大师们便倾向于再单独添加 β-葡聚糖酶和蛋白酶，以增加可变性（酶混合物含有固定的组分）来适应它们特殊的麦芽/添加物的状况。

（2）发酵过程中的真菌 α-淀粉酶

缓慢的发酵过程可能是由于制浆过程中不完全的糖化作用所导致的。如果在早期就判断出这一问题，那么向发酵罐中直接添加真菌 α-淀粉酶（E.C.3.2.1.1）将解决这一问题。这种酶在相对低的温度下可以降低稀释极限（稀释的程度是指在麦芽汁提取液中可发酵碳水化合物的百分比），增加发酵能力，产生更多的酒精。产生一种"更干"、更稀释的啤酒。

（3）制浆过程中的 β-葡聚糖酶

从大麦中得来的 β-葡聚糖酶（E.C.3.2.1.4）是热不稳定的，在制浆温度下仅能存活非常短的时间。如果没有足够的葡聚糖被降解掉，残存的葡聚糖将会部分溶解，与水结合，增加黏度（并因此延长了麦芽汁的流出时间）和产生浊雾而导致随后的过程出现问题。

通过对不同温度/时间条件进行优化，可以获得最佳的制浆过程，以改善淀粉酶的表现，并提高酶活性。如果新的条件降低了β-葡聚糖酶的活性，这可能导致几个相关的问题，如：不易流出；不易回收提取液；不易将无用谷物排出系统；使酵母沉降变慢，导致离心效率下降；啤酒不易过滤，产生雾状物。

经过筛选获得的在制浆条件下热稳定的、来源于真菌的β-葡聚糖酶，会带来更强劲、更稳定的制浆过程。在未充分修饰或未平衡修饰的谷粒制浆过程中，它们可用通过降低黏度来协助从制浆罐中流出，并改善啤酒的最终性能和滤过性。

（4）半胱氨酸肽链内切酶（后发酵过程）

如果蛋白质（如作为酵母的养分、产生泡沫）没有通过热沉淀和冷沉淀进行充分地去除，多肽会与多酚在啤酒生产的最后阶段（调温，储藏）发生交叉反应，产生令人讨厌的所谓冷浊雾。可溶的蛋白水解酶，如木瓜蛋白酶（E. C. 3. 4. 22. 2）以及较少被人了解的菠萝蛋白酶（E. C. 3. 4. 22. 32）和无花果蛋白酶（E. C. 3. 4. 22. 3），经常在最终的过滤步骤前使用［通常与其他稳定剂如聚乙烯吡咯烷酮（PVP）或硅胶联用］，以改善啤酒的胶体稳定性，并因此控制了冷雾的形成、增加了包装后啤酒的储存期。从水果番木瓜中提取的木瓜蛋白酶在30~45℃的温度范围和4.0~5.5的pH值范围内起作用。加入调温罐后，这种非特异性内切蛋白酶在其被巴氏消毒破坏之前，能够降解与多酚反应的高分子量蛋白质。

对固定化蛋白酶的使用也进行了研究，但还没有被广泛采用。

（5）制浆过程中的葡糖淀粉酶

如果作为不可发酵糖类的糊精在啤酒中残留量过高，那么在制浆罐中加入外源葡糖淀粉酶（E. C. 3. 2. 1. 3）会把寡糖末端的α-1,6-葡萄糖苷键断裂，从而增加麦芽汁中的可发酵糖量。由于葡糖淀粉酶只作用于最多含有10~15个葡萄糖单元的寡糖链，因此这种酶不能防止由于高分子量的直链淀粉和支链淀粉造成的淀粉雾状物的形成。

4. 用于改善过程的酶

1）添加物发酵

在添加物发酵中，麦芽部分地被其他淀粉源所取代（如玉米、大米），这样做有时是为了经济原因，有时则是为了生产一种口味更淡的啤酒。用麦芽作为酶的单独来源，会使这些酶的工作变得更加困难，这是因为制浆过程中这些酶的相对浓度比较低。当加入更大百分比的添加物时，人们会使用外源酶来进行一个单独的预制浆步骤，以使整个生产过程更简单、更可预测。由于热稳定性淀粉酶比麦芽淀粉酶更稳定，因此可以更容易实现液化、处理时间更短和提高整体生产率。将麦芽从附属蒸煮器中去除，意味着较少的附属麦芽浆，并由此带来在平衡制浆过程的体积和温度方面更大的自由度。

传统上，当使用高质量的麦芽时，大麦的用量被限制在总材料的10%~20%之间。更高含量的大麦（>30%，或者使用低质量的麦芽）会使整个过程变得更加困难。如果酿造师在酿造期间使用了未发芽的大麦，那必须向麦芽浆中添加额外的酶（除了α-淀粉酶，一些额外的β-葡聚糖酶和内切肽酶也是必需的），其他一些含有淀粉的原料作为碳水化合物的来源，也被用于部分替代麦芽。向麦芽浆中添加热稳定的细菌α-淀粉酶，可以使来自大米或玉米的淀粉液化温度变得更高。使用大米、玉米或高粱作为淀粉来源或材料的酿造系统，都需要一个单独的原料蒸煮阶段，最好是在高达108℃的温度下进行（喷气蒸煮）。麦芽α-淀粉酶不适于这一过程，因此需要使用热稳定的细菌α-淀粉酶，或者属于蛋白质工程改造过的、热稳定性更好的该类淀粉酶。预先胶化的添加物，如向麦芽浆中添加的超微粉碎谷物需要

（非热稳定的）细菌 α-淀粉酶，以保证麦芽汁中不残留淀粉。酶会水解麦芽和添加物中的淀粉，释放可溶的糊精。这一作用是对天然麦芽 α-淀粉酶和 β-淀粉酶作用的补充。

当使用非热稳定的 α-淀粉酶时，反应体系中必须存在大约 $200\mu g/g$ 的 Ca^{2+}，尤其是当水解发生在较高温度的时候。当温度上升到大约 $100℃$，并保持 $1\sim20min$ 时，酶会失活。为了实用的目的，酶会在蒸煮麦芽汁的过程中被酿造锅破坏。

作为碳水化合物来源的液体添加物包括甘蔗和甜菜的糖浆，以及由谷物淀粉处理工业生产的基于谷物的 DE 糖浆。"啤酒糖浆"（一种从谷物中获得的麦芽糖糖浆，其糖谱与甜麦芽汁类似）在英国、南非和一些亚洲国家越来越受到欢迎。玉米淀粉的增溶和部分水解，是在啤酒厂之外由淀粉处理商使用现代的工业酶，如热稳定（蛋白质工程改造）细菌 α-淀粉酶、支链淀粉酶和从麦芽或大麦中提取的 β-淀粉酶进行处理的。通过使用不同的糖化反应条件（时间、温度、酶），通过掺和或引入真菌 α-淀粉酶和葡糖淀粉酶，无论是组成上还是经济性上，淀粉处理商现在可以满足任何种类啤酒糖浆的技术要求。

2）改进了的制浆过程

（1）蛋白酶

内源的内切和外切蛋白酶具有很高的热不稳定性，主要在麦芽糖中起作用。羧肽酶对热的敏感程度稍低一些，因此在麦芽浆中也继续发挥着一定作用。蛋白酶（和 β-葡聚糖酶）在 $63\sim66℃$ 的浸渍麦芽浆中很快被破坏。当使用煎煮制浆技术和较低的初始麦芽浆温度时，在制浆的早期阶段会显示出显著的酶活。因此，用于煎煮制浆的麦芽无须像用于浸渍制浆的麦芽那样进行很好地处理。在所谓的蛋白休止期（30min，$40\sim50℃$），蛋白酶降低了高分子量蛋白质（引起泡沫不稳定和浊雾）的总体长度，使其在麦芽浆中转化为低分子量蛋白质。内切蛋白酶通过破坏氨基酸之间的肽键将高分子量蛋白质分解为简单的肽链。内切蛋白酶能将不可溶的球蛋白和已经溶解于麦芽汁中的清蛋白降解为中等大小的多肽。清蛋白和球蛋白含量的降低对于减少由蛋白质和多酚（来源于麦芽壳和啤酒花的单宁类物质）引起的浊雾具有重要作用。有这样一个规律，即减少啤酒中大蛋白分子的数量可以减少形成浊雾的倾向。中等大小的蛋白质不是很好的酵母营养来源，但对于泡沫稳定性以及由此导致的头部残留、瓶体和味觉丰满度有重要影响。一些酿造者倾向于通过限制蛋白休止期的时间来改善啤酒泡沫的质量。目前有多种多样的内切肽酶可供使用；历史上，来源于淀粉液化芽孢杆菌的蛋白酶足够用于帮助麦芽中的淀粉酶进行工作。

（2）支链淀粉酶

内源 β-淀粉酶（1,4-α-D-葡萄糖麦芽糖水解酶，E.C.3.2.1.2）是一种外切酶，能切割多余的葡萄糖键而形成麦芽糖分子和 β-极限糊精。后者包含 α-1,4-糖苷键，并且不能被 α-淀粉酶或 β-淀粉酶切割；β-极限糊精作为不可发酵的糖类，在整个发酵过程中一直保留在麦芽汁中。麦芽汁中的一种天然酶极限糊精酶可以切割这种键（糊精-α-1,6-葡聚糖水解酶，E.C.3.2.1.142），是一种热不稳定酶，在制浆温度下就已经失活了。外源支链淀粉酶（支链淀粉-6-葡聚糖酶，E.C.3.2.1.41）能水解支链多糖（例如支链淀粉）中的 α-1,6-葡萄糖键。这种酶需要在 α-1,6 键的两侧各有两个 α-1,4-葡萄糖单元，因此麦芽糖是主要的最终反应产物。外源支链淀粉酶的活性与稳定性必须与制浆条件相匹配，并不是所有的淀粉工业用酶都符合这一要求。对发酵 pH 值的忍耐和有限的热稳定性阻碍了支链淀粉酶的全程作用，并且限制其作用以达到预定的发酵度。

（3）植酸酶

在利用未修饰麦芽进行煎煮制浆生产淡啤酒的过程中，传统的酸休止期通常是用来降低麦芽汁的初始 pH 值。来源于大麦芽的植酸酶在 $30\sim53\,℃$ 具有活性，将不可溶的植酸钙镁分解为植酸（肌醇六磷酸）。植酸酶反应在这一过程中释放氢离子，可以通过添加一种来源于细菌的热稳定性更强的植酸酶来加速或延长该反应。由于高的窖藏温度，高度修饰的麦芽包含非常少的内源植酸酶，因此无论是在酸休止期还是更高温度的初始制浆阶段，必须完全依赖外源植酸酶来实现植酸酶诱导的酸化。然而，高度烘干的麦芽酸度通常可以充分降低麦芽汁的 pH 值而无须通过酸休止期。

（4）淀粉酶制剂/β-淀粉酶

增加麦芽酶活的最有效方法是添加额外的麦芽酶。由于麦芽的种类和提取过程不同，不同产品的组成（各种酶的浓度）也有所区别。因为经济上的原因，只有在没有高质量的麦芽或使用细菌和真菌酶类的效果不理想时，才添加麦芽或大麦提取物。

3）货架期的改善

在酿造过程中，酵母吸收了全部的溶解氧气，在随后的过程中，容器和设备中的气体都是纯二氧化碳。一般啤酒中氧气的浓度低于 $200\,\mu L/L$。包装之后，啤酒中氧气的浓度分布在 $500\sim1000\,\mu L/L$ 之间。微量的残存氧气（以及作为助氧化剂的翠雀素等多酚类物质）会导致啤酒中挥发性醛类物质的生成，使啤酒产生不新鲜的味道。抗氧化剂，例如亚硫酸盐、抗坏血酸和儿茶酸，可以在氧气的存在下防止啤酒变得不新鲜。

各种抗氧化剂被添加到生啤中，以去除氧气或消除氧气的作用。$1.5\,g/(h\cdot L)$ 浓度的抗坏血酸（维生素 C）可以减少氧化浊雾及其影响，同样可以减少溶解的氧气。含硫试剂的还原可以降低冷浊雾的形成。硫代硫酸钠的含量达到 $20\,\mu g/g$ 时，对冷浊雾有一定的影响，而焦亚硫酸钠和抗坏血酸（各 $10\sim20\,\mu g/g$）在巴氏灭菌过程及灭菌后的储存中对保护啤酒中的木瓜蛋白起协和作用。还原剂的用量要与溶解氧等物质的量，相比之下，酶促脱氧只需要很低浓度的有效葡萄糖作为电子供体以清除氧气。利用葡糖氧化酶（β-D-葡萄糖：氧 1-氧化还原酶，E.C.1.1.3.4）和过氧化氢酶（H_2O_2 氧化还原酶，E.C.1.11.1.6）进行氧气脱除是两个反应的总和：葡糖氧化酶将葡萄糖和氧气转换为葡糖酸和过氧化氢，过氧化氢随后被过氧化氢酶转变为水和氧气（净反应：葡萄糖+$1/2O_2$→葡糖酸）。

实际上，单纯的酶促脱氧系统要比酶和化学还原剂的混合使用系统的效率低。啤酒中有效葡萄糖的浓度可能过低以至于无法有效地去除氧气，但却有文献报道只添加葡糖氧化酶和亚硫酸盐就可以成功地抑制啤酒的味道变质。另一种可能是在第一个反应中形成的过氧化物与/或在第二个反应中导致氧气形成的中间产物，有反应活性，从而导致啤酒味道的氧化变质。

4）加速熟化

储藏会带来剩余可发酵提取物的二次发酵，其发酵温度、酵母数量以及发酵速率都较低。低温促进剩余酵母的沉降和形成浊雾的物质（蛋白质/多酚复合物）的沉淀。熟化阶段或者丁二酮休止期会重新激活酵母菌，使其代谢发酵早期分泌的副产物，如丁二酮和 2,3-戊二酮。在熟化期，96% 的丁二酮和 2,3-戊二酮被活性酵母用于生物合成（尤其是在氨基酸缬氨酸/亮氨酸合成中），啤酒中形成的另外 4% 的 α-乙酰乳酸被氧化为丁二酮。

根据酵母的种类、物理环境等，这一过程在传统储藏中需要 $5\sim7$ 周。当使用较多添加物来生产啤酒时，会造成较高含量的丁二酮产生，因此使用丁二酮休止期就尤为重要。这对发酵型浓啤酒也十分重要，因为它们不需要拥有那么重的口味。

加速熟化过程中，啤酒被完全稀释，无法观察到酵母菌，并被储存在较高的温度下以降低能使啤酒产生臭味的连二酮浓度。加速熟化只需要 7~14d 就可以生产出与冷熟化过程所获得的相似产品，并且具有相同的透明度和气味稳定性。有时候，新鲜的发酵麦芽汁被加入冷藏的啤酒中以使活性酵母吸收丁二酮。

利用外源酶 α-乙酰乳酸脱羧酶 [ALDC，(S)-2-羟基-2-甲基-3-氧代丁酸酯羧化酶，E.C.4.1.1.5]，过量的 α-乙酰乳酸可以直接转化为无害的丁二醇而不产生丁二酮。

5）淀粉-浊雾的去除

发酵中的许多问题，例如黏性发酵或者令人无法接受的低发酵极限，只有在制浆后某些可检测的发酵参数没有达到预期值时才会被注意到。那些既不会有用也不会发酵的未降解淀粉或者高分子量碳水化合物，会重组成不可溶的复合物，从而引起啤酒产生淀粉或碳水化合物的浊雾。该状况下，必须立即采取补救措施，以防止产生不合规格的味觉改变。在发酵中大多采用的低温下，真菌 α-淀粉酶能够迅速水解大麦、麦芽和谷物淀粉的内 α-1,4-糖苷键，形成麦芽糖以及与一个类似于天然麦芽淀粉酶作用后形成的碳水化合物分布。

5. 特殊酿造过程

低卡路里啤酒（节食/轻型啤酒）是根据美式风格酿造的。玉米是主要的添加物，大概占到总谷物的 50% 到 65%，用添加的酶进行处理，如葡糖淀粉酶能降解不可发酵的碳水化合物，因此这类啤酒的发酵度要高于通常的啤酒。在细菌和真菌酶类的作用下，干啤酒、超级干啤酒和汽酒都是富二氧化碳的发酵产物，几乎所有的碳水化合物都完全转化成酒精和 CO_2。高粱啤酒（巴士啤酒、非洲粟酒）的主要淀粉来源是未出芽的高粱，还添加一些玉米作为补充。使用乳酸进行酸化、将 pH 值降低至 4 之后，添加细菌 α-淀粉酶，加热蒸煮器并煮 90~120min。冷却至 60~62℃ 后，加入发芽的高粱与/或细菌葡糖淀粉酶以进行部分糖化。粗滤和降温至 30~35℃ 后加入酵母。浑浊的发酵液被装入敞口瓶、大罐子等容器中，放置 16~24h 后就可以饮用了。IMO 啤酒的生产仍处于实验阶段。异麦芽寡糖（IMO 具有 α-1,6-糖苷键的葡萄糖寡聚体）被认为具有激发位于结肠处双歧杆菌属的细菌有利健康的活性，同时会产生一种温和的甜味和较低的成龋因子的性质。含有 IMO 的糖浆通常是利用偶联反应从淀粉中生产出来的，其中一个反应是由微生物来源的（固定化）酶催化的葡萄糖基转移作用，将高麦芽糖含量的糖浆转化为含有 IMO 的糖浆。葡萄糖基转移作用的产物含有 38% 的潘糖（4-α-葡糖基麦芽糖）、4% 的异麦芽糖、28% 的葡萄糖和 23% 的麦芽糖。在酿造中用 IMO 糖浆来替代麦芽糖将为传统的食物产品带来功能性质，而在生产技术和产品味道方面的改变却非常的小。通过在酶辅助制浆过程中引入转葡糖苷酶（E.C.2.4.1.X.），也可以实现 IMO 的现场生产。

高比重酿造所使用的甜麦芽汁能达到 18°P 甚至更高。经过发酵和熟化后，啤酒被用冷碳酸水稀释至指定的密度或者规定的酒精浓度。高密度酿造的优势在于啤酒的质量更均一（酒精含量、原始密度等），而且物理性质上更稳定，这是因为那些造成浊雾的化合物在高浓度下更容易沉淀。处理浓缩的甜麦芽汁会使设备的利用率更高，并且能量上的支出较低。与正常密度发酵相比，其缺点在于尚未解决的制浆过程、更长的发酵时间、不同的口味特性以及较差的啤酒花利用率。外源酶被用于辅助制浆（中性蛋白酶、细菌 α-淀粉酶）和发酵（真菌 α-淀粉酶）。

7.4.3 乳品工业

用于乳品工业的酶有凝乳酶、乳糖酶、过氧化氢酶、溶菌酶和脂肪酶等，主要用于对乳品质量的控制、改善干酪的成熟速度及对废液乳清的处理。

1. 酶在干酪生产中的应用

干酪含有大量的钙和磷，它们是形成骨骼和牙齿的主要成分，还内含丰富的蛋白质、乳脂肪等，对人体健康大有益处。

全世界干酪生产所消耗的牛奶达 1 亿多吨，占牛奶总产量的 25%。在干酪的生产过程中，加入凝乳酶，可以水解 κ-酪蛋白，在酸性环境下钙离子使酪蛋白凝固，再经后续工序即可制成干酪。

天然凝乳酶取自小牛的皱胃，全世界一年要宰杀 4000 多万头小牛，来源不足，价格昂贵。20 世纪 80 年代初，科研人员成功地将天然凝乳酶基因克隆至大肠杆菌和酵母菌中，用发酵法生产凝乳酶。重组凝乳酶商业化生产不但解决了奶酪工业受制于凝乳酶来源不足的问题，而且这种基因工程凝乳酶产品纯度比小牛皱胃酶高，且所制干酪在收率和品质上均更优。

传统上干酪制作过程中成熟时间较长，成熟费用较高，生产成本增加。自 20 世纪 50 年代以来，人们就不断寻求加速干酪成熟的方法，大多数干酪促熟都是运用一定方法加快蛋白质分解成肽及各种氨基酸；将脂肪分解成短链脂肪酸和挥发性脂肪酸，从而使干酪质地变得细腻光滑，并赋予干酪特殊的风味，缩短成熟时间。其中添加外源酶的酶促熟是比较成功的，在干酪促熟中应用的酶有蛋白酶、脂肪酶、肽酶及酯酶等。为了使干酪中各种风味物质达到平衡，在促熟过程中应尽量使用含有多种酶的共同体系，目前研究较多的是微胶囊复合酶系(蛋白酶/肽酶/脂酶)，可提高酶的稳定性，控制酶释放速度，并保持干酪风味、质地，缩短成熟期。

2. 酶在低乳糖奶生产中的应用

乳糖是哺乳动物乳汁中特有的糖类，牛乳中含乳糖 4.6% ~ 4.7%，是哺乳期婴儿的能量供给和大脑发育所需半乳糖的重要来源，对婴儿吸收钙有促进作用。但是乳糖也容易造成乳糖不耐症，这主要是因其肠道缺乏乳糖酶或乳糖酶功能低下，使食入的乳糖不能被分解吸收。除北欧和非洲牧民具有乳糖不耐症外，世界人口中 70% 的大于 3 周岁的人都有乳糖不耐症，缺乏乳糖酶或乳糖酶功能低下与种族、地理环境、遗传有关。

在牛乳中加入乳糖酶，它可使乳糖水解生成葡萄糖和半乳糖，可改善加工过程，提高效率，克服乳糖不耐症，提高乳糖消化吸收率，改善制品口味。固定化乳糖酶作用于脱脂牛奶，不但保持了原有的风味，而且还增加了甜度；采用经固定化乳糖酶处理的牛奶加工酸奶，可以缩短发酵时间，同时可使酸奶的风味更加突出，延长酸奶的货架寿命。

7.4.4 焙烤食品

焙烤食品的种类琳琅满目，且需多种辅料。近年来酶工程技术在原材料、工艺及产品质量等方面有了较大的进展。

在面包烘焙中应用的酶主要有木聚糖酶、脂肪酶、脂肪氧合酶、转谷氨酰胺酶、乳糖酶、葡萄糖氧化酶、半纤维素酶及其复合酶等，这些酶的使用可以增大面包体积，改善面包表皮色泽，改良面粉质量，延缓陈变，提高柔软度，延长保存期限。

（1）木聚糖酶

小麦面粉中，戊聚糖的含量为2%~3%，其主要成分是阿拉伯木聚糖。研究表明，水溶性的戊聚糖可提高面包品质，而非水溶性的戊聚糖则会产生相反作用。使用戊聚糖酶作为面团改良用酶，可提高面团的机械搅拌性能，促进面包在烤炉中的胀发。当加入0.3mL/kg的木聚糖酶时，面团的形成时间可减少一半，面包的体积和比容增大，面包心的弹性增强，面包皮的硬度大为减小，有效地改善了面包焙烤品质。当加入量为0.05~0.18mL/kg时，能增加面包的抗老化作用，延长货架期。

（2）脂肪酶

面团在物理学上是一种脂稳定性泡沫。研究发现，脂肪酶具有一定的防止焙烤食品老化的作用。适量的脂肪酶可强化面团筋力，改善焙烤食品心的柔软程度及一致性，但过量的脂肪酶则会导致面团过于僵硬强壮，减小焙烤食品体积增幅。最近研究发现，在添加黄油或奶油的面包制造过程中，加入适量脂肪酶可使乳脂中微量的醇酸或酮酸的甘油酯分解而生成有香味的6-内脂或甲酮等物质，进而增加焙烤面包的香味。

（3）脂肪氧合酶

脂肪氧合酶的适量添加，可氧化分解面粉中的不饱和脂肪酸，生成具有芳香风味的羰基化合物而增加面包香味，并可氧化面粉中天然存在的黄色素——类胡萝卜素而使面粉漂白。据报道，大豆中富含脂肪氧合酶，目前大部分国家在焙烤食品中已广泛添加含有脂肪氧合酶的大豆粉，用于焙烤食品的增白以及筋力和弹性的提高。

（4）转谷氨酰胺酶

人们对烘焙质量、新鲜度要求不断提高，由此产生了新的烘焙技术，即对面团深度冷冻或令其延迟发酵，可以储存一段时间后再进行烘焙。然而，这种技术对面团有负面影响，如果在冷冻面团中添加转谷氨酰胺酶可制成耐冷冻、抗破碎的面皮。转谷氨酰胺酶还能用于压片面团中，其交联作用有助于改善产品的工艺和质量。

（5）乳糖酶

在添加脱脂奶粉的面包制造过程中，加入适量乳糖酶，可促进奶粉中的乳糖分解成可被酵母利用的发酵性糖（葡萄糖和半乳糖），进而有利于发酵度的增加以及面包的色泽与品质的改善。

（6）葡萄糖氧化酶

有良好的氧化性，添加适量可显著增强面团筋力，使面团不黏、有弹性。醒发后，面团洁白有光泽，组织细腻；烘烤后，体积膨大、气孔均匀、有韧性、不粘牙；面包的抗老化作用增强。但游离葡萄糖氧化酶催化速度快，容易使面团变干、变硬，从而导致面包品质差。另外，该酶在面粉中稳定性差，容易失活。因此，将葡萄糖氧化酶包埋在海藻酸钠-壳聚糖微胶囊中，不仅可以减慢催化速度，还可以提高酶的稳定性。同时，微胶囊化葡萄糖氧化酶可比原酶更好地改善面团特性及面包烘焙品质。

（7）半纤维素酶

添加适量半纤维素酶可将造成焙烤食品体积减少的不溶性戊聚糖分解为有助于焙烤食品体积增加的可溶性戊聚糖，有助于改善面团的机械性能和入炉急胀性能，可获得具有较大体积、较强柔软性以及较长货架期的焙烤食品。但使用半纤维素酶有时会出现面团发黏现象。

（8）复合酶

上述酶虽各有优点，但单独使用多会存在一些不足。各种酶制剂之间往往还存在相互作用，如能按一定比例配制这几种酶，会有意想不到的效果。葡萄糖氧化酶与木聚糖酶结合使用时，能产生协同增效作用，添加 15U/100g 木聚糖酶时，面包心的弹性提高 0.024；与葡萄糖氧化酶结合改善效果更明显，面包心的弹性提高 0.907，且面包的比容和高径比都有所提高，面包瓤芯更为柔软，口感更为细腻松软。

7.4.5 肉类加工

肉类食品营养物质丰富，是人类优质蛋白质的重要来源，现代消费者对于肉类食品口感、风味的要求越来越高。应用于肉品加工中的酶制剂有木瓜蛋白酶、谷氨酰胺转氨酶、蛋白酶等。

1. 酶在肉类嫩化中的应用

食用肉类由于胶原蛋白的交联作用，形成广泛分布的、粗糙的、坚韧的结缔组织，非常影响口感。食用时，需对肉做嫩化的处理，才能获得良好口感的肉食。在肉类嫩化中广泛使用的酶是木瓜蛋白酶，是一种半胱氨基蛋白酶，具有广谱的水解活性，主要在烹饪过程中起作用。它在适当温度下，使蛋白质的某些肽键断裂，有效降解肌原纤维蛋白和结缔组织蛋白，特别是对弹性蛋白的降解作用较大，从而提高了肉的嫩度，使肉的品质变得柔软适口。此外，菠萝蛋白酶、胰酶、生姜蛋白酶等也可作为肉的嫩化剂，用生姜蛋白酶作用于猪肉时，在 30℃、pH=7 的条件下，对猪肉的嫩化效果显著。

工业上软化肉的方式有两种：一种是将酶涂抹在肉的表面或用酶液浸肉，另一种较好的方法是肌肉注射，即在动物屠宰前 10~30min，把酶的浓缩液注射到动物颈静脉血管中。

2. 酶对肉的重构作用

利用谷氨酰胺转氨酶处理碎牛肉，生产出一种色泽、口感、风味均被人们接受的重组肉干；在碎羊肉中添加 0.05% 的谷氨酰胺转氨酶，不仅可以黏合碎羊肉，而且能提高产品的品质，这样就充分利用了肉制品加工中的副产品。

谷氨酰胺转氨酶添加到香肠中可以提高其切片性，并且可避免香肠发生脱水收缩，同时该酶还可用于低盐、低脂肉制品的开发。

3. 其他作用

屠宰场的分割车间，一般在骨头上平均残存 5% 的瘦肉，通常这一部分肉是不容易回收的。在欧美肉类工业企业中，采用中性蛋白酶回收骨头上残存的瘦肉，其回收率大大提高。

7.5 酶在食品保鲜中的应用

由于受到各种外界因素的影响，食品在加工、运输和保藏过程中，色、香、味及营养容易发生变化，甚至导致食品败坏，降低食品的食用价值。因此，食品保鲜已是食品加工、运输、保藏中的重要问题，引起食品行业的广泛关注。

利用酶高效专一的催化作用，酶法保鲜技术能防止、降低或消除氧气、温度、湿度和光线等各种外界因素导致食品产生不良影响，进而达到保持食品的优良品质和风味特色，以及延长食品保藏期。目前，葡萄糖氧化酶、溶菌酶等已应用于罐装果汁、果酒、水果罐头、脱水蔬菜、肉类及虾类食品、低度酒、香肠、糕点、饮料、干酪、水产品、啤酒、清酒、鲜奶、奶粉、奶油、生面条等各种食品的防腐保鲜，并取得了较大进展。

1. 酶法除氧保鲜

由于氧气的存在而引起的氧化现象发生是造成食品色、香、味变坏的重要因素，是影响食品质量的主要因素之一。例如，氧的存在极易引起某些富含油脂的食品发生氧化而引起油脂酸败，进而产生异味，降低营养价值，甚至产生有毒物质；氧化作用还会使果汁、果酱等果蔬制品变色以及使肉类褐变。许多研究表明，除氧是解决食品氧化变质、延长食品保藏期的最有效措施。

在食品的除氧保鲜中，较为常用的酶有葡萄糖氧化酶和过氧化物酶。例如，葡萄糖氧化酶添加到果蔬中密封保藏，可有效去除氧气而延长果蔬储藏期。

2. 酶法脱糖保鲜

目前较多使用葡萄糖氧化酶进行脱糖保鲜的食品是蛋类制品，因为蛋白中含有0.5%~0.6%葡萄糖，与蛋白质发生反应后，制品会出现小黑点或发生褐变，并降低其溶解性，进而影响产品质量。

为了较好保持蛋类制品的色泽和溶解性，必须进行脱糖处理，将蛋白质中含有的葡萄糖除去。可将适量的葡萄糖氧化酶加到蛋白液或全蛋液中，并通入适量的氧气，将蛋品中残留的葡萄糖完全氧化，从而有效保持蛋类制品的色泽。另外，脱水蔬菜、肉类和部分海鲜类食品的脱糖保鲜也需要用到葡萄糖氧化酶。

3. 酶法灭菌保鲜

由微生物污染而引起食品的变质腐败，历来是人们关注的问题。溶菌酶是一种专一性催化细菌细胞壁中的肽多糖水解的酶。溶菌酶作为无毒无害的蛋白质，可以杀菌、抗病毒和抗肿瘤细胞，用它进行食品保鲜，可有效地杀灭食品中的细菌，有效地防腐。

另外，低度酒、香肠、糕点、饮料、干酪、鲜奶、奶粉、奶油、生面条等的防腐保鲜也需要溶菌酶。

4. 酶在药物制造方面的应用

酶在药物制造方面的应用情况如表7-5所示。

表7-5 酶在药物制造方面的主要应用情况

酶	主要来源	用途
青霉素酰化酶	微生物	制造半合成青霉素和头孢菌素
11-β-羟化酶	霉菌	制造氢化可的松
L-酪氨酸转氨酶	细菌	制造多巴(L-二羟苯丙氨酸)
β-酪氨酸酶	植物	制造多巴
α-甘露糖苷酶	链霉菌	制造高效链霉素
核苷磷酸化酶	微生物	生产阿拉伯糖腺嘌呤核苷(阿糖腺苷)
酰基氨基酸水解酶	微生物	生产 L-氨基酸
5′-磷酸二酯酶	桔青霉等微生物	生产各种核苷酸
多核苷酸磷酸化酶	微生物	生产聚肌胞，聚肌苷酸
无色杆菌蛋白酶	细菌	由猪胰岛素(Ala-30)转变为人胰岛素(Thr-30)
核糖核酸酶	微生物	生产核苷酸
蛋白酶	动物、植物、微生物	生产 L-氨基酸
β-葡萄糖苷酶	黑曲霉等微生物	生产人参皂甙-Rh$_2$

7.6 发酵荔枝渣产酒精

随着燃料酒精产业的发展，国内外越来越提倡生产第二代燃料酒精，第二代燃料酒精是指利用非粮原料如工厂下脚料、纤维素等生产燃料酒精。纤维素是世界上数量最大的可再生资源，对于解决能源危机，有巨大的潜力。纤维素类原料具有来源广泛、资源可再生、环境友好、不消耗粮食、受地域及气候条件限制小等优点，是可再生能源研究的热点。常用的纤维素原料包括甘蔗渣、稻壳、玉米秸秆、甜高粱秸秆、玉米芯、水稻秸秆、木质纤维素、苹果渣等工厂下脚料。甘蔗渣是糖厂榨糖后的主要副产物，其主要成分为纤维素、半纤维素、木质素。甘蔗大国巴西研发了甘蔗渣快速水解工艺，1t 50%蔗渣可产 100L 酒精。甜高粱茎秆汁液含量为 50%~80%，可溶性固形物含量 12%~22%，其中 70%~80%的干重组分可被利用生产燃料乙醇。

中国是荔枝栽培大国，荔枝加工产品远销国内外。荔枝渣是荔枝加工产业的副产物，含有大量的糖分等营养物质，是微生物生长的优良培养基。开发利用荔枝渣资源，不仅能充分利用生物资源，而且能避免荔枝渣造成的环境污染，达到节能减排的效果。为了明确荔枝渣中的营养成分，先对荔枝渣进行了成分分析，测定了荔枝渣中各营养成分含量。结果表明，荔枝渣中各成分含量分别为：水分 83.18%，粗纤维 7.00%，总糖 1.29%，还原糖 0.48%，蛋白质 1.12%，脂肪 0.92%，果胶 2.00%。同时为了提高荔枝渣水解液中葡萄糖含量，对其糖化过程进行了优化。通过单因素试验和正交试验，确定纤维素酶的最佳水解条件为：调初始 pH=4.0，添加 65U/g 纤维素酶，在 50℃水解 1.5h。

菌种的性能在很大程度上影响了酒精的产量，为了筛选出适合在荔枝渣中生长和代谢的菌株，比较了南阳混合酿酒酵母、K 氏酿酒酵母、R12 酿酒酵母、酿酒酵母 BY$_{4742}$ 及安琪耐高温高活性酿酒酵母在荔枝渣中的发酵能力，结果表明，不管是发酵荔枝渣产酒精能力还是在荔枝渣培养基中的适应性，安琪耐高温高活性酿酒酵母都表现出最佳的性能。在此确定了使用安琪耐高温高活性酿酒酵母为发酵荔枝渣培养基产酒精的菌株。

7.6.1 不同发酵条件对酒精产量的影响

1. 最适发酵温度的确定

150mL 锥形瓶中 100mL 的装液量，灭菌按 5%的接种量接种种子培养液，在 27℃、30℃、33℃、36℃、39℃等不同温度下静置发酵 84h 后测定各发酵液酒精度，结果见图 7-15。

从实验结果看，发酵温度对酒精发酵的影响非常显著。当发酵温度在 27~33℃之间时，酒精产量呈增加趋势，在 33℃时酒精产量达到最大值。当发酵温度高于 33℃时，发酵不完全，酒精产量减少。这是由于高温抑制酵母的生长和繁殖，影响代谢途径中酶系活力，代谢活力明显降低，发酵速度减慢。因此安琪耐高温高活性酿酒酵母发酵温度为

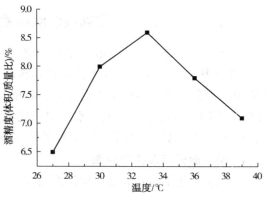

图 7-15　不同温度对酒精产量的影响

33℃。在此温度下残糖较低，酒精产量最高。

2. 最适发酵初始 pH 值的确定

150mL 锥形瓶中装入 100mL 的荔枝渣水解液，分别调发酵初始 pH 值为 3.0、3.5、4.0、4.5、5.0、5.5，高压蒸汽灭菌后按 5% 的接种量接入种子培养液，30℃静置培养 84h 后测定各发酵液中酒精度。

pH 值对酵母细胞中酶的活性影响显著，进而影响酒精产量。不同初始 pH 值条件下的酒精发酵实验结果见图 7-16，可以看出，在不同的初始 pH 值条件下，发酵后的酒精产量差异显著。在 pH 值为 3.0~4.5 时，随着 pH 值的增加，酒精产量逐渐升高，酵母产酒精酶的活性增加；在 pH 值为 4.5 时酒精产量达到最大值，此时酵母产酒精代谢途径旺盛，酒精的发酵作用最强；在 pH 值为 4.5~5.5 时，随着 pH 值的增加，酿酒酵母生长和代谢酶系活性被抑制，酒精产量降低。因此确定发酵最适的初始 pH 值为 4.5。

3. 最适发酵时间的确定

在 150mL 的锥形瓶中装入 100mL 荔枝渣水解液，高压蒸汽灭菌后按 5% 的接种量接入荔枝汁种子培养液，30℃静置培养不同时间后测定发酵液中酒精含量，结果见图 7-17。

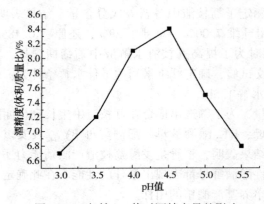

图 7-16　起始 pH 值对酒精产量的影响　　　图 7-17　发酵时间对酒精产量的影响

从实验结果可以看出，酒精产量随着时间的延长在不断增加，尤其是 24~48h 之间呈直线上升趋势，48h 达到顶峰。酒精发酵主要集中在 24~48h 时间段内，至 48h 发酵基本结束，48h 以后酒精产量的变化就不明显了，所以选取 48h 为最终发酵时间。

7.6.2　响应面法优化荔枝渣酒精发酵条件

上节得出荔枝渣酒精发酵的最优化条件为：发酵温度 33℃，发酵初始 pH = 4.5，发酵 48h。在此基础上，利用响应面法优化荔枝渣酒精发酵工艺，根据 Box-Behnken 中心组合设计原理，本实验以酒精产量为响应值，利用 Design Expert 软件对发酵温度、发酵时间和发酵 pH 值三个因素设计了三因素三水平的响应面法试验，共有 17 个试验点，其中 12 个为析因点，5 个为零点以估计误差。因素水平见表 7-6，试验设计和结果见表 7-7。

1. 响应面分析及实验结果

中心组合设计的因素水平编码表如表 7-6 所示。

表 7-6　Box-Behnken 中心组合设计的因素水平编码表

水　平	因　素		
	A 温度/℃	B pH 值	C 发酵时间/h
-1	30	4.0	36
0	33	4.5	48
1	36	5.0	60

2. 方差分析

根据表 7-6 的设计进行实验所得的结果如表 7-7 所示。

表 7-7　Box-Behnken 设计方案及响应值结果

试验编号	因　素			酒精产率(体积/质理比)/
	A 温度/℃	B pH 值	C 时间/h	%
1	0	0	0	9.10
2	1	0	1	8.95
3	0	0	0	9.13
4	1	-1	0	8.37
5	0	-1	1	8.37
6	0	1	1	8.53
7	1	1	0	8.45
8	0	0	0	9.06
9	-1	-1	0	8.13
10	-1	1	0	8.49
11	0	0	0	9.16
12	0	1	-1	8.41
13	0	0	0	9.06
14	-1	0	1	8.80
15	1	0	-1	8.86
16	0	-1	-1	8.24
17	-1	0	-1	8.63

利用 Design Expert 软件对响应面实验结果进行多元回归拟合，对表中的数据进行方差分析后得到模型为二次多项回归方程，酒精产率 Y 与荔枝渣发酵时间 A、发酵 pH 值 B、发酵时间 C 的方程为：

$$Y = -68.09275 + 1.42567A + 22.7085B + 0.061097C - 0.046667AB - 3.7037 \times 10^{-4}AC$$
$$- 2.77778 \times 10^{-4}BC - 0.01775A_2 - 2.32900B_2 - 4.08179 \times 10^{-4}C_2$$

为检验方程的可靠性，对方程进行方差分析，方差分析的结果见表 7-8。

由表 7-8 可知，失拟项 $P = 0.4902 > 0.05$，表明残差不显著，残差均由随机误差引起。而模型的显著水平 P 值 < 0.0001，该模型方程极显著，表明该模型有显著意义，不同发酵条件下的差异高度显著，表明该实验方法准确可行，可使用该方程模拟荔枝渣产酒精的三因素三水平的分析。由表 7-8 的 Prob>F 值可以知道，在所选的各因素水平范围内，对结果的影响排序为：pH 值>温度>发酵时间。且模型的复相关系数 R 为 0.99，大于 90%，说明酒精产量和发酵温度、pH 值及发酵时间存在线性相关，模型拟合程度良好，试验误差小，该模型是合适的。因此可以用该模型方程来分析和预测不同发酵条件下酒精产量的变化。方程中 A、B、C、A_2、B_2、C_2 对酒精产量 Y 值的影响极显著，AB 对 Y 值的影响显著，表明实验因素发酵温度、pH 值及发酵时间对酒精产量的影响不是简单的线性关系，二次项和交换项对酒精产量也有影响。

表 7-8　方差分析结果

变 异 来 源	自由度	平方和	均方	F 值	P 值	显著性
模型	9	1.88	0.21	110.19	<0.0001	＊＊
A	1	0.042	0.042	22.21	0.0022	＊＊
B	1	0.074	0.074	39.14	0.0004	＊＊
C	1	0.033	0.033	17.17	0.0043	＊＊
AB	1	0.020	0.020	10.35	0.0147	＊
AC	1	1.6×10^{-3}	1.6×10^{-3}	0.84	0.3886	
BC	1	2.5×10^{-5}	2.5×10^{-5}	0.013	0.9117	
A_2	1	0.11	0.11	57.75	0.0001	＊＊
B_2	1	1.43	1.43	753.83	<0.0001	＊＊
C_2	1	0.074	0.074	38.89	0.0004	＊＊
残差	7	0.013	1.89×10^{-3}			
失拟值	3	5.575×10^{-3}	1.858×10^{-3}	0.97	0.4902	
纯误差	4	7.680×10^{-3}	1.920×10^{-3}			
总变异	16	1.89				

注：＊：Prob>F 小于 0.05，模型或考察因素有显著影响；＊＊：Prob>F 小于 0.01，模型或考察因素有极显著影响；$R^2 = 0.9930$，$R^2 \text{Adj} = 0.9840$。

3. 响应面分析与优化

在回归模型方差分析结果的基础上，得到发酵温度、pH 值及发酵时间对酒精产率相应的响应面和等高线图，结果见图 7-18~图 7-23。响应面反应各发酵因素的交互作用，等高线图的形状表示交互作用的强弱，形状为圆形交互作用弱，椭圆形则交互作用强。比较两组图响应面最高点和等高线可知，在所选范围内存在极值，即响应面最高点，同时也是等高线最小椭圆的中心点。

当发酵时间为 48h 时，图 7-18 和图 7-19 反映发酵温度和发酵 pH 值对酒精产率的影响。由图 7-18 可知，固定发酵温度，随着发酵 pH 值的增加，酒精产率逐渐增加，在 4.55 左右出现极值，之后随着提取时间的延长，酒精产率呈下降的趋势。发酵温度在 30~36℃ 的范围内酒精产率变化不太明显。沿着发酵 pH 值方向的等高线密度变化较高，说明发酵 pH 值对酒精产率的影响大于发酵温度。

当发酵 pH＝4.5 时，发酵温度和发酵时间对酒精产率的交互作用见图 7-20 和图 7-21。从图 7-20 和图 7-21 可以看出，固定发酵时间，当发酵温度在 30~36℃ 的范围内，随着发酵温度的升高，酒精产率逐渐增加，在 34.5℃ 左右达到极值，之后发酵温度继续升高，酒精产率降低。从图 7-20 可以看出，当发酵 pH＝4.5 时，发酵时间和发酵温度对荔枝渣酒精产率的交互作用不显著。

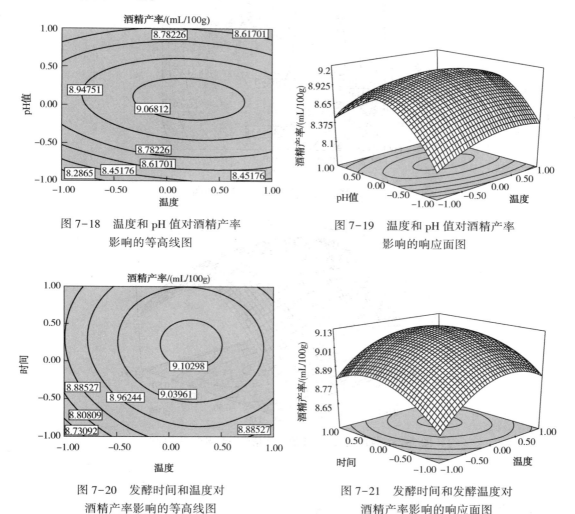

图 7-18 温度和 pH 值对酒精产率
影响的等高线图

图 7-19 温度和 pH 值对酒精产率
影响的响应面图

图 7-20 发酵时间和温度对
酒精产率影响的等高线图

图 7-21 发酵时间和发酵温度对
酒精产率影响的响应面图

图 7-22、图 7-23 反映发酵温度为 33℃ 时，发酵时间和发酵 pH 值的交互作用对酒精产率影响。由图 7-22、图 7-23 可知，固定发酵 pH 值，当发酵时间在 36～72h 的范围内变化时，酒精产率没有明显变化。固定发酵时间，发酵 pH 值在 4～5.5 的范围内，随着发酵发酵 pH 值的增加，酒精产率不断增加，在 4.65 左右出现最大值，之后随着 pH 值的增大，酒精产率有下降的趋势。沿着发酵 pH 值方向的等高线密度变化较高，说明发酵 pH 值对酒精产率的影响大于发酵时间。

综合分析可知荔枝渣发酵的最佳条件为发酵时间 70.150h，发酵 pH＝4.64，发酵温度 33.830℃，在此条件下酒精的产率为 9.028mL/100g 荔枝渣。为检验响应曲面法所得结果的可靠性，采用上述优化提取参数进行荔枝渣酒精发酵，考虑到实际操作的便利，将发酵工艺参数修正为发酵时间 70h、发酵 pH＝4.6、发酵温度 33℃，3 次平行实验得到的实际平均产率为 8.99mL/100g，其相对误差不到 1%，因此基于响应曲面法所得的优化提取工艺参数准确可靠，得到的荔枝渣发酵条件具有实际应用价值。

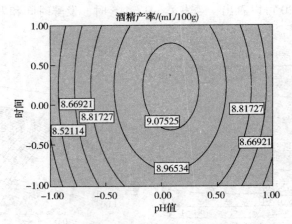

图7-22 发酵时间和 pH 值对酒精产率影响的等高线图

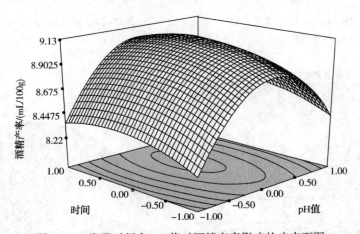

图7-23 发酵时间和 pH 值对酒精产率影响的响应面图

思考题

1. 为什么要分离纯化酶？酶的分离纯化方法有哪些？
2. 简述酶的辅助因子及其在酶促反应中的作用。
3. 分析影响多酚氧化酶的因素及常用的控制酶促褐变方法。
4. 简述影响酶反应速率的因素。
5. 试解释酶的竞争性抑制作用、非竞争性抑制作用及变化规律。
6. 简述酶促褐变的机理及其控制措施。
7. 葡萄糖在葡萄糖异构酶存在时转化为果糖的反应机理为：

$$S(葡萄糖)+E(酶) \underset{k_{-1}}{\overset{k_1}{\rightleftharpoons}} X(中间物) \underset{k_{-2}}{\overset{k_2}{\rightleftharpoons}} E(酶)+P(果糖)$$

试用拟稳态假设法推导反应速率方程。
8. 在糖果生产中会用到哪些酶？它们的作用分别是什么？

第8章 色素与着色剂

8.1 概 述

8.1.1 食品色素的定义和作用

物质的颜色是因为其能够选择性地吸收和反射不同波长的可见光，其被反射的光作用在人的视觉器官上而产生的感觉。色、香、味、形是食品美味的四个方面，缺一不可。食品的颜色是人们在接受食品的其他信息之前的第一个感性接触，往往首先通过食品的颜色来判断食品的优劣。因为食品的颜色直接影响人们对食品品质、新鲜度和成熟度的判断，因此，如何提高食品的色泽特征，是食品生产和加工者必须考虑的问题。符合人们心理要求的食品颜色，能给人以美的享受，能提高人们的食欲和购买欲望。

食品的颜色可以刺激消费者的感觉器官，并引起人们对味道的联想（表8-1）。如红色给人以味浓成熟和好吃的感觉，而且它比较鲜艳，引人注目，是人们普遍喜欢的一种色泽。很多的糖果、糕点和饮料都采用这种颜色，以提高产品的销售量。

表8-1 食品的颜色对人感官的影响

颜色	感官印象	颜色	感官印象
红色	味浓成熟、好吃	灰色	难吃、脏
黄色	芳香、成熟、清淡、可口	紫红	浓烈、甜、暖
橙色	甜、滋养、味浓、美味	淡褐色	难吃、硬、暖
绿色	新鲜、清爽、凉、酸	暗橙色	陈旧、硬、暖
蓝色	新鲜、清爽、凉、酸（食品中很少直接用蓝色）	奶油色	甜、滋养、爽口、美味
咖啡色	风味独特、质地浓郁	暗黄	不新鲜、难吃
白色	有营养、清爽、卫生、柔和	淡黄绿	清爽、清凉
粉红色	甜、柔和	黄绿	清爽、新鲜

颜色可影响人们对食品风味的感受。例如，人们认为红色饮料具有草莓、黑莓和樱桃的风味，黄色饮料具有柠檬的风味，绿色饮料具有酸橙的风味。因此，在饮料生产过程中，常把不同风味的饮料赋予不同的符合人们心理要求的颜色。

颜色鲜艳的食品可以增加食欲。研究表明，最能引起食欲的颜色是从红色到橙色之间的颜色，淡绿色和青绿色也能使人的食欲增加，而黄绿色是一种使人倒胃口的颜色，紫色能使人的食欲降低。一些不太鲜亮的颜色给人的印象一般不好。即使同一种颜色用在不同的食品上也会产生不同的感觉，如紫色的葡萄汁很受人们的欢迎，但是没有人喜欢紫色的牛奶。

在食品储藏加工中，常常遇到食品色泽变化的情况，有时向好的方向变化，如烤好的面包具有褐黄色泽；但更多的时候是向不好的方向变化，如苹果切开后切面的褐变，绿色蔬菜经烹调后变为褐绿色。食品色泽的变化大多数是由于食品色素的化学变化所致，因此，认识不同的食品色素，对于控制食品色泽具有重要的意义。

在食品加工中，食品色泽的控制通常采用护色和染色两种方法。护色就是要选择具有适当成熟度的原料，力求有效、温和及快速地加工食品，尽量在加工和储藏中保证色素少流失、少接触氧气、避光、避免过强的酸性或碱性条件、避免过度加热、避免与金属设备直接接触和利用适当的护色剂处理等，使食品尽可能保持其原来的色泽。染色是使用食品着色剂的组合调色作用而使食品产生各种美丽的颜色，在食品加工中应用起来十分方便，但某些食品着色剂具有一定的毒副作用。因此，必须遵照食品卫生法规和食品添加剂使用标准，严防滥用着色剂。

8.1.2 食品中色素来源

食品的色泽主要由其所含的色素决定，一种食品呈现何种色泽取决于食品中多种呈色成分的综合作用。食品中呈色成分又称色素。食品中的色素主要来源于三方面。

1. 食品中原有的色素

如蔬菜中的叶绿素、胡萝卜中的叶黄素、虾中的虾青素等都是食品中原有的色素。一般又把食品中原有的色素称为天然色素。

2. 食品加工中添加的色素

为了更好地保持或改善食品的色泽，常要向食品中添加一些天然的色素或人工合成的色素，这类色素又称食品着色剂。食品着色剂须经严格的安全性评估试验并经准许可才可以用于食品着色。

食品着色剂也可根据其来源，分为天然的和人工合成的食品着色剂这两类。天然食品着色剂主要是指从动植物或微生物中提取的色素，安全性高，在赋予食品色泽的同时，有些天然色素还有营养性和生物活性功能。品种繁多，色泽自然，无毒性。如核黄素、胡萝卜素等，但天然色素一般对光、热、酸、碱和某些酶较敏感，着色性较差，成本也较高，所以我国目前在食品加工中较广泛使用的还是人工合成的食品着色剂。

3. 食品加工中产生的色素

在食品加工过程中由于天然酶及湿热作用，常发生酶促的氧化、水解及异构等作用，会使某些原有成分产生变化从而产生新的成分，如果新成分所吸收的光在可见光区域(380～770nm)就会产生色泽。如茶鲜叶本是绿色的，如果采取高温杀青、干燥等工艺，以钝化酶活性、减少水分含量，可保持较多的叶绿素、减少酚类的氧化，则制造出的茶叶是绿茶，其外形色泽及叶底色泽均呈绿色；但如果采取萎凋、发酵等工艺，以充分利用天然酶的氧化及水解作用，则叶绿素大量破坏，酚类物质氧化产生茶黄素、茶红素等成分，此时的茶叶为红茶，其产品外形色泽呈深褐色，汤色及叶底为鲜红色。又如，糖类是无色的，但无热的作用下能发生焦糖化反应或美拉德反应，产生了大量褐色类的成分。另外，有些色素存在状态不同其呈色效果不同，如虾青素与蛋白质结合时不呈现红色，但当与蛋白质分离时，则氧化呈现红色。

158

8.1.3 食品中色素分类

食品中色素成分很多，依据不同的标准可将色素进行不同的分类。

1. 根据来源进行分类

① 植物色素。如叶绿素、红花色素、栀子黄色素、葡萄皮色素、辣椒红色素、胡萝卜素等，植物色素是天然色素中来源最丰富、应用最多的一类。

② 动物色素。如血红素、虫胶色素、胭脂虫色素等。

③ 微生物色素。如红曲色素、核黄素等。

2. 根据色泽进行分类

① 红紫色系列。如甜菜红色素、高粱红色素、红曲色素、紫苏色素、可可色素等。

② 黄橙色系列。如胡萝卜素、姜黄素、玉米黄素、藏红花素、核黄素等。

③ 蓝绿色系列。如叶绿素、藻蓝素、栀子蓝色素等。

3. 根据化学结构进行分类

① 四吡咯衍生物类色素。如叶绿素、血红素、胆红素等。

② 异戊二烯衍生物类色素。如胡萝卜素类、叶黄素类。

③ 多酚类色素。如花青素类、类黄酮化合物等。

④ 酮类衍生物类色素。如红曲色素、姜黄素等。

⑤ 醌类衍生物类色素。如虫胶色素、紫草色素等。

⑥ 其他类色素。如核黄素、甜菜红色素等。

此外，根据溶解性质的不同，天然色素可分为水溶性和油溶性两类。目前多采用化学结构法进行分类。其中四吡咯衍生物类色素、异戊二烯衍生物类色素、多酚类色素在自然界中数量多，存在广泛。

天然色素品种繁多，色泽自然、安全性高，不少品种还有一定的营养价值，有的更具有药物疗效功能，如栀子黄色素、红花黄色素、姜黄素、多酚类等，因此，近年来开发应用发展迅速，其品种和用量不断扩大。

8.1.4 食品呈色的原理

自然光是由不同波长的电磁波组成的，波长在 $400 \sim 800nm$ 之间为可见光，在该光区内不同波长的光显示不同的颜色。任何物体能形成一定的颜色，主要是因为色素分子吸收了自然光中的部分波长的光，呈现出来的颜色是由反射或透过未被吸收的光所组成的综合色，也称为被吸收光波组成颜色的互补色。食品所显示出的颜色，是食品反射光中可见光的颜色。例如物体吸收了绝大部分可见光，那么物体发射的可见光非常少，物体就呈现出黑色或接近黑色，如果吸收了紫色光，那么我们看见它呈现的颜色是蓝色，蓝色为紫色的互补色。

各种色素都是由发色基团和助色基团组成的。凡是有机化合物分子在紫外及可见光区域内（ $200 \sim 700nm$ ）有吸收峰的基团都称为发色基团，如—C ═C—、 —$\overset{\text{O}}{\overset{\|}{\text{C}}}$— 、—CHO、—COOH、—N ═N—、—N ═O、—NO$_2$、—C ═S 等。当这些含有发色团的化合物吸收可见光时，该化合物便呈现与被吸收光互补的颜色（表 8-2）。共轭体系越大，该结构吸收的波长也越长（表 8-3）。

表 8-2　不同波长光的颜色及其互补色

光波长/nm	颜色	互补色	光波长/nm	颜色	互补色
400	紫	黄绿	530	黄绿	紫
425	蓝青	黄	550	黄	蓝青
450	青	橙黄	590	橙黄	青
490	青绿	红	640	红	青绿
510	绿	紫	730	紫	绿

表 8-3　共轭多烯化合物吸收光波波长与双键数的关系

化合物名称	共轭双键数/个	吸收波长/nm	颜　色
丁二烯	2	217	无色
己三烯	3	258	无色
二甲基辛四烯	4	296	淡黄色
维生素 A	5	335	淡黄色
二氢-β-胡萝卜素	8	415	橙色
番茄红素	11	470	红色
去氢番茄红素	15	504	紫色

　　发色基团吸收光能时，电子就会从能量较低的 π 轨道或 n 轨道（非共用电子轨道）跃迁至 π* 轨道，然后再从高能轨道以放热的形式回到基态，从而完成了吸光和光能转化。能发生 n→π* 电子跃迁的色素，其发色基团中至少有一个 $-\overset{\overset{\text{O}}{\|}}{\text{C}}-$、—N＝N—、—N＝O、—C＝S等含有杂原子的双键与3~4个以上的—C＝C—双键共轭体系；能发生 π→π* 电子跃迁的色素，其发色基团是至少含有 5~6 个—C＝C—双键的共轭体系。随着共轭双键数目的增多，吸收光波长向长波方向移动，每增加 1 个—C＝C—双键，吸收光波长约增加 30nm。

　　与发色基团直接相连接的—OH、—OR、—NH$_2$、—NR$_2$、—SH、—Cl、—Br 等官能团也可使色素的吸收光向长波方向移动，它们被称为助色基团。不同色素的颜色差异和变化主要取决于发色基团和助色基团。

8.2　食品中原有的色素

8.2.1　四吡咯色素

　　吡咯色素分子中都含有四个吡咯构成的卟啉环。卟啉的母体为卟吩，即一个闭合的、由四个吡咯环通过四个次甲基连接而成的完全共轭的四吡咯骨架。按菲舍尔编号系统，四个环分别编号为Ⅰ~Ⅳ或A~D，卟吩环外围上的吡咯碳分别编号为1~8。桥连碳分别指定为 α、β、γ 和 δ，见图 8-1。卟吩的不同位置可被甲基、乙基、乙烯基等各种基团取代，取代的卟吩为卟啉。生物组织中的四吡咯色素有两大类，一种是植物组织中的叶绿素，另一类为动物组织中的血红素。

1. 叶绿素

1）叶绿素的结构与性质

叶绿素（chlorophylls）是所有能进行光合作用的生物体含有的一类绿色色素，是深绿色光合色素的总称。广泛存在于植物组织尤其是叶片的叶绿体中，此外，也在海洋藻类、光合细菌中存在。

叶绿素有多种，例如叶绿素 a、b、c 和 d，以及细菌叶绿素和绿菌属叶绿素等，其中以叶绿素 a、b 在自然界含量较高，高等植物中的叶绿素 a 和 b 的两者含量比约为 3∶1，它们与食品的色泽关系密切。结构如图 8-1 所示。

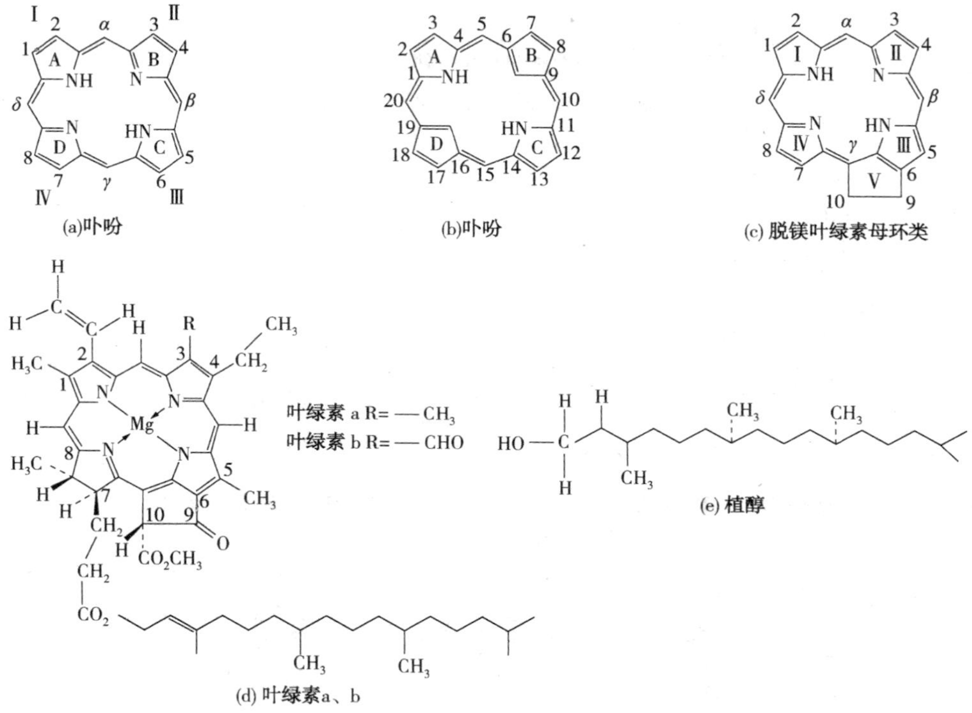

图 8-1　叶绿素的结构

叶绿素 a 纯品是具有金属光泽的黑蓝色粉末状物质，熔点为 117~120℃，在乙醇溶液中呈蓝绿色，并有深红色荧光。叶绿素 b 为深绿色粉末，熔点 120~130℃，其乙醇溶液呈绿色或黄绿色，有红色荧光，叶绿素 a 和 b 都具有旋光活性。

叶绿素对热、光、酸、碱等均不稳定，它在食品加工中最普遍的变化是生成脱镁叶绿素，在酸性条件下叶绿素分子的中心镁原子被氢原子取代，生成暗橄榄褐色的脱镁叶绿素，加热可加快反应的进行。叶绿素系列化合物可能发生的各种反应以及产生的色泽变化如图 8-2 所示。

在食品加工储藏中，叶绿素发生化学变化后会产生几种重要的衍生物的结构与颜色，如图 8-3 所示。

叶绿素及其衍生物在极性上存在一定差异，可以采用 HPLC 进行分离鉴定，也常利用它们的光谱特征进行分析（表 8-4）。

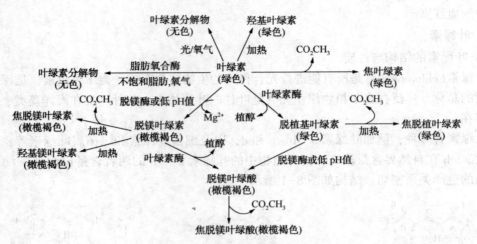

图 8-2 叶绿素各种反应示意图

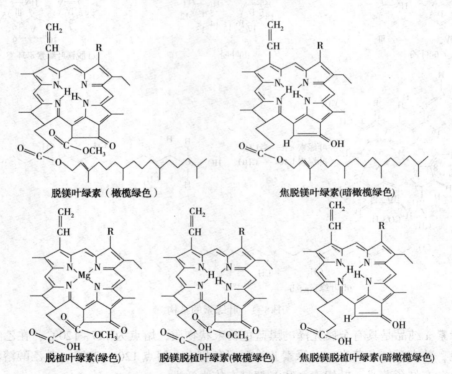

图 8-3 主要叶绿素衍生物的结构与颜色

表 8-4 叶绿素 a、叶绿素 b 及其衍生物的光谱性质

化 合 物	最大吸收波长/nm		吸收比 蓝/红	摩尔吸光系数 （红区）
	红区	蓝区		
叶绿素 a	660.5	428.5	1.30	86300
叶绿素 a 甲酯	660.5	427.5	1.30	83000
叶绿素 b	642.0	452.5	2.84	56100
叶绿素 b 甲酯	641.5	451.0	2.84	—

化 合 物	最大吸收波长/nm		吸收比 蓝/红	摩尔吸光系数 （红区）
	红区	蓝区		
脱镁叶绿素 a	667.0	409.0	2.09	61000
脱镁叶绿酸 a 甲酯	667.0	408.5	2.07	59000
脱镁叶绿素 b	655.0	434.0	—	37000
焦脱镁叶绿酸 a	667.0	409.0	2.09	149000
脱镁叶绿素 a 锌	653.0	423.0	1.38	90000
脱镁叶绿素 b 锌	634.0	446.0	2.94	60200
脱镁叶绿素 a 铜	648.0	421.0	1.36	67900
脱镁叶绿素 b 铜	627.0	436.0	2.57	49800

2) 叶绿素在食品加工和储藏中的变化

(1) 热和酸引起的变化

绿色蔬菜加工中的热烫和杀菌是造成叶绿素损失的主要原因。腌制酸菜时常常发现颜色由绿色变成黄色甚至变成褐色，这主要是发酵产生乳酸的结果。在酸性条件下，H^+会取代叶绿素中心的 Mg^{2+}，生成脱镁叶绿素和焦脱镁叶绿素而变为橄榄绿色甚至向暗橄榄绿色和褐色转变，这种转变在水溶液中是不可逆的。

我们经常观察到在烹饪绿色蔬菜时，在高温条件下，绿色会先变为橄榄绿色，随着加热时间延长，又会变为比较暗的橄榄绿色。这是因为在热处理过程中，叶绿素复合体中的蛋白质变性使叶绿素游离出来，变得非常不稳定，对光、热、酶都很敏感；同时植物受热过程中组织细胞被破坏，导致细胞内 H^+ 透过细胞膜的能力增强，游离到细胞外，使脂肪水解为脂肪酸，蛋白质分解产生硫化氢并脱羧产生二氧化碳都可导致体系的 pH 值下降，从而使叶绿素脱镁形成脱镁叶绿素和焦脱镁叶绿素而变色。

蔬菜的热加工处理(热烫和杀菌)是导致叶绿素损失的主要原因。研究表明在偏酸性的条件下，叶绿素对热更加不稳定。例如，pH 值为 9.0 时，叶绿素对热非常稳定；而在 pH 值为 3.0 时，它的稳定性很差。

(2) 酶促变化

许多酶可以破坏叶绿素，如叶绿素酶、脂酶、蛋白酶、果胶酶、脂肪氧合酶、过氧化物酶等。引起叶绿素破坏的酶促变化有两类：一类是直接作用，一类是间接作用。起间接作用的酶有果胶酯酶、脂酶、蛋白酶、脂氧合酶、过氧化物酶等。

直接以叶绿素为底物的酶只有叶绿素酶，它的最适温度在 60.0~82.2℃ 范围内，80℃ 以上其活性开始下降，达到 100℃ 时，叶绿素酶的活性完全丧失。叶绿素酶能催化叶绿素和脱镁叶绿素脱除植醇而分别产生脱植叶绿素和脱镁脱植叶绿素。

叶绿素在植物中与蛋白质和脂类等物质以复合体的形式存在于叶绿体中，脂酶和蛋白酶可以破坏叶绿素-脂蛋白复合体，使叶绿素游离出来，稳定性下降。脂肪氧合酶和过氧化物酶可以催化相应的底物产生具有氧化性的中间产物，这些产物会间接使叶绿素氧化分解。果胶酶可以水解果胶产生果胶酸，使叶绿素脱镁。果蔬加工前期，为了防止这些酶对果蔬的不良影响，一般烫漂几分钟，可以钝化叶绿素酶，保持果蔬的品质。

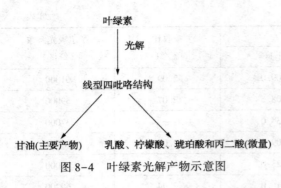

图 8-4　叶绿素光解产物示意图

(3) 光引起的变化

当植物衰老、色素从植物中萃取出来以后或在储藏加工中细胞受到破坏时，叶绿素就会发生光分解。在有氧的条件下，叶绿素或卟啉类化合物遇光可产生单线态氧和羟基自由基，它们可与叶绿素的四吡咯进一步反应生成过氧化物和更多的自由基，最终导致卟啉环的分解和颜色的完全丧失。叶绿素光解过程如图 8-4 所示。

通常在光和氧气共同作用下卟啉环中连接甲烯基的键断裂使卟啉环开环，主要产生甘油和少量的乳酸、柠檬酸、琥珀酸和丙二酸。因此在储藏绿色植物性食品时，应避光、除氧，以防止光氧化褐色。

3) 护绿技术

(1) 中和酸而护绿

叶绿素在酸性条件下容易形成脱镁叶绿素而变色，而在中性或偏碱性条件下易形成皂化物，使绿色非常鲜艳，并可以延缓脱镁叶绿素的形成。因此在绿色蔬菜加工中，常采用氢氧化钠、氢氧化镁、碳酸镁、碳酸氢钠等制成的碱性缓冲溶液对绿色蔬菜产品进行热烫处理，或加入其他物质调节 pH 值至 7.0~7.5，就可达到一定的护绿效果。例如：在生产绿色山野菜软罐头时用 0.2% Na_2CO_3 溶液调节 pH 值，于 90~95℃ 烫漂 2~3min，有效地保持了山野菜的绿色。但是该方法并未被广泛应用，因碳酸镁和碳酸钠能使蔬菜组织软化并产生碱味，同时碱液不能中和组织内部的酸，所以一般在两个月后，罐藏蔬菜的绿色仍会失去。

(2) 高温瞬时杀菌

应用高温短时灭菌(HTST)加工蔬菜，这不仅能杀灭微生物，而且比普通加工方法使蔬菜受到的化学破坏小。但是由于在储藏过程中 pH 值降低，导致叶绿素降解，因此，在食品保藏两个月后，效果不再明显。

(3) 绿色再生

将锌离子添加于蔬菜的热烫液中，是一种有效的护绿方法，其原理是叶绿素的脱镁衍生物可以螯合锌离子，生成叶绿素衍生物的锌螯合物(主要是脱镁叶绿素锌和焦脱镁叶绿素锌)。采用这种方法护绿时，Zn^{2+} 浓度为万分之几，pH 值控制在 6.0 左右，在略高于 60℃ 以上的温度下对蔬菜进行热处理。例如：青椒软罐头护绿过程中，青椒用 50% 的 Zn^{2+} 溶液烫漂不超过 3min，再经罐装杀菌或干燥后，可长期保持其原有的绿色。为提高 Zn^{2+} 在细胞膜中的渗透性，还可以在处理液中加入适量具有表面活性的阴离子化合物。将这种方法用于罐装蔬菜加工可产生比较满意的效果。Cu^{2+} 也有类似的护绿效果。

(4) 护绿剂染色法

叶绿素铜钠、叶绿素锌钠是安全的天然食品染色剂，其护绿效果远比采用相同浓度的氯化锌和氯化铜盐处理效果好，而且铜、锌离子浓度低于安全标准就可达到较理想的护色效果。据实验，在 pH 值为 9.5 的条件下，用 1% 叶绿素铜钠或叶绿素锌钠处理芹菜 6h，可达到良好的芹菜叶护绿效果。除美国尚未批准其在食品中的应用外，其他国家普遍允许使用。联合国粮农组织(FAO)已批准将其用于食品，但是游离铜离子的含量不得超过 200mg/kg 食品。

4）干燥脱水而护绿

将绿色蔬菜干燥也是较有效的一种护绿方法，在低水分活度下，H^+难以接触叶绿素而置换叶绿素及其衍生物中心的 Mg^{2+}；同时在低水分活度条件下，微生物的生长及酶的活性也被抑制，可以使叶绿素很好地被保存，使蔬菜常绿。而真空干燥或真空冷冻干燥方式对绿色的保存更为有效。

5）避光、隔氧储藏

在储藏绿色植物性食品时，避光、除氧可防止叶绿素的光氧化褪色。因此，正确选择包装材料、储藏方法以及抗氧化剂，就能长期保持食品的绿色。如采用气调保藏、不透光材料包装、真空包装都可以有效保持植物常绿。

6）多种技术联合应用

目前保持叶绿素稳定性最好的方法，是挑选品质良好的原料，尽快进行加工，采用高温瞬时灭菌，并辅以碱式盐、脱植醇的方法，并在低温下储藏。

2. 血红素

1）血红素及其衍生物的结构和物理性质

血红素是动物肌肉和血液中的主要红色色素，是呼吸过程中 O_2、CO_2 载体血红蛋白的辅基。血红素（图 8-5）在肌肉中主要以肌红蛋白和血红蛋白的形式存在。血红素是一种卟啉类化合物，卟啉环中心的 Fe^{2+} 有六个配位部位，其中 4 个分别与 4 个吡咯环上的氮原子配位结合，一个与球蛋白的第 93 位上的组氨基酸残基上的咪唑基氮原子配位结合，第六个配位部位可与 O_2，CO 等小分子配位结合。

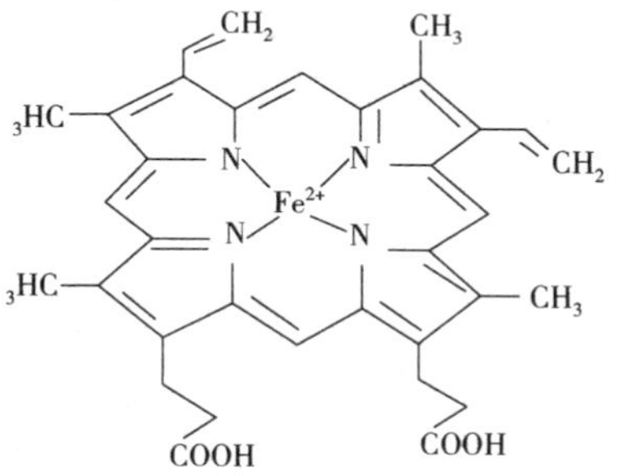

(a) 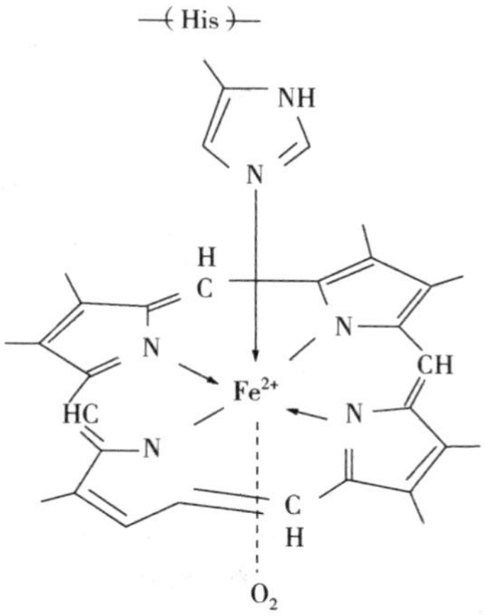   (b)

图 8-5　血红素（a）和肌红蛋白（b）的结构

在肉品加工和储藏中，肌红蛋白会转化为多种衍生物，使肉质呈现出不同的颜色。肌红蛋白的主要衍生物见表 8-5。

表 8-5　存在于鲜肉、腌肉和熟肉中的主要色素

色素名称	铁的状态	血红素环的状态	球蛋白的状态	颜色	生 成 方 式
肌红蛋白	Fe^{2+}	完整	天然	紫红	高铁肌红蛋白的还原和氧化肌红蛋白的脱氧

色素名称	铁的状态	血红素环的状态	球蛋白的状态	颜色	生成方式
氧合肌红蛋白	Fe^{2+}	完整	天然	鲜红	肌红蛋白的氧合
高铁肌红蛋白	Fe^{3+}	完整	天然	棕色	肌红蛋白与氧化肌红蛋白的氧化
亚硝基肌红蛋白	Fe^{2+}	完整	天然	亮红（粉红）	肌红蛋白与 NO 的结合
一氧化氮肌红蛋白	Fe^{3+}	完整	天然	深红	高铁肌红蛋白与 NO 的结合
亚硝基高铁肌红蛋白	Fe^{3+}	完整	天然	红棕色	高铁肌红蛋白与过量的亚硝酸盐结合
肌球蛋白血色原	Fe^{2+}	完整（常与非球蛋白型变性蛋白质结合）	变性（通常分离）	暗红	肌红蛋白、氧合肌红蛋白因加热和变性试剂作用、肌红蛋白血红色原受辐射
高铁肌球蛋白血色原	Fe^{3+}	完整（常与非珠蛋白型变性蛋白质结合）	天然（通常分离）	棕色（有时灰色）	肌红蛋白、氧合肌红蛋白、高铁肌红蛋白、血色原因加热和变性试剂作用
亚硝基血色原	Fe^{2+}	完整，但一个双键已被饱和	变性	亮红	亚硝基肌红蛋白受热和变性试剂作用
硫代肌绿蛋白	Fe^{3+}	完整，但一个双键已被饱和	天然	亮红（粉红）	肌红蛋白与 H_2S 和 O_2 作用，硫代肌绿蛋白氧化
高硫代肌绿蛋白	Fe^{3+}	完整，但一个双键已被饱和	天然	绿色	硫代肌绿蛋白的氧化
胆绿蛋白	Fe^{2+} 或 Fe^{3+}	完整	天然	红色	肌红蛋白或氧合肌红蛋白受 H_2O_2 作用、氧合肌红蛋白受抗坏血酸盐或其他还原剂的作用
硝化氯化血红素	Fe^{3+}	完整，但还原卟啉环打开	不存在	绿色	亚硝基高铁肌红蛋白与过量的亚硝酸盐共热作用
氯铁胆绿素	Fe^{3+}	卟啉环被破坏	不存在	绿色	受过量的变性试剂的作用
胆色素	无铁	卟啉环被破坏	不存在	黄色或无色	受大剂量变性试剂的作用

2）肌肉的颜色在储藏和肉品加工中的变化

（1）氧引起肌肉颜色的变化

动物屠宰放血后，由于血红蛋白对肌肉组织的供氧停止，新鲜肉中的肌红蛋白保持其还原状态，肌肉的颜色呈稍暗的紫红色。当胴体被分割后，随着肌肉与空气的接触，还原态的肌红蛋白向两种不同的方向转变，一部分肌红蛋白与氧气发生氧合反应生成鲜红色的氧合肌红蛋白，产生人们熟悉的鲜肉色；同时，另一部分肌红蛋白与氧气发生氧化反应，生成棕褐色的高铁肌红蛋白。我们观察到放置时间较长的肉呈现棕褐色，主要是后一种反应逐渐占了主导。肌红蛋白、氧合肌红蛋白和高铁肌红蛋白之间可以互相转化，它们之间的转化关系见图8-6。

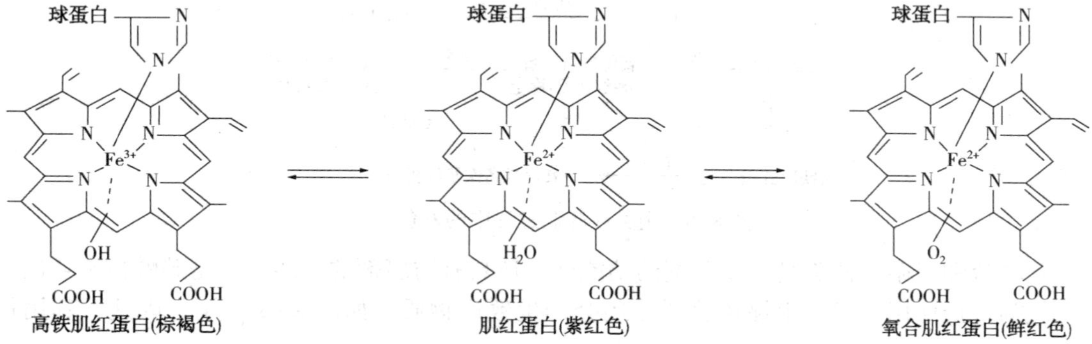

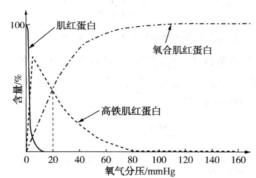

图8-6　分割肉中的色素变化

肌红蛋白与氧气的相互作用与肌肉周围的氧气分压有关。图8-7反映了当氧气分压大于20mmHg(1mmHg=133.3Pa)时，肌红蛋白的氧合作用占主导，主要生成氧合肌红蛋白而使肌肉呈鲜红色。当氧气分压小于20mmHg时，肌红蛋白的氧化作用占主导，主要生成高铁肌红蛋白而使肌肉呈褐色。

图8-7　氧气分压对肌红蛋白、氧合肌红蛋白和高铁肌红蛋白相互转化的影响

（1mmHg=133.3224Pa）

（2）热加工引起肌肉颜色的变化

肉在煮制过程中，刚开始加热时由紫红色或鲜红色变为暗红色，随着加热时间的延长，逐渐变为褐色。肉颜色的变化和热加工与肌红蛋白的作用有关，鲜肉在热加工时，由于温度升高以及氧气分压降低，肌红蛋白的球蛋白部分变性，低价铁被氧化成三价铁，产生高铁肌色原，熟肉的色泽呈褐色。而开始加热时由于肉中还原性物质的存在，高铁肌色原被还原为肌色原而呈暗红色，当肉的还原性物质被消耗尽后，肌红蛋白完全转变为高铁肌色原，肉完全转变为褐色。

（3）硝酸盐或亚硝酸盐引起肌肉颜色的变化

火腿、香肠等肉类腌制品的加工中，使肉中原来的色素转变为一氧化氮高铁肌红蛋白、一氧化氮血色原，使腌肉制品的颜色更加鲜艳诱人，并且对加热和氧化表现出更大的耐性。这3种物质被称为腌肉色素，它们的生成和相互转化关系如图8-8所示。

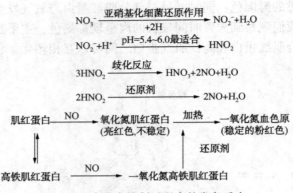

図 8-8 肉类在腌制过程中的发色反应

硝酸盐和亚硝酸盐除具有发色剂的功能外，还具有防腐剂的功能。但是硝酸盐和亚硝酸盐发色剂过量使用不但产生绿色物质，还会产生致癌物质，如图 8-9 所示。因此，其用量必须严格控制。

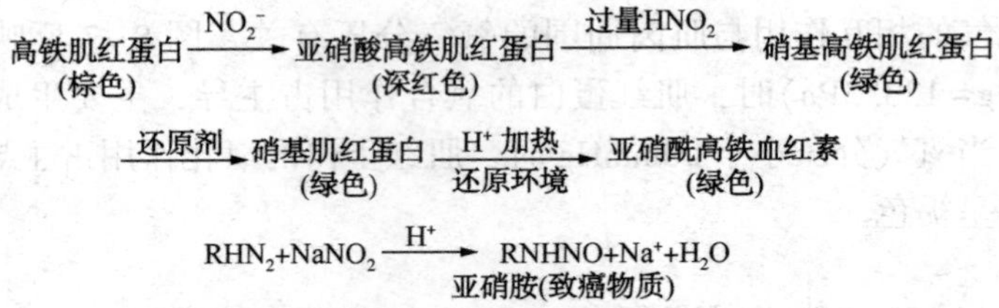

高铁肌红蛋白 $\xrightarrow{NO_2^-}$ 亚硝酸高铁肌红蛋白 $\xrightarrow{\text{过量} HNO_2}$ 硝基高铁肌红蛋白
(棕色)　　　　　　　　　　(深红色)　　　　　　　　　　　　(绿色)

$\xrightarrow{\text{还原剂}}$ 硝基肌红蛋白 $\xrightarrow[\text{还原环境}]{H^+ \text{加热}}$ 亚硝酰高铁血红素
　　　　　(绿色)　　　　　　　　　　　　(绿色)

$RHN_2 + NaNO_2 \xrightarrow{H^+} RNHNO + Na^+ + H_2O$
　　　　　　　　　亚硝胺(致癌物质)

图 8-9 超标使用发色剂时绿色物质和致癌物质的生成反应

腌肉制品的颜色虽在多种条件下相当稳定，但可见光可促使它们重新转变为肌红蛋白和肌色原，而肌红蛋白和肌色原继续被氧化后就转变为高铁肌红蛋白和高铁肌色原。腌肉中肌红蛋白发生的一系列变化如图 8-10 所示。

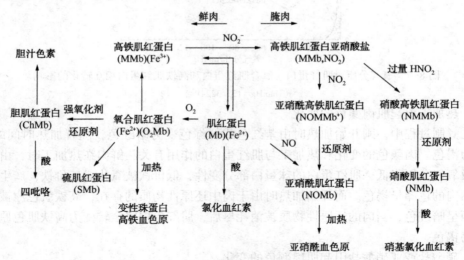

图 8-10 新鲜肉与腌肉中肌红蛋白的反应

（4）微生物污染引起肌肉颜色的变化

鲜肉不合理存放会导致微生物大量繁殖，产生过氧化氢、硫化氢等化合物。过氧化氢可

168

强烈氧化血红素卟啉环的 α-亚甲基而生成绿色的胆绿蛋白。在氧气存在下，硫化氢等硫化物可将硫直接加在卟啉环的 α-亚甲基上而生成绿色的硫肌红蛋白。另外，加工腌肉制品时若过量使用发色剂，卟啉环的 α-亚甲基被硝基化，生成绿色的亚硝基高铁血红素。这些都是肉及肉制品偶尔变绿的原因。

3）护色技术

为了达到肉制品护色的目的，对于肉制品的包装应选择高阻隔性和透光性较差的材料，选择真空和充气包装，以此来控制由氧化、光促、酶催化等作用所产生的变色。

（1）隔氧、避光储藏

我们经常看见超市售卖的鲜肉制品被置于透气性很低的包装袋内后，抽真空后密封，在这种无氧的条件下，肉中的肌红蛋白处于还原状态，可使肉的颜色长期保持不变。必要时还可在袋内加入少量除氧剂以保持袋内无氧，护色效果更佳。

对于腌肉制品，在储藏中也要隔氧、避光，在选择包装材料和方法时，必须考虑避免微生物的生长和产品失水。

（2）气调或气控储藏

采用气调或气控储藏对肉制品进行护色已经取得了一定的成功。首先，采用 $100\%CO_2$ 气体条件，能达到很好的护色效果。另外，一氧化碳能与肌红蛋白强烈结合形成碳氧肌红蛋白，使肉形成稳定的亮红色。一般加入 $0.4\%\sim1.0\%$ 的 CO 护色效果较好。也有人采用 CO、CO_2、N_2 三种气体对冷却猪肉进行协同保鲜实验，结果表明按 $1\%CO$、$50\%CO_2$、$49\%N_2$ 混合进行气调包装，不仅对腐败菌的抑制作用明显，延长了货架期，而且使冷却肉在整个货架期内呈现诱人的红色。

（3）加入抗氧化剂

鲜肉的氧化反应是导致肉变色的主要原因。在鲜肉护色过程中除了可以采用隔氧方法抑制氧化反应的发生外，加入抗氧化剂也可以有效防止肉的氧化变色。肉品中常用的抗氧化剂主要有维生素 C、烟酰胺、维生素 E、BHA、BHT、TBHQ、PC、茶多酚、柠檬酸、肌肽等。但据美国 FDA 报道，美国已将 BHA 从一般公认安全的食品添加剂清单中剔除，日本也对 BHA 和 BHT 做了限制规定，其他国家有的也做出相应规定。肌肽于横纹肌中含量较丰富，是由 β-丙氨酸和 L-组氨酸经肌肽合成酶组成的一种小肽，为水溶性，在许多体系中可抑制由金属离子、血红蛋白酯酶和 O_2 催化的脂质氧化从而保护肉的色泽，对肉的质构不构成任何影响。

4）血红素的应用

（1）作为食品添加剂或补铁剂

临床研究证明，血红素是很好的补铁剂，对缺铁性贫血有明显的治疗作用。与植物中的铁和其他无机补铁剂相比，血红素具有吸收率高、无毒副作用等优点。我国目前市场上的主要补铁剂已基本采用血红素。

（2）原卟啉类药物生产原料

原卟啉二钠作为治疗肝病的药物，已在我国使用。国内已能用血红素生产原卟啉二钠。临床证明。原卟啉二钠对多种肝病均有疗效，特别对改善症状、降酶退黄效果较好。

（3）血红素衍生物的应用

以血红素为原料制备血卟啉衍生物，这些衍生物在人体肿瘤部位停留的时间较长，并对紫色激光反应增强，在红色激光作用下，血卟啉产生自由基而杀死肿瘤细胞。因此，它们具有定位和治疗的双重作用，显示了在肿瘤诊治中的优越性。

8.2.2　类胡萝卜素

类胡萝卜素是一类广泛存在于自然界中的脂溶性色素，它们使动物、植物食品显现黄色和红色。迄今为止，人类在自然界中已发现超过 600 多种的天然类胡萝卜素。估计自然界每年生成类胡萝卜素达 $1 \times 10^8 t$ 以上，其中大部分存在于高等植物中。类胡萝卜素在植物组织的光合作用和光保护作用中起着重要的作用，它是所有含叶绿素组织中能够吸收光能的第二种色素。类胡萝卜素和叶绿素同时存在于陆生植物中，类胡萝卜素的黄色常常被叶绿体的绿色所覆盖，在秋天当叶绿体被破坏之后类胡萝卜素的黄色才会显现出来。类胡萝卜素还存在于许多微生物(如光合细菌)和动物(如鸟纲动物的毛、蛋黄)体内，但到目前为止，没有证据证明动物体自身可合成类胡萝卜素，所有动物体内的类胡萝卜素均是通过食物链最终来源于植物和微生物。早期发现类胡萝卜素在人和其他动物中主要是作为维生素 A 的前体物质，后来还发现，类胡萝卜素的强抗氧化活性还可以预防疾病，并使某些癌症发病率降低。

1. 结构和基本性质

类胡萝卜素是四萜类化合物，由 8 个异戊二烯单位组成，其中的共轭双键，是类胡萝卜素的发色基团。异戊二烯单位的连接方式是在分子中心的左右两边对称，类胡萝卜素化合物均具有相同的中心结构，但末端基团不相同。已知大约有 60 种不同的末端基，构成约 560 种已知的类胡萝卜素，并且还不断报道新发现的这类化合物。常见的类胡萝卜素结构如图 8-11 所示。

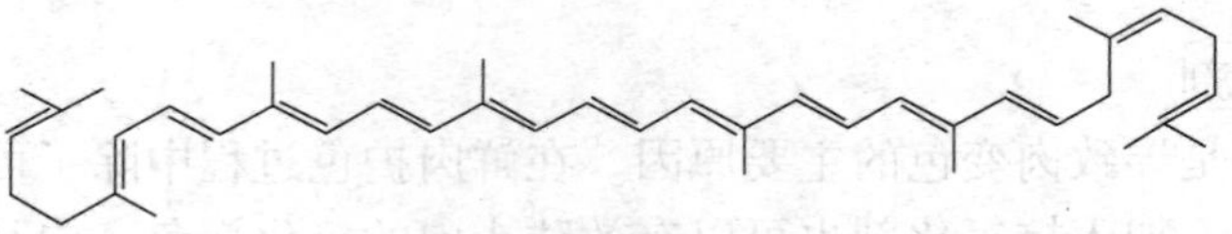

番茄红素

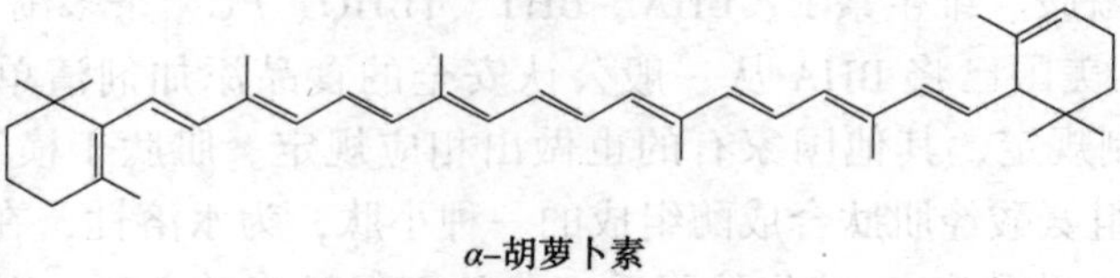

α-胡萝卜素

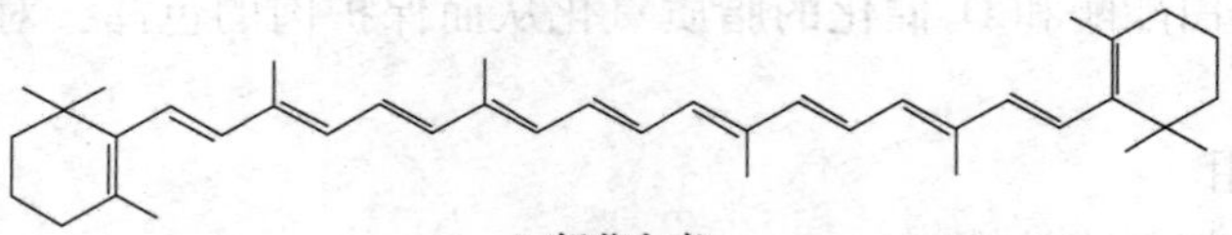

β-胡萝卜素

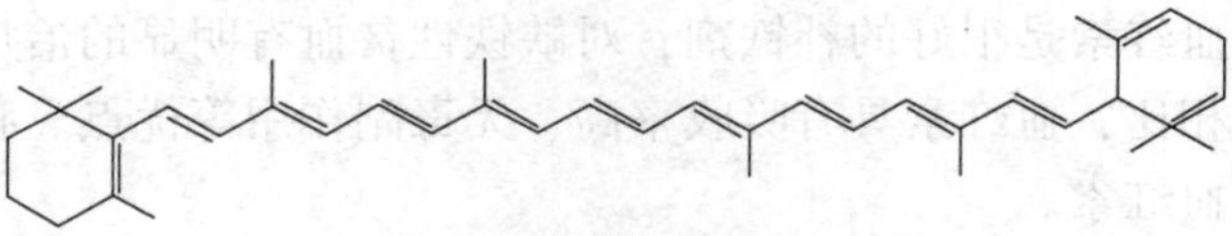

γ-胡萝卜素

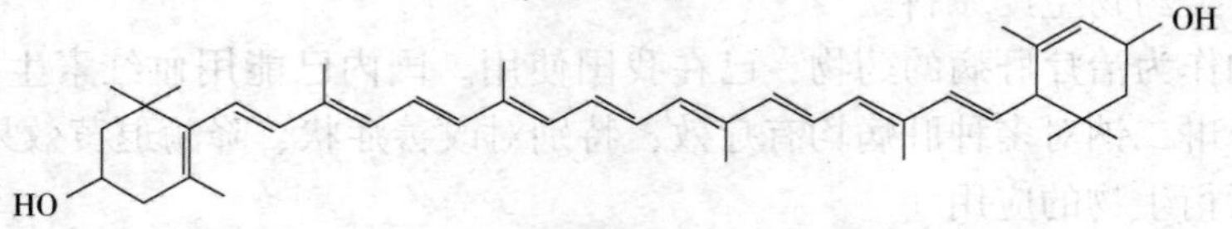

叶黄素

图 8-11　常见的类胡萝卜素化合物的结构

170

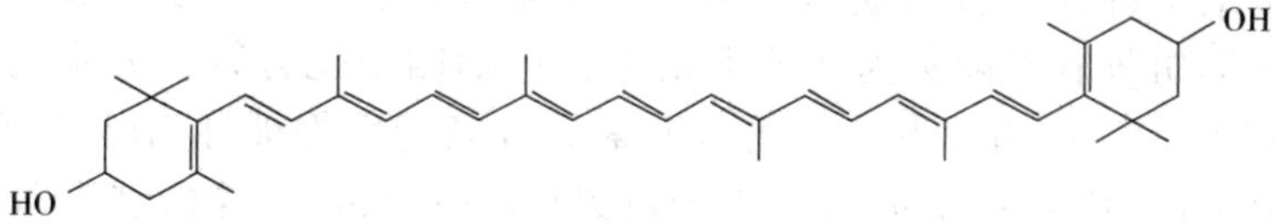

玉米黄素

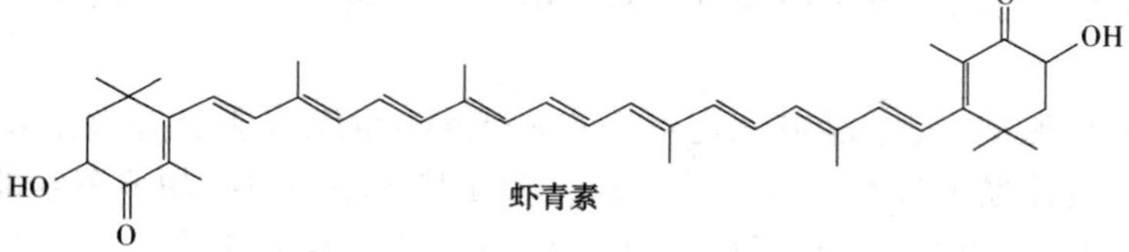

虾青素

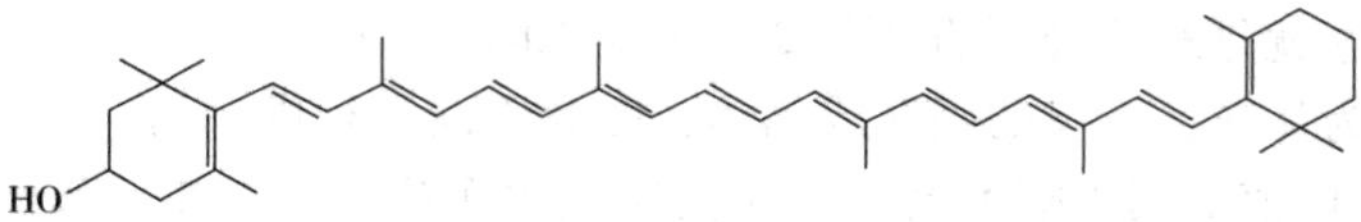

隐黄素

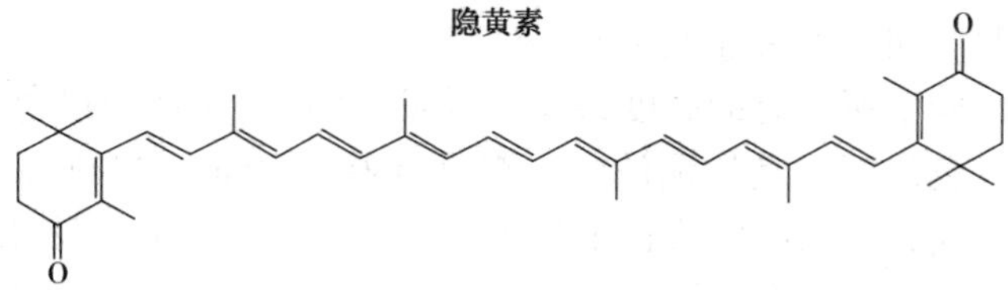

角黄素

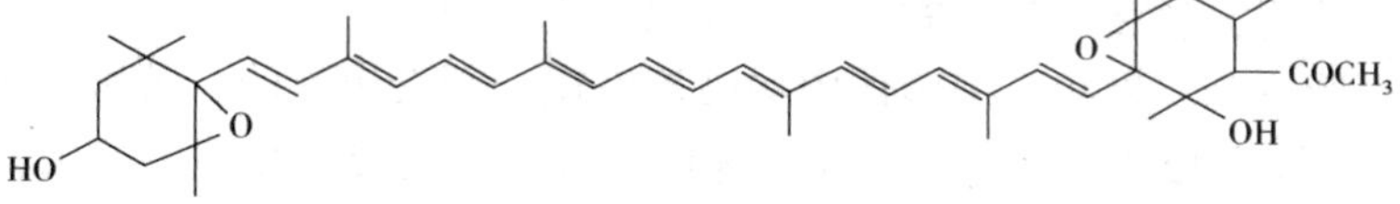

岩藻黄素

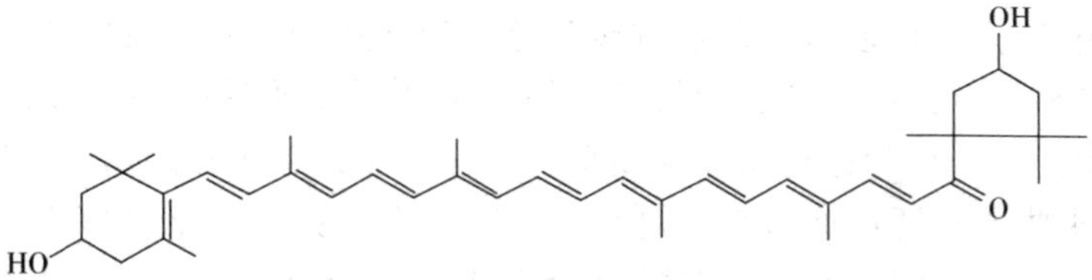

辣椒红素

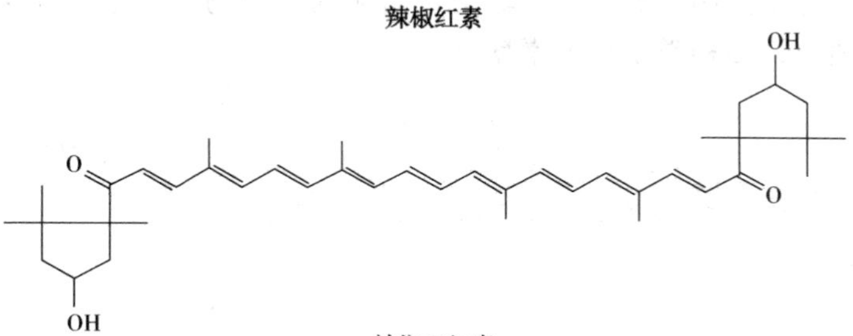

辣椒玉红素

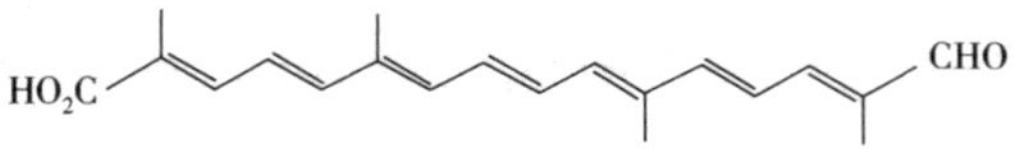

胭脂树素

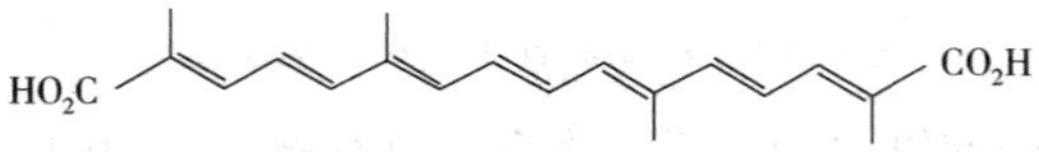

藏红花酸

图 8-11　常见的类胡萝卜素化合物的结构(续)

类胡萝卜素按结构特征可分为胡萝卜素类(carotenes)和叶黄素类(xanthophyll)。由 C、H 两种元素构成的类胡萝卜素被称为胡萝卜素类，包括四个化合物，分别是番茄红素、α-胡萝卜素、β-胡萝卜素、γ-胡萝卜素。胡萝卜素类含氧衍生物被称为叶黄素类。常见的有隐黄素(cryptoxanthin)、叶黄素(lutein)、玉米黄素(zeaxanthin)、辣椒红素(capsanthin)、虾青素(astaxanthin)等，它们的分子中含有羟基、甲氧基、羧基、酮基或环氧基，并区别于胡萝卜素类色素。

类胡萝卜素能以游离态(结晶或无定形)存在于植物组织或脂类介质溶液中，也可与糖或蛋白质结合，或与脂肪酸以酯类的形式存在。存在状态不同对类胡萝卜素的呈色效果、稳定性等都有较大影响，如虾青素与蛋白质结合在一起时，不呈红色，一旦加热使它们分离后，则呈现出红色，这就是虾热处理前后色变的主要原因。

纯的类胡萝卜素为无味、无臭的固体或晶体，能溶于油和有机溶剂，几乎不溶于水，具有适度的热稳定性，pH 值对其影响不大，但易发生氧化而褪色，在热、酸或光的作用下很容易发生异构化，一些类胡萝卜素在碱中也不稳定。

类胡萝卜素分子结构中所具有的高度共轭双键发色团和—OH 等助色团，可产生不同的颜色，主要在黄色至红色范围，其检测波长一般在 400~550nm。共轭双键的数量、位置以及助色团的种类不同，使其最大吸收峰也不相同；此外，双键的顺、反几何异构也会影响色素的颜色，例如全反式的颜色较深，顺式双键的数目增加，颜色逐渐变淡。自然界中类胡萝卜素均为全反式结构，仅极少数的有单反式或双反式结构。

类胡萝卜素酯在花、果实、细菌体中均已被发现，秋天树叶的叶黄素分子结构中的 3 和 3′两个位置上结合棕榈酸和亚麻酸，辣椒中辣椒红素以月桂酸酯存在。近来，对各种无脊椎动物中的色素研究表明，类胡萝卜素与蛋白质结合不仅可以保持色素稳定，而且可以改变颜色。例如，龙虾壳中虾青素与蛋白质结合时显蓝色，当加热处理后，蛋白质发生变性，虾青素氧化成虾红素(图 8-12)，虾壳转变为红色。另一个例子是龙虾卵中的虾卵绿蛋白是虾青素-脂糖蛋白复合物，是一种绿色色素。类胡萝卜素-蛋白复合物还存在于某些绿叶、细菌、果实和蔬菜中。类胡萝卜素还可通过糖苷键与还原糖结合，如藏花素是多年来唯一已知的这种色素，它是由两个分子龙胆二糖和藏花酸结合而成的化合物，它是藏红花中的主要色素。近来也从细菌中分离出许多种类胡萝卜素糖苷。

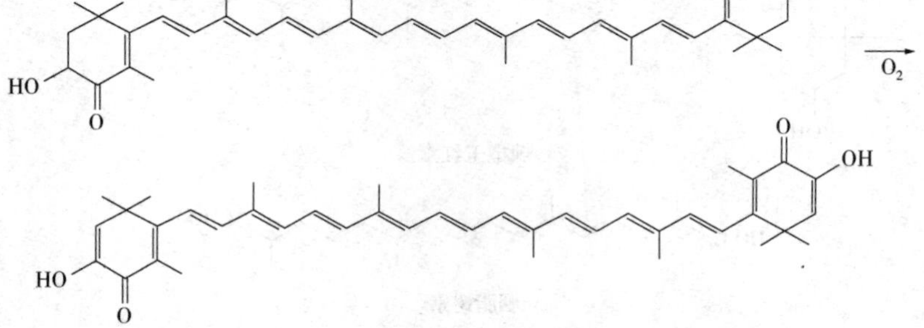

图 8-12　虾青素氧化成虾红素示意

通常，胡萝卜素的共轭双键多为全反式构型，只有极少数的顺式异构体存在。在加工处理时，胡萝卜素极易发生异构化反应。由于胡萝卜素具有多个双键，因此其异构体的种类也很多，如β-胡萝卜素就有272种可能的异构体。图8-13总结了β-胡萝卜素的降解反应和可能的异构化反应。

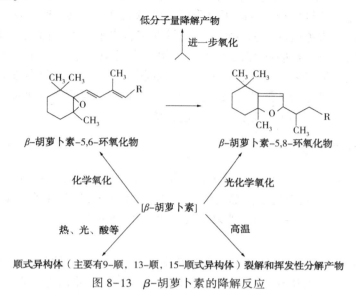

图8-13 β-胡萝卜素的降解反应

2. 类胡萝卜素在加工和储藏中的变化

一般说来，食品加工过程对类胡萝卜素的影响很小。类胡萝卜素耐pH值变化，对热较稳定，在有Cu^{2+}、Sn^{2+}、Al^{3+}、Zn^{2+}等金属离子存在下也不易被破坏，因此一般的食品杀菌处理不会使其发生很大变化。但由于类胡萝卜素存在多不饱和共轭体系，氧、氧化剂和光均能使之分解、褪色。油脂中所含的类胡萝卜素在碱精炼处理时不会被破坏，但在油脂的氢化或脱色、脱臭过程中会被破坏或除去。此外，类胡萝卜素在食品储藏过程中的稳定性很好，长时间的存放不会使其含量大幅度降低。类胡萝卜素在加工和储藏过程中，可能发生的反应如图8-14所示。

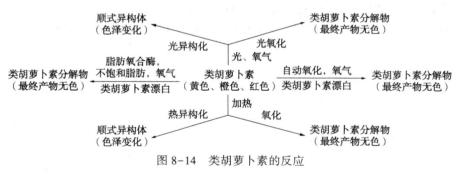

图8-14 类胡萝卜素的反应

3. 护色技术

由于类胡萝卜素在高温条件下，光、酸、氧或氧化剂等作用下会发生化学变化而损失，所以富含类胡萝卜素的食品在加工、运输、储藏过程中常采用以下几种护色方法：低温、避光储藏；密封包装，隔绝氧气；添加亚硫酸钠、维生素C等抗氧化剂；利用多糖等大分子物质包埋色素，进行微胶囊化，保护色素的稳定。

4. 类胡萝卜素的功能、性质及应用

类胡萝卜素具有许多功能，如α-胡萝卜素、β-胡萝卜素、γ-胡萝卜素、叶黄素等是人体维生素 A 的来源，可以预防夜盲症；具有抗氧化性，是生物体内的活性氧的清除剂，在低氧浓度(分压)下可以防止脂肪氧化(作用于单线态氧)，能防止细胞的氧化损伤。许多研究报道称，摄入富含抗氧化剂的食品可以降低白内障危险，尤其是叶黄素、番茄红素、玉米黄素可以保护眼睛，避免白内障和老年斑；能够在细胞水平上抑制白血病细胞、神经角质瘤细胞、变性细胞的增殖，预防癌症的发生。类胡萝卜还具有着色功能，如三黄鸡的皮肤、爪、嘴中的黄色就是类胡萝卜素化合物显示出来的颜色。在蛋鸡饲料中添加类胡萝卜素，还可增强蛋黄的颜色，增强蛋黄的营养及保健作用。类胡萝卜素的这些性质，使其在食品、药品、保健品、化妆品、饲料等行业得到了广泛的应用。

8.2.3　多酚类色素

多酚类色素(polyphenols)是自然界中存在非常广泛的一类化合物，此类色素最基本的母核为 2-苯基苯并吡喃。它们的结构都是由两个苯环(A 和 B)通过 1 个三碳链连接而形成的一系列化合物，即具有 C_6—C_3—C_6 骨架结构，如图 8-15 所示。

1. 花色苷

1835 年马尔夸特(Marquan)首先从矢车菊花中提取出一种蓝色的色素，称为花色苷(anthocyan)。花色苷是花青素的糖苷，是广泛地存在于植物中的一类水溶性色素，是构成植物的花、果实、茎和叶五彩缤纷色彩的物质。

1) 结构和物理性质

花青素具有类黄酮典型的 C_6—C_3—C_6 的碳骨架结构，是 2-苯基苯并吡喃阳离子结构的衍生物(图 8-16)，由于取代基的数量和种类的不同形成了各种不同的花青素和花色苷。已知有 20 种花青素，但在食品中重要的仅 6 种，即天竺葵色素、矢车菊色素、飞燕草色素、芍药色素、牵牛花色素和锦葵色素(表 8-6)。与花青素成苷的糖主要有葡萄糖、半乳糖、木糖、阿拉伯糖和由这些单糖构成的均匀或不均匀双糖和三糖。天然存在的花色苷的成苷位点大多在 2-苯基苯并吡喃阳离子的 C_3 和 C_5 位上，少数在 C_7 位上成苷。这些糖基有时被脂肪族或芳香族的有机酸酰化，有机酸包括咖啡酸、对香豆酸、芥子酸、对羟基苯甲酸、阿魏酸、丙二酸、苹果酸、琥珀酸或乙酸。金属离子的存在对花色苷的颜色将产生重大的影响。

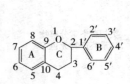

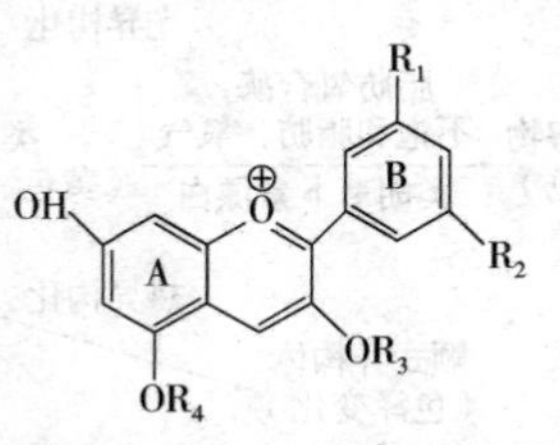

R_1 和 R_2=—H，—OH 或 —OCH$_3$，
R_3=—糖基或—H，R_4=—H 或—糖基

图 8-15　黄酮类化合物的基本结构
（C_6—C_3—C_6 结构图）　　图 8-16　花青素的结构

表 8-6　食品中重要的六种花青素类色素

序号	色素名称	取代基种类及位次		
1	天竺葵色素	H(3′)	OH(4′)	H(5′)
2	矢车菊色素	OH(3′)	OH(4′)	H(5′)

続表

序号	色素名称	取代基种类及位次		
3	飞燕草色素	OH(3′)	OH(4′)	OH(5′)
4	芍药色素	OMe(3′)	OH(4′)	OMe(5′)
5	牵牛花色素	OMe(3′)	OH(4′)	OH(5′)
6	锦葵色素	OMe(3′)	OH(4′)	OMe(5′)

各种花青素或各种花色苷的颜色出现差异主要是由其取代基的种类和数量不同而引起的。如图8-17所示，随着羟基数目的增加，光吸收波长红移；随着甲氧基数目的增加，光吸收波长蓝移；由于红移和蓝移，导致花色苷的颜色加深。

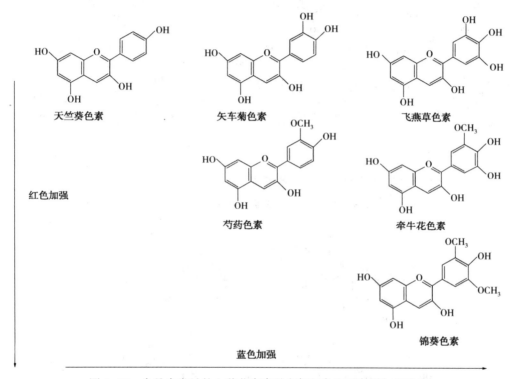

图8-17　食品中常见的六种花青素及它们红色和蓝色增加的次序

2）花色苷在食品加工和储藏中的变化

（1）温度的影响

花色苷热降解有三条途径（图8-18）。从图中可以看出加热温度越高，花色苷的颜色变化越快，110℃被认为是花色苷分解的最高温度，在60℃以下花色苷的分解速度较低。

（2）pH值的影响

花色苷随pH值的变化可出现4种结构形式，即蓝色醌式结构（a）、红色2-苯基苯并吡喃阳离子（AH⁺）、无色醇型假碱（b）和无色查尔酮（c）（图8-19）。

从图8-20可以看出，锦葵色素-3-葡萄糖苷的水溶液在低pH值时2-苯基苯并吡喃阳离子结构占优势，而在pH值为4~6时，醇型假碱式结构占优势，其他两种存在量很少。因此，当pH值接近6时，溶液变为无色，表明花色苷在酸性溶液中的呈色效果最好。

175

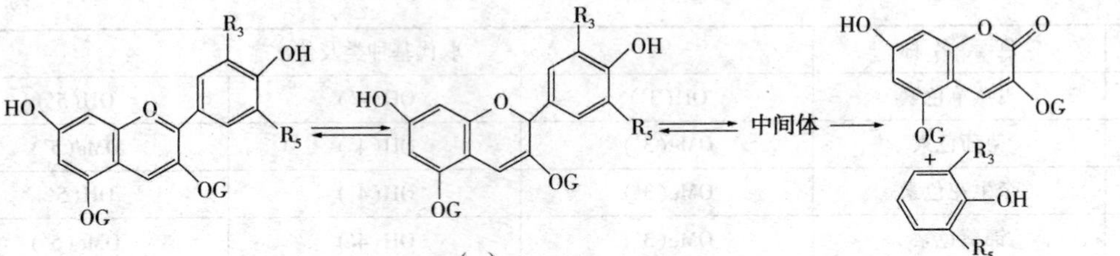

（a）

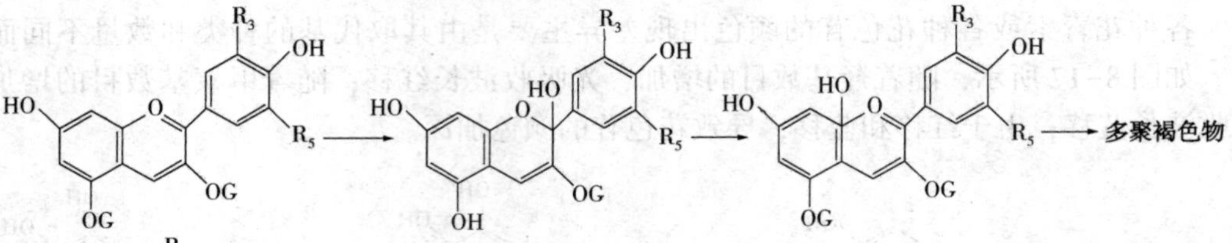

（b）

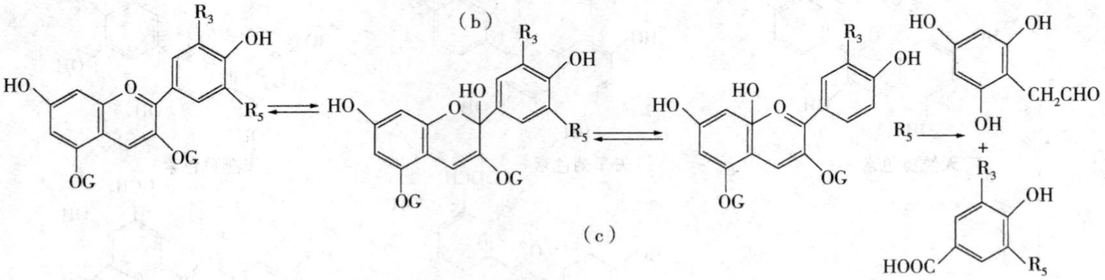

（c）

R_3，R_5=—OH，—H，—OCH$_3$或—OG；G＝葡萄糖基

图 8-18　3,5-二葡萄糖苷花色苷的降解机理

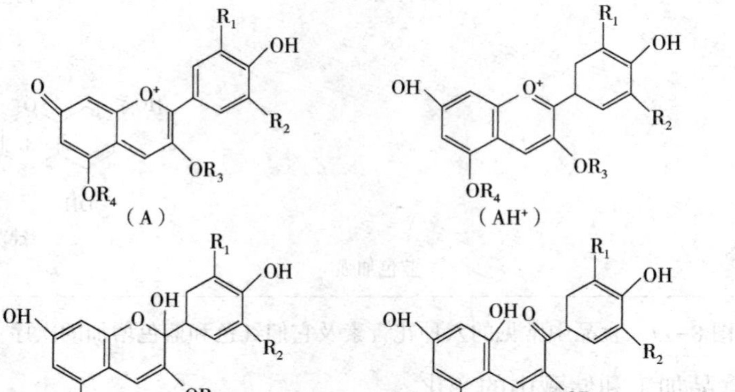

（A）　（AH$^+$）

（B）　（C）

A为醌式结构（蓝色），AH$^+$为2-苯基苯并吡喃阳离子（红色），B为拟碱式结构（无色），C为查耳酮式结构

图 8-19　花色苷在水溶液中的四种存在形式及它们的颜色

（3）金属离子的影响

当花青素和花色苷的 B 环上含有邻位羟基时，花色苷与 Al^{3+}、Fe^{2+}、Fe^{3+}、Sn^{2+}、Ca^{2+}等金属离子可以发生络合反应，产物可能为深红、蓝、绿和褐色等物质（图 8-20、图 8-21），从而对花色苷的颜色起到稳定作用。

（4）二氧化硫的影响

二氧化硫对花色苷的脱色作用可能是可逆或不可逆的。当SO$_2$用量在 500～2000μg/g

176

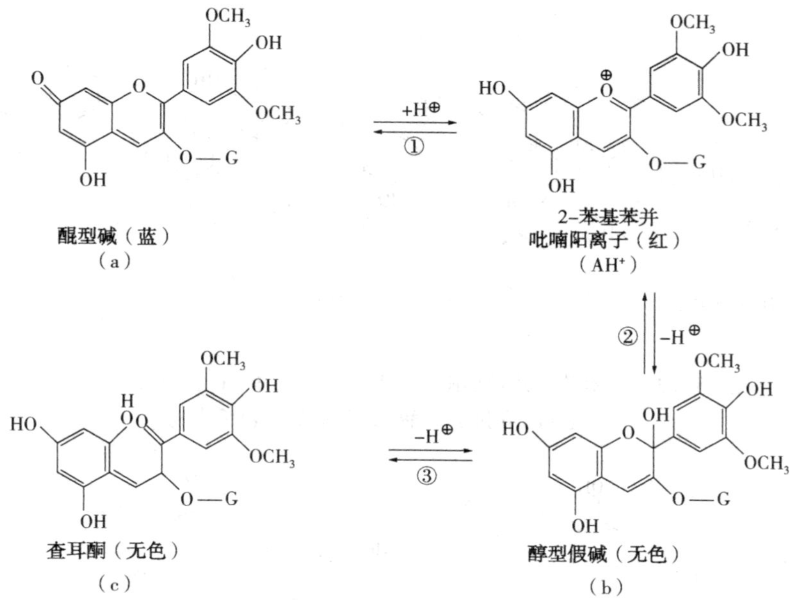

图 8-20　锦葵色素-3-葡萄糖苷在 pH 值为 0~6 范围内变化出现的 4 种结构

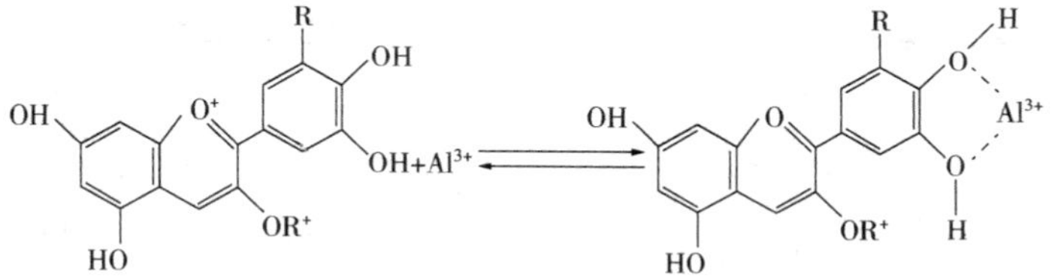

图 8-21　花色苷与金属离子形成的络合物

时，其漂白作用是可逆的，在后续的加工中，通过大量的水洗脱后，颜色可部分恢复。SO_2 的不可逆漂白机理是 SO_2 在果汁中酸的作用下形成了亚硫酸氢根，并对花色苷 2-位碳进行亲核加成反应生成了无色的花色苷亚硫酸盐复合物（图 8-22）。

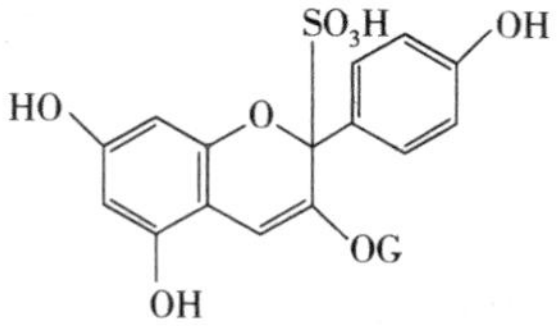

（5）缩合反应的影响

花色苷可与自身或其他有机化合物发生缩合反应，并可与蛋白质、单宁、其他类黄酮和多糖形成较弱的络合物。2-苯基苯并

图 8-22　花色苷亚硫酸盐复合物

吡喃阳离子或醌式碱吸附在合适的底物上时，可使花色苷保持稳定，但是与某些亲核化合物缩合，则生成无色的物质，如图 8-23 所示。

2. 儿茶素

常见的儿茶素有 4 种（图 8-24）。茶叶中常见的儿茶素有 6 种，即 L-表没食子儿茶素、L-没食子儿茶素、L-表儿茶素、L-儿茶素、L-表儿茶素没食子酸酯、L-表没食子儿茶素没食子酸酯。

儿茶素本身无色，具有较轻的涩味。儿茶素在茶叶中含量很高。儿茶素与金属离子结合产生白色或有色沉淀。

作为多酚，儿茶素非常容易被氧化生成褐色物质，整个酶促氧化过程可用图 8-25 表示。

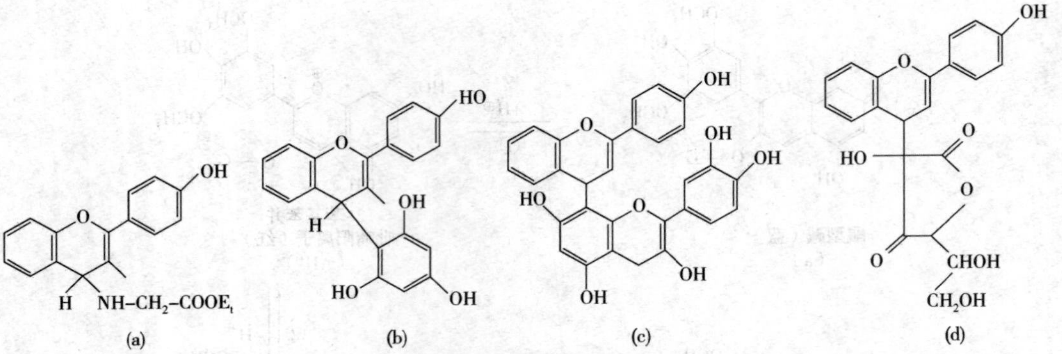

图 8-23 2-苯基苯并吡喃阳离子与甘氨酸乙酯(a)、根皮酚(b)、
儿茶素(c)和抗坏血酸(d)形成的无色缩合物

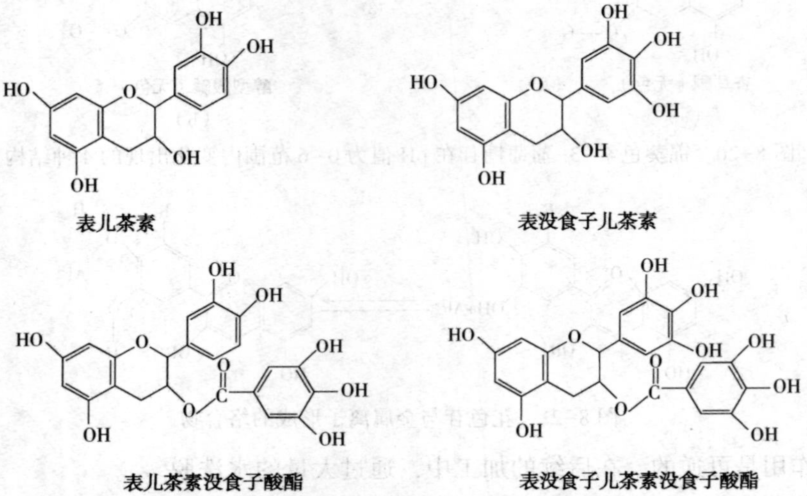

表儿茶素　　　　　　　　　　表没食子儿茶素

表儿茶素没食子酸酯　　　　表没食子儿茶素没食子酸酯

图 8-24　常见的几种儿茶素的结构

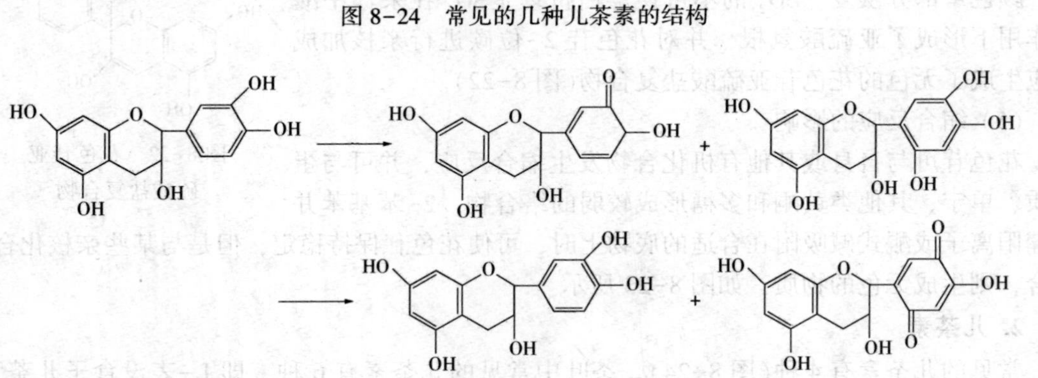

图 8-25　儿茶素的呈色变化

3. 类黄酮色素

（1）结构和物理性质

类黄酮(flavonoid)包括类黄酮苷和游离的类黄酮苷元，是水溶性色素。图 8-26 是类黄酮子类的母核结构和一些食品中常见类黄酮色素的结构。

黄酮　　黄酮醇　　黄烷酮　　黄烷酮醇

异黄酮　　噢哢　　查耳酮　　双黄酮

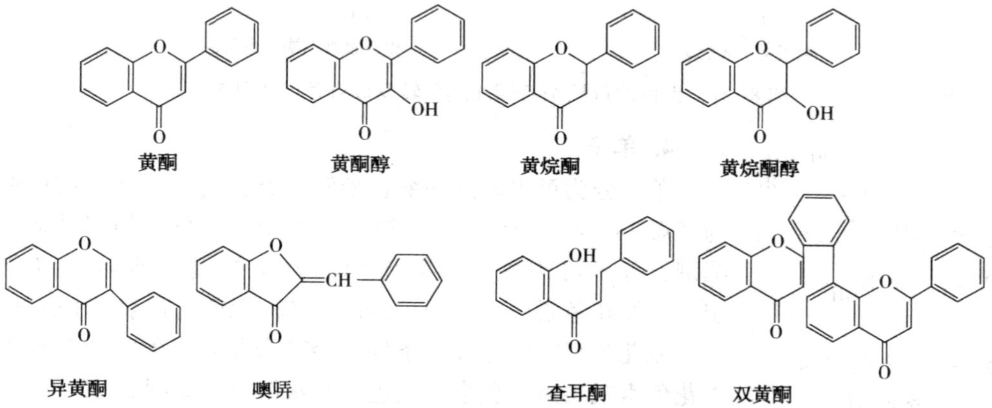

（a）类黄酮苷元的一些子类的名称和母核结构

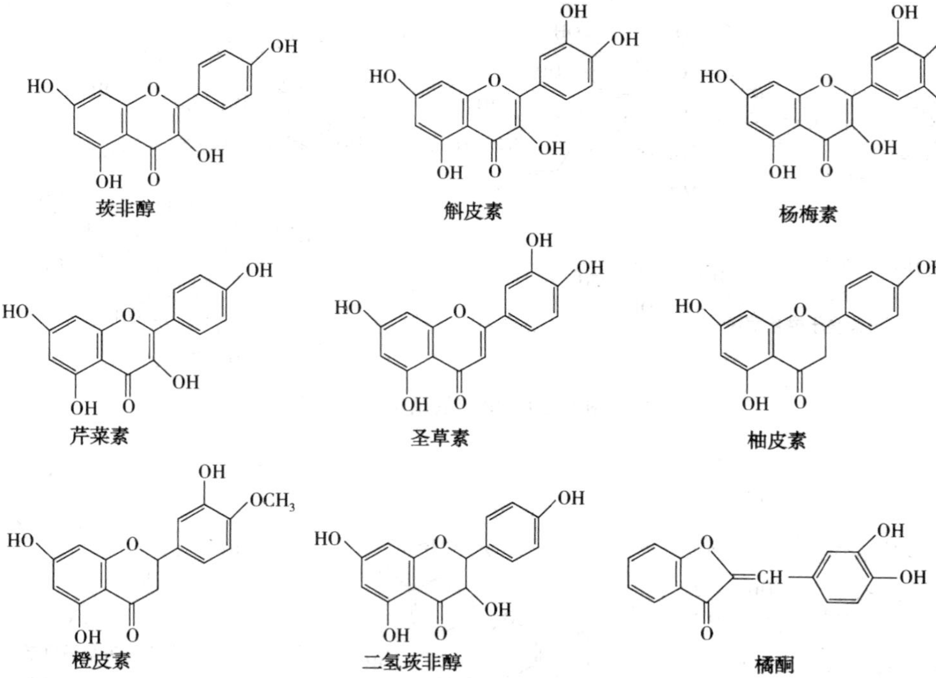

坎非醇　　斛皮素　　杨梅素

芹菜素　　圣草素　　柚皮素

橙皮素　　二氢坎非醇　　橘酮

（b）一些常见类黄酮苷元的名称及结构

图 8-26　类黄酮子类的母核结构和一些常见类黄酮色素的结构

（2）类黄酮在食品加工和储藏中的变化

类黄酮也像花色苷那样可与多种金属离子形成络合物，这些络合物比类黄酮呈色效应强。

在食品加工中，有时 pH 值会上升，在这种条件下烹调，原本无色的黄烷酮或黄烷酮醇可转变为有色的查耳酮类(图 8-27)。

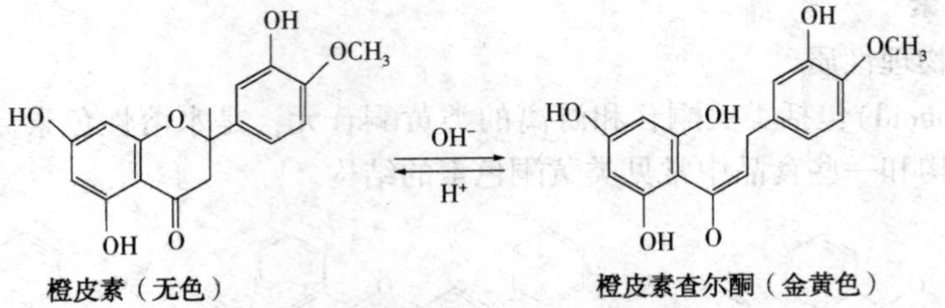

图 8-27 无色的黄烷酮与碱加热后转变成有色的查耳酮

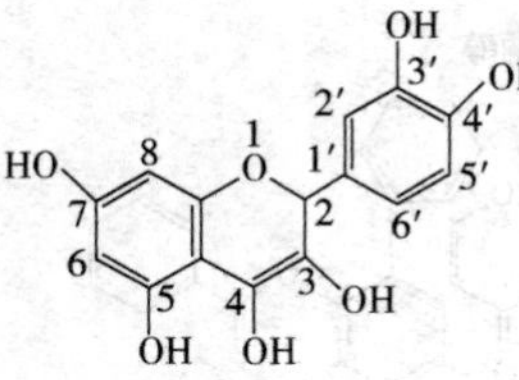

图 8-28 黄烷-3,4-
二醇的结构

4. 单宁

单宁分为可水解型和缩合型两大类，它们的基本结构单元常为黄烷-3，4-二醇(图 8-28)。水解型单宁分子的碳骨架内部有酯键，分子可因酸、碱等作用而发生酯键的水解；缩合型单宁——原花色素(anthocyanogen)，又称无色花青素(图 8-29)。

原花色素在酸性加热条件下会转为花青素如天竺葵色素、牵牛花色素或飞燕草色素而呈色，其水解机理如图 8-30 所示。

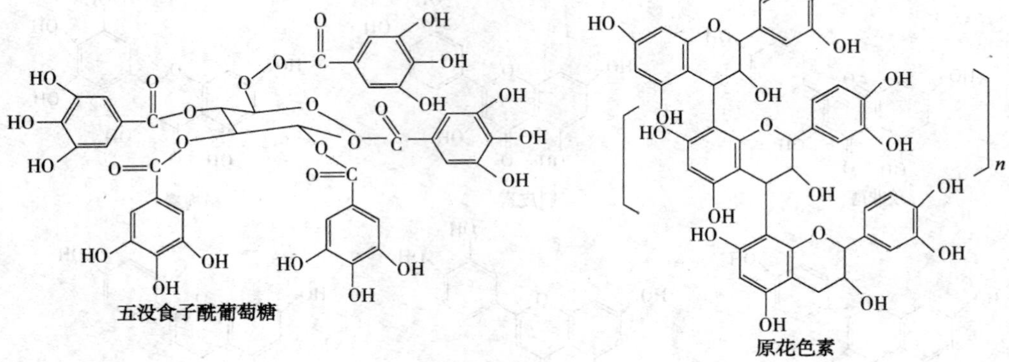

五没食子酰葡萄糖

原花色素

图 8-29 单宁的结构

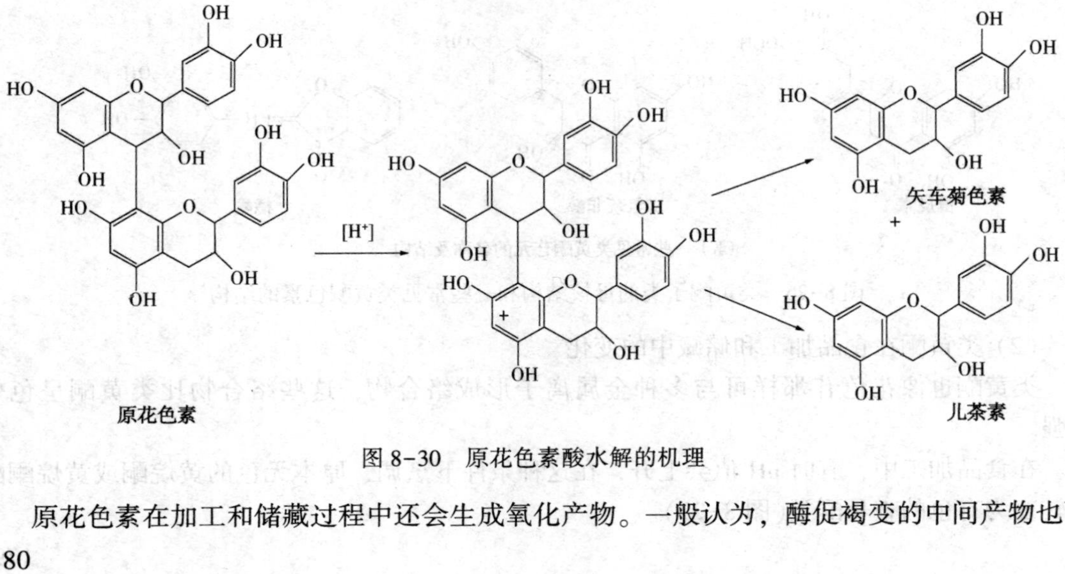

原花色素

矢车菊色素

儿茶素

图 8-30 原花色素酸水解的机理

原花色素在加工和储藏过程中还会生成氧化产物。一般认为，酶促褐变的中间产物也可对原花色素起氧化作用。

8.3 食品着色剂

8.3.1 天然着色剂

1. 红曲色素

红曲色素(monascin)来源于微生物,是一组由红曲霉菌、紫红曲霉菌、安卡红曲霉菌、巴克红曲霉菌(Monascus barkeri)所分泌的色素,属酮类色素。

红曲色素目前已确定结构的6种成分为:红色素类(红斑素、红曲红素)、黄色素类(红曲素、红曲黄素)和紫色素类(红斑胺、红曲红胺)。此3类色素均难溶于水,可溶于有机溶剂。现已证实,红曲色素是多种成分的混合色素,远不止含有上述6种色素。除上述醇溶性红曲色素外,还有一些水溶性的红曲色素。

2. 焦糖色素

焦糖色素(caramel)是糖质原料在加热过程中脱水缩合而形成的复杂红褐色或黑褐色混合物,是应用较广泛的半天然食品着色剂。按焦糖色素在生成过程中所使用的催化剂不同,国际食品法典委员会(CAC)将其分为四类(表8-7)。

表8-7 焦糖色素的类别及特征

特 征	焦糖色素的种类			
	普通焦糖(Ⅰ)	亚硫酸盐焦糖(Ⅱ)	氨法焦糖(Ⅲ)	亚硫酸铵法焦糖(Ⅳ)
国际编号	ISN 150a EEC No. E150a	ISN 150b EEC No. E150b	ISN 150e EEC No. E150c	ISN 150d EEC No. E150d
典型用途	蒸馏酒、甜食等	酒类	焙烤食品、啤酒、酱油	软饮料、汤料等
所带电荷	负	负	正	负
是否含氨类物质	否	否	是	是
是否含硫类物质	否	是	否	是

注:ISN为国际食品法典委员会(CAC)1989年通过的食品添加剂国际编号系统(2001年修订本),EEC为欧共体。

焦糖色素是我国允许在食品中广泛使用的一种天然色素着色剂,为深褐色的黑色液体或固体,有特殊的甜香气和愉快的焦苦味,易溶于水。焦糖色素中的环化物4-甲基咪唑,有致惊厥作用,对此,有限量标准。我国规定非胺盐法生产的焦糖色素可用用于酱油、醋、酱菜、饮料、酒类、糕点、巧克力、糖果、汤料以及糖浆药品等的着色。

3. 姜黄素

姜黄素是从草本植物姜黄根茎中提取的一种黄色色素,属于二酮类化合物,其化学结构式如图8-31所示。

姜黄素为橙黄色粉末,具有姜黄特有的香辛气味,味微苦。在中性和酸性溶液中呈黄色,在碱性溶液中呈褐红色。不易被还原,易与铁离子结合而变色。对光、热稳定性差,着色性较好,对蛋白质的着色力强。可以作为糖果、冰淇淋等

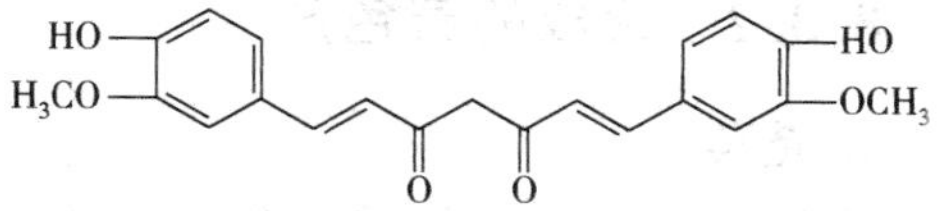

图8-31 姜黄素的结构

食品的增香着色剂。我国允许的添加量因食品而异，一般为 0.01g/kg。

4. 甜菜色素

甜菜红素（betalaine）是从黎科植物红甜菜块茎中提取出的一组水溶性色素，也广泛存在于花和果实中；以甜菜红素和甜菜黄素及它们的糖苷形式存在于这些植物的液泡中。其结构如图 8-32 所示。

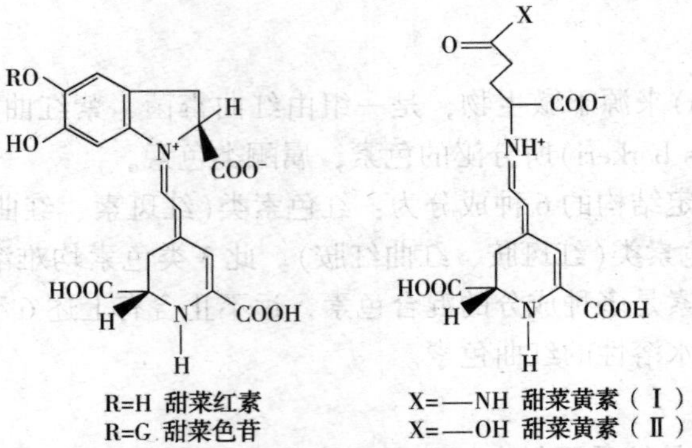

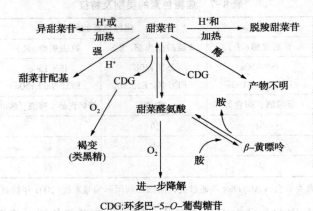

R=H 甜菜红素　　　　X=—NH 甜菜黄素（Ⅰ）
R=G 甜菜色苷　　　　X=—OH 甜菜黄素（Ⅱ）

图 8-32　甜菜红素和甜菜黄素的结构

甜菜色苷在加热和酸的作用下可引起异构化，在 C_{15} 的手性中心可形成两种差向异构体，随着温度的升高，异甜菜色苷的比例增高（图 8-33），导致褪色严重。

异甜菜苷 ← H^+ 或加热强 ← 甜菜苷 → H^+ 和加热 → 脱羧甜菜苷
甜菜苷配基 ← H^+ ← 甜菜苷 → CDG → 产物不明
CDG
→ O₂ → 褐变（类黑精）
甜菜醛氨酸 ← 胺 → β-黄嘌呤
→ O₂ → 进一步降解
胺

CDG:环多巴-5-O-葡萄糖苷

图 8-33　甜菜色苷的酸和/或热降解

5. 虫胶色素

虫胶色素是一种动物色素，它是紫胶虫在蝶形花科黄檀属、梧桐科芒木属等寄生植物上分泌的紫胶原胶中的一种色素成分。在我国主要产于云南、四川、台湾等地。

虫胶色素有溶于水和不溶于水两大类，均属于蒽醌衍生物。溶于水的虫胶色素称为虫胶红酸，包括 A、B、C、D、E 五种组分，结构式如图 8-34 所示。

8.3.2　合成的着色剂

1. 苋菜红

苋菜红（amaranth）即食用红色 2 号，又名蓝光酸性红，为不溶性偶氮类着色剂，化学名称为 1-（4′-磺酸基-1-萘偶氮）-2-萘酚-3，7-二磺酸三钠盐，分子式为 $C_{20}H_{11}N_2Na_3O_{10}S_3$，分子量为 604.49，其化学结构式如下：

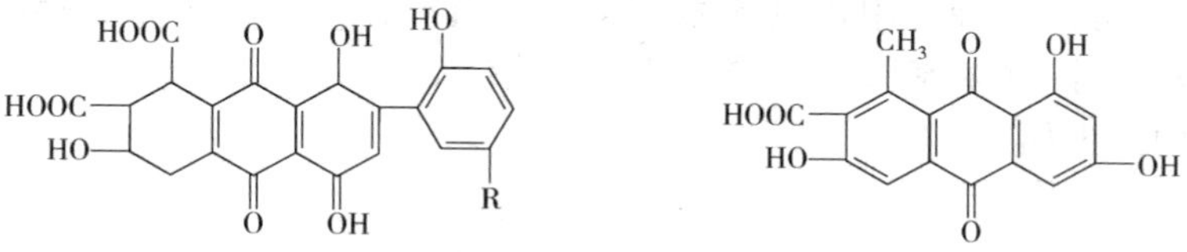

虫胶红酸A，B，C，E
A：R=——$CH_2CH_2NHCOCH_3$
B：R=——CH_2CH_2OH
C：R=——$CH_2CH(NH_2)COOH$
E：R=——$CH_2CH_2NH_2$

虫胶红酸D

图 8-34　虫胶红酸结构

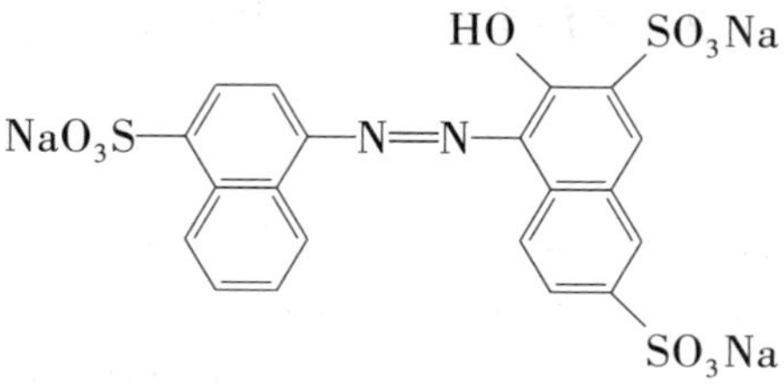

　　苋菜红为紫红色颗粒或粉末状，无臭，可溶于甘油及丙二醇，微溶于乙醇，不溶于脂类。主要用于饮料、配制酒、糕点、青梅、糖果、对虾片等。

2. 胭脂红

　　胭脂红（ponceau 4R）即食用红色 1 号，又名丽春红 4R，其化学名称为 1-（4'-磺酸基-1-萘偶氮）-2-萘酚-6,8-二磺酸三钠盐，分子式为 $C_{20}H_{11}N_2Na_3O_{10}S_3$，分子量为 604.49，是苋菜红的异构体。

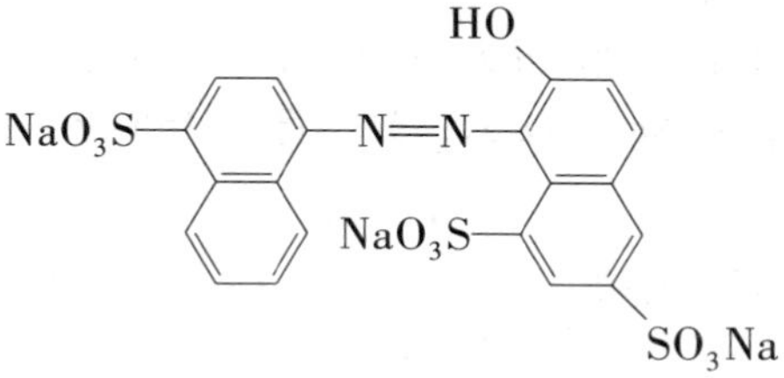

　　胭脂红为红色至暗红色颗粒或粉末状物质、无臭，易溶于水，难溶于乙醇，能被细菌所分解，遇碱变成褐色。主要用于饮料、配制酒、糖果等。

3. 赤藓红

　　赤藓红（erythrosine），即食用红色 3 号，又名樱桃红，其化学名称为 2,4,5,7-四碘荧光素，分子式为 $C_{20}H_6I_4Na_2O_5 \cdot H_2O$，分子量为 897.88，结构式如下：

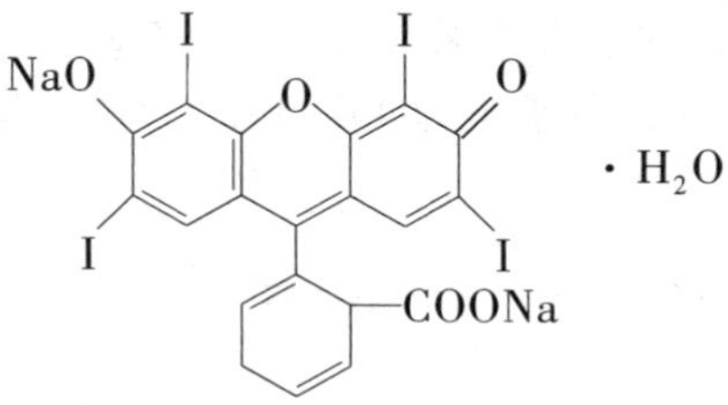

　　赤藓红为红褐色颗粒或粉末状物质、无臭，易溶于水，染着力强。主要用于饮料、配制酒和糖果、焙烤食品等。

4. 柠檬黄

柠檬黄（tartrazine），即食用黄色 5 号，又称酒石黄，化学名称为 3-羧基-5-羧基-2-(对-磺苯基)-4-(对-磺苯基偶氮)-邻氮茂的三钠盐，分子式为 $C_{16}H_9N_4Na_3O_9S_2$，分子量为 534.37，结构式为如下：

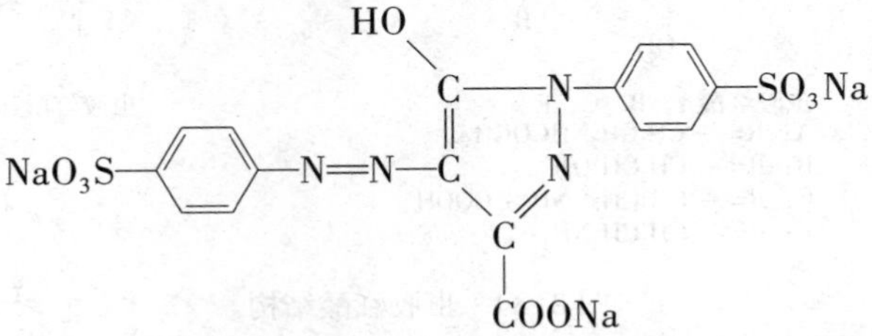

柠檬黄为橙黄色粉末，无臭，易溶于水。主要用于饮料、汽水、配制酒、浓缩果汁和糖果等。

5. 新红

新红（new red）的化学名称为 2-(4'-磺基-1'-苯氮)-1-羟基-8-乙酸氨基-3，7-二磺酸三钠盐，分子式为 $C_{18}H_{12}N_3Na_3O_{11}S_3$，分子量为 611.45，其结构式如下：

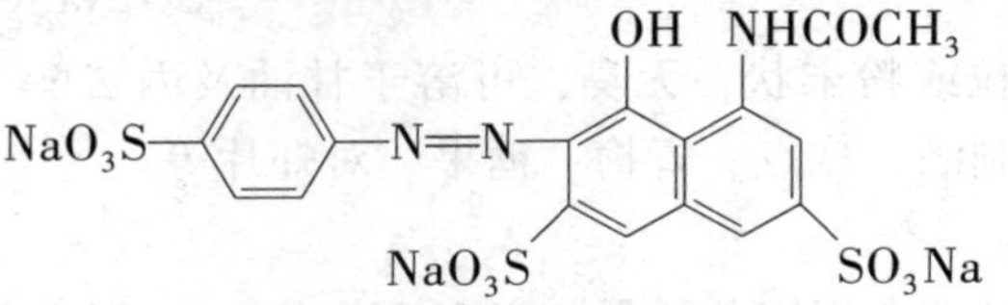

新红为红色粉末，易溶于水，水溶液为红色，微溶于乙醇，不溶于油脂，可用于饮料、配制酒、糖果等。

6. 靛蓝

靛蓝（indigo carmine）又名靛胭脂、酸性靛蓝或磺化靛蓝，其化学名称为 5，5'-靛蓝素二磺酸二钠盐，分子式为 $C_{16}H_8Na_2N_2O_8S_2$，分子量为 466.36，结构式如下：

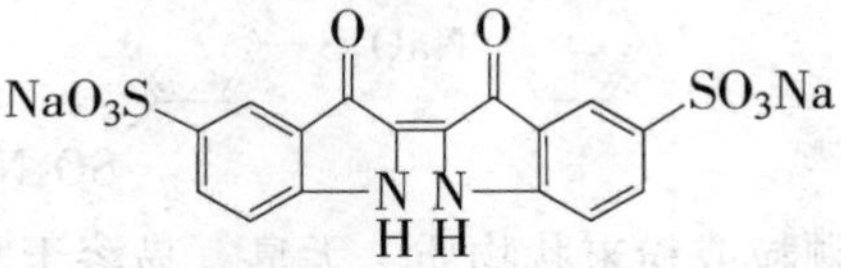

靛蓝为蓝色粉末，无臭，它的水溶液为紫蓝色，对热、光、酸、碱、氧化作用均较敏感，易被细菌分解，还原后褪色，常与其他色素配合使用以调色。可用于饮料、配制酒、糖果、糕点等。

7. 日落黄

日落黄（sunset yellow FCF）的化学名称为 1-(4'-磺基-1*-苯偶氮)-2-苯酚-7-磺酸二钠，分子式为 $C_{16}H_{10}N_2Na_2O_7S_2$，分子量为 452.37，化学结构式为：

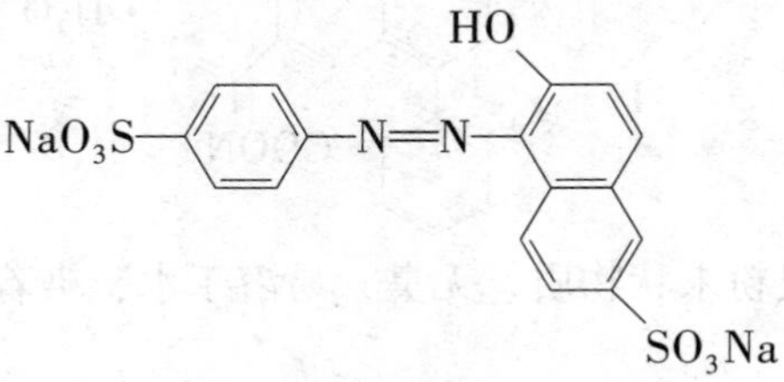

日落黄是橙黄色均匀粉末或颗粒，易溶于水、甘油，微溶于乙醇，不溶于油脂，耐光、耐酸、耐热。可用于饮料、配制酒、糖果、糕点等。

8. 亮蓝

亮蓝（brillant blue）又名蓝色1号，其化学名称为4-[*N*-乙基-*N*-(3′-磺基苯甲基)-氮基]苯基-(2′-磺基苯基)-亚甲基-(2，5-亚环己二烯基)-(2′-碘基苯甲基)-乙基胺二钠盐，分子式为 $C_{37}H_{34}N_2Na_2O_9S_3$，分子量为792.84，化学结构式如下：

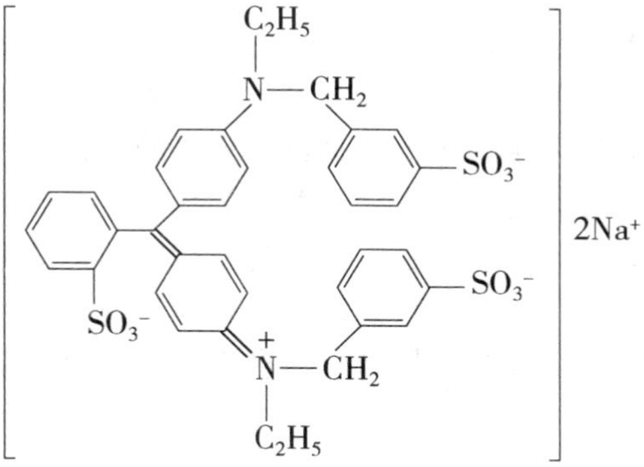

亮蓝是紫红色均匀粉末或颗粒，有金属光泽。易溶于水，水溶液呈亮蓝色，也溶于乙醇、甘油，有较好的耐光性、耐热性、耐酸性和耐碱性。可用于饮料、配制酒、糖果、糕点等。

8.4　食品漂白剂

食品在加工制造、储藏、流通的各个环节中因各种内在或外在因素的影响，往往会产生或者保留着原料中所包含的令人不喜欢的着色物质，导致食品色泽不纯正，为了消除杂色，通常需要进行漂白。食品漂白剂是指能够破坏或者抑制色泽退去或者避免食品褐变的一类添加剂。

漂白剂种类很多，但鉴于食品的安全性及其本身的特殊性，真正适合应用于食品的漂白剂种类不多。按其作用机理分为还原性漂白剂和氧化性漂白剂。还原性漂白剂如亚硫酸钠、低亚硫酸钠、焦亚硫酸钠、亚硫酸氢钠等，氧化性漂白剂如漂白粉、二氧化氯、过氧化氢、高锰酸钾、亚氯酸钠、过氧化苯甲酰、臭氧等。考虑到其漂白的效率和安全性，能实际用于食品的添加剂还是很少，开发低毒性和低残留的复合型漂白剂是发展趋势。

8.5　食品调色的原理及应用

8.5.1　着色剂溶液的配制

着色剂粉末直接使用时不方便，在食品中分布不均匀，可能形成色素斑点，经常需要配制成溶液使用。合成着色剂溶液一般使用的浓度为1%～10%，浓度过大则难于调节色调。

配制时，着色剂的称量必须准确。此外，应该按每次的用量配制，因为配制好的溶液久置后易析出沉淀。由于温度对着色剂溶解度的影响，着色剂的浓溶液在夏天配好后，储存在冰箱或是到了冬天，亦会有沉淀。胭脂红的水溶液在长期放置后会变成黑色。

配制着色剂水溶液所用的水，通常应先将水煮沸，冷却后再用，或者应用蒸馏水或离子交换树脂处理过的水。

配制溶液时，应尽可能避免使用金属器具；剩余溶液保存时，应避免日光直射，最好在冷暗处密封保存。

8.5.2 食品着色的色调选择原则

色调是一个表面呈现近似红、黄、绿、蓝颜色的一种或两种颜色的目视感知属性。食品大多具有丰富的颜色，而且其色调与食品内在品质和外在美学特性具有密切的关系。因此，在食品的生产中，特定的食品采用什么色调是至关重要的。食品色调的选择依据是心理或习惯上对食品颜色的要求，以及颜色与风味、营养的关系。色调选择应该与食品原有色泽相似或与食品的名称一致或根据拼色原理调制出特定食品相应的特征颜色。如樱桃罐头、杨梅果酱应选择相应的樱桃红、杨梅红色调，红葡萄酒应选择紫红，白兰地选择黄棕色等。又如糖果的颜色可以根据其香型特征来选择，如薄荷糖多用绿色、橘子糖多用红色或橙色、巧克力糖多用棕色，等等。

8.5.3 色调的调配

以红、黄、蓝为基本色，可以根据不同需要来选择其中 2 种或 3 种拼配成各种不同的色谱。基本方法是由基本色拼配成二次色，或再拼成三次色，其简易调色原理如下所示：

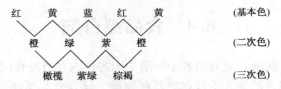

各种食品合成着色剂溶解在不同溶剂中，可以产生不同的色调和颜色强度，尤其当使用两种或数种食品合成着色剂拼色时，情况更为显著。例如，某一比例的红、黄、蓝三色的混合物，在水溶液中色泽较黄，而在 50% 乙醇中色泽较红。食品酒类因酒精含量不同，着色剂溶解后的色调也不同，故需要按酒精含量及色调强度的需要进行拼色。此外，食品在着色时是潮湿的，当水分蒸发逐渐干燥时，着色剂亦会随着集中于表层，造成所谓"浓缩影响"，特别是在食品和着色剂之间的亲和力低时更为明显。拼色时要注意各种色素的稳定性不同，这会导致合成色色调的变化，如靛蓝褪色较快，柠檬黄则不易褪色，由其合成的绿色会逐渐转变为黄绿色。合成色素运用上述原理进行拼色的效果较好。天然色素由于其坚牢度低、易变色和对环境的敏感性强等因素，不易于拼色。

186

第9章 食品中的有害物质

9.1 概　　述

9.1.1 食品中有害物质的来源和分类

从这些有害物质的具体来源上来看，这些物质可分为植物源的、动物源的、微生物源的、因环境污染所带入的以及食品加工过程产生的五类；也可将其分为外源性有害物质、内源性有害物质、诱发性有害物质三类；还可以根据毒素产生的特征，将有害物质的来源分为两大类——固有的和污染的。其具体产生途径如表9-1所示。

表9-1　食品有害物质的来源

来　源	途　径
固有有害物质	在正常条件下生物体通过代谢或生物合成而产生的有毒化合物 在应激条件下生物体通过代谢或生物合成而产生的有毒化合物
污染有害物质	有毒化合物直接污染食品 有毒化合物被食品从其生长环境中吸收

9.1.2 食品中有害物质的危害性

食品中的有害物质主要来源于食品原料本身、食品加工过程、微生物污染和环境污染等方面。当食品中的有害成分含量超过一定限度时，即可对人体健康造成损害。食品中的有害成分的种类、数量及性质不同，对人体造成的危害也大不相同。概括起来可分为三种情况。

（1）急性中毒

有害物质随食物进入人体后，在短时间内造成机体的损害，出现临床症状，如腹泻、呕吐、疼痛等；一般微生物毒素中毒和一些化学物质中毒会出现此症状。

（2）慢性中毒

食物被有害化学物质污染，由于污染物的含量较低，不能导致急性中毒，但长时间食用会体内蓄积，经数天、数月、数年、数十年或者是更长的时间后，引起机体损害，表现出各种慢性中毒的临床症状，如慢性的苯中毒、铅中毒、镉中毒。

（3）致畸、致癌作用

一些有害的物质可以通过孕妇作用于胚胎，造成胎儿发育期细胞分化或器官形成不能够正常进行，出现畸形或死胎，如农药DDT、黄曲霉毒素 B_1 等；或者是这些物质可在体内诱发肿瘤生长，形成癌变。目前许多物质被怀疑与癌变有关，如亚硝胺、苯并芘、多环芳烃、黄曲霉毒素等。

9.1.3　食品中有害成分的危险性管理

食品中有害成分的危险性管理的目标是通过选择和实施适当的措施，尽可能地控制食品中的有害物质，从而保障公众的健康。我国陆续制定和修订了一系列越来越完善的食品卫生国家标准，并且随着我国在国际上影响力的逐步增强，这些食品卫生标准已经接近甚至高于一些国际标准。

由 FAO/WHO(Food and Agricultural Organization/Word Health Organization)食品法典委员会(Codex Alimentarius Commission)制定食品法典是国际上较为公认的食品标准之一，是防止人类免受食源性危害和保护人类健康的统一要求。虽然在技术上食品法典是非强制性的，但在国际食品贸易争端中是作为食品安全的仲裁标准。食品法典是保证食品安全的最低要求。

CAC 的决策过程所需要的科学技术信息由独立的专家委员会提出，包括负责食品添加剂、化学污染物和兽药残留的 FAO/WHO 食品添加剂专家联合委员会(the Joint FAO/WHO Expert Committee of Food Additives，JECFA)，针对农药残留的 FAO/WHO 农药残留联席会议(the Joint FAO/WHO Meeting on Pesticide Residues，JMPR)和针对微生物危害的 FAO/WHO 微生物危害性评估专家联席会议(the Joint FAO/WHO Expert Meeting on Microbiological Risk Assessment，JEMRA)。

总之，食品有害成分的危害性评估由专家委员会(JECFA，JMPR 和 JEMRA)负责，而食品有害物质的危害性管理由食品法典委员会(CAC)负责。

9.1.4　食品中有害成分研究的内容和方法

食品中有害成分的研究，包括三部分内容：

① 有害成分的组成、结构、含量、理化性质，在食品或外环境中的存在形式以及在食品加工和储藏过程中发生的变化。

② 有害成分随同食品被吸收入机体后在体内分布、代谢转化和排泄过程。

③ 随同食品进入机体的有害成分及其代谢产物在体内引起的生物学变化，亦即对机体可能造成的毒性损害及其机理。

因此，食品中有害成分的研究方法应包括实验研究和人群调查两个方面。

在实验研究方面，利用物理和化学的方法来研究如上所述的食品中有害成分的第 1 部分内容；利用生物学方法，结合物理、化学、生理生化或分子生物学方法，如用动物试验来研究其第 2 部分内容；用动物、微生物、昆虫或动物细胞株毒性试验来研究其第 3 部分内容。

人群调查是对人体进行直接观察。原则上，人类应该避免摄入含有有害或可能有害的物质，更不能有意识地对人体进行有害物质的试验，但有时由于缺乏认识或偶然发生的意外事故，某些人群可能摄入有害物质或含有有害成分的食物，可以采用流行病学调查方法，了解这些人群的一般健康状况、发病率、特殊病症或其他异常现象。

9.2　食品中有害物质的结构与毒性的关系

9.2.1　有机化合物结构中的功能基团与毒性

1. 烃类

烃类包括链烷烃、烯烃、环烷烃和芳烃等多种化合物。

烃类不饱和度越高，化学性质越活泼，一般毒性也越强。碳链长度相同时，不饱和烯烃的毒性大于烷烃，而炔烃毒性更强。环烃一般比相应烷烃毒性低。有侧链的烃类一般比碳原子数相同的直链烃毒性为低。

芳烃的毒性较强，但主要是吸入毒性，如苯吸入后表现较强的神经与血液毒性作用。苯环上带有烷基侧链者，一般在体内的毒性较小，尤其是慢性毒性，因为侧链易于氧化，最后形成苯甲酸，并与甘氨酸结合成为马尿酸随同尿液排出。

稠环芳烃中三环以下的联苯、萘和蒽等均无致癌性，它们水溶性较小，不易吸收，所以经口毒性不大，而且均有较强的刺激性气味，故不易发生急性中毒。

萜烯烃(terpene)是具有不饱和键的环戊烷系化合物，生成过氧化物的趋势较强，因而毒性也较大。

在食品中的污染烃类，主要是食用植物油的抽提溶剂轻汽油(己烷与庚烷)残留，用作食品包装薄膜的聚乙烯、聚丙烯和聚苯乙烯等的释出，但它们经口毒性都很低。

2. 卤代烃类

卤素有较强的吸电子效应，可使卤代烃分子极性增加，在体内易与酶系统结合，所以卤素是较强的毒性基，卤代烃一般比其母体烃毒性为大。

卤代烃类化合物的毒性高低可因卤素元素不同而有差别，一般按氟、氯、溴、碘的顺序而增强；而且卤素原子数目越多，毒性也越高。

各种卤代烃化合物的毒性作用也不一样，但除普遍具有对皮肤、黏膜和呼吸系统刺激以及腐蚀作用外，多数有麻醉以及侵害神经系统的作用，对肝、肾等其他器官也有损害。

卤代烃类中有许多与食品污染有关的重要物质，如有机氯杀虫剂(六六六和滴滴涕等)，含各种卤素的除草剂(氟乐灵、乙乐灵等)，熏蒸剂(溴甲烷等)、食品包装用塑料(聚氯乙烯、聚四氟乙烯等)、某些霉菌毒素和工业三废中有关物质如多氯联苯等。

3. 硝基和亚硝基化合物

硝基化合物的毒性很强，是作用于肝、肾中枢神经和血液的毒物，主要是吸入和经皮肤吸收中毒。

有机硝基化合物分子中引入卤素、氨基和羟基时，更能增加其毒性，而引入烷基、羧基和磺酸基时，则毒性减弱；一般硝基越多，毒性越强。

亚硝基化合物与硝基化合物类似，但毒性较强，其中亚硝胺类为致癌物。

所有这些硝基化合物直接污染并存在于食品中的机会不大，但作为农药及其他食品污染物的母体物仍须特别注意。如用作粮食熏蒸剂的硝基三氯甲烷，除草剂氟乐灵和地乐灵的母体是二硝基甲苯胺衍生物等。

4. 氨基化合物和偶氮化合物

氨基化合物的毒性各有不同，没有取代基的脂肪族胺与芳胺均有毒，尤其是芳胺，如苯胺、甲苯胺、联苯胺、β-萘胺、β-萘酚、氯苯胺、二苯胺和联苯甲胺等。导入羧基或羟基可使毒性降低，但氨基酸例外，大多数常见氨基酸是体内重要的营养物质。

偶氮苯、氨基偶氮苯和二氨基偶氮苯等均与苯胺有类似的毒性作用。

脂肪族胺多在食品腐败过程中出现，如甲胺、二甲胺、三甲胺以及碳链更长的各种胺类；碱性孔雀绿、甲基紫、碱性品红、碱性亮绿和碱性槐黄等色素的母体物均为苯胺；奶油黄(对二甲氨基偶氮苯)是典型的油溶性偶氮色素。

5. 腈和脲

脂肪族腈、芳腈和二腈都具有明显毒性，氰醇毒性很强。山黎豆中一种已经证实的有毒物质是 $\beta\text{-}N\text{-}(\gamma\text{-}L\text{-}$谷酰基$)$氨基丙腈。

脲本身毒性不大，但取代脲类除草剂，巴比妥、嘧啶和黄嘌呤等的母体是脲，一般经口毒性不高。

6. 醇和酚

在脂肪族一元醇类中，以丁醇和戊醇毒性最强，其他碳原子数较多或较少的其他一元醇，毒性均较低，但甲醇例外，其毒性较强。

在碳原子数相同的醇类中，异构醇毒性比正构醇弱。环戊醇和环己醇等环烷醇类化合物的毒性与环烷烃类相近似。多元醇类一般毒性很低。芳香族一元醇，如苯甲醇、苯乙醇等，有一定强度的经口毒性。卤代醇其毒性很强。

酚类的毒性较相应的芳香烃和相似的环烷醇为强，并随侧链碳原子数增加而渐减。多元酚的毒性作用多数小于苯酚。萘酚的毒性作用与苯酚相似，但较低。

卤代酚类化合物的毒性均比母体酚为高，而且随卤素原子数的增加而增强。

7. 醚类

脂肪族低级醚有麻醉与刺激作用，其麻醉作用较相应的醇类强，分子中如有双键及卤素，则麻醉作用减弱而刺激性增强。

芳香族醚类可作香精原料，毒性强弱不等。

环醚类均有一定毒性，如分子中双键及卤素可增强其刺激性。

醚主要有麻醉性，经口毒性不大，对食品污染可能较少。

8. 醛和酮

醛的毒性随着分子碳链的加长而逐渐减弱；分子中有双键或卤素时，则毒性增强。

酮与醛的毒性相似，分子量增加、不饱和键存在以及卤素取代均可使毒性增强，一般脂肪族酮比芳香族酮毒性大。脂肪族低级酮及其卤素取代物如丙酮、一氯丙酮、一溴丙酮和一碘丙酮的毒性按上述顺序而增强。

9. 羧酸和酯类

有机化合物引入羧基，其毒性减低或消失。多元酸中的草酸与柠檬酸能与血液及组织中的钙结合，因而具有一种特殊毒性，但它们又是体内正常代谢产物，所以主要决定于剂量大小。

芳香族一元酸一般毒性不大。苯二元酸，如苯二甲酸的间位和对位异构体经口毒性均较低。三元以上的芳香族酸毒性尚不清楚。羟基羧酸经口毒性较羧酸更低。

酯类的毒性一般与酸的关系比醇更为密切，一般也较酸类强。甲酯的毒性比高级脂肪酸酯高，其他低级脂肪酸（癸酸以下）的乙、丙、丁和戊酯，多数经口毒性不大。水杨酸酯有慢性毒性，草酸酯毒性近似草酸。内酯（lactone）一般均有毒，有些具致癌或促致癌作用。

磷酸酯类农药即有机磷农药，其通式如下：

磷酸酯　　　　　　　焦磷酸酯

磷酸酯类农药的毒性主要与其 R 基团和非烷基 X 基团有关。在 R 基团中，碳原子数增加，毒性也相应增强。在非烷基 X 基团方面，如 X 为苯环时，由于苯环上的取代基不同，毒性也不相同；一般情况下，各种取代基毒性高低的大致顺序是按—NO_2、—CN、—Cl、—H、—CH_3、—tC_4H_9、—CH_2O 和—NH_2顺序而递减，而且苯环上—NO_2基的位置与毒性的关系是对位>邻位>间位；另外，—P＝O 的毒性比—P＝S 高。

10. 硫醇、硫醚和硫脲

硫醇主要为恶臭，并非毒性，虽有麻痹中枢神经作用，但主要是吸入毒性。芳香族硫醇毒性也与此类似。

硫醚和二硫化物，均有麻醉性，但仅具有吸入毒性。卤代硫醚的典型代表芥子气（二氯二乙硫醚），是剧毒气体，可腐蚀皮肤和黏膜，故称糜烂性毒气。

硫脲毒性较强并可致癌，硫脲的各种衍生物毒性不等。

11. 磺酸和亚磺酸、砜和亚砜

有毒化合物引入磺酸基后，毒性将降低，如是致癌物亦可失去致癌性。一般对血液和神经具有毒性的烃类、酯类和含有硝基、氨基的化合物经磺化后，毒性均可降低甚至完全失去毒性。亚磺酸与磺酸相似，经口毒性一般不大。

砜和亚砜本身皆不具毒性，其毒性决定于与其结合的其他物质。二苯砜或二苯亚砜毒性不大；但当砜或亚砜与卤素结合或被还原为硫醚时，刺激性较明显。

9.2.2 无机化合物的毒性

无机化合物的毒性无一定规律，但可根据以下各点，粗略预测各种无机化合物的毒性。

1. 金属毒物

首先，无机化合物的毒性与其溶解度有关，一般金属类本身比其盐类难溶于水，所以毒性较低。

其次，有些金属的有机化合物比无机化合物易吸收，故毒性较大。如无机汞吸收率仅为 2%，醋酸汞约为 50%，苯基汞可达 50%～80%，甲基汞达 100%，因此其毒性按上述顺序而增大，差别较为明显。而还有一些例外，如有机态的砷毒性普遍要比无机态的砷毒性要小。

再次，同一金属常有不同化合价，如砷有三价和五价两种，一般情况下，化合价低者，毒性较大，但铬例外，六价者毒性高于三价者。

2. 氧化还原剂和酸碱

氧化能力较强的化合物，一般毒性也较大；酸或碱的毒性则取决于其在水中的离解度，强酸和强碱离解度大，对机体的危害大于离解度小的弱酸和弱碱。

9.2.3 食品中有害物质的理化性质与毒性

1. 油水分配系数

一种物质在油和水两种介质中的分配率，常为一个恒定的比值，即为该物质的油水分配系数。油水分配系数大者，表明易溶于油；反之，易溶于水。

由于亲脂性物质较易透过生物膜的脂质双分子层，而进入组织细胞，其毒性较亲水性物质相对为强，因此油水分配系数较大的物质，毒性高于油水分配系数较小者。

而就亲水性物质本身而言，一方面，凡在水中溶解度较高者比在水中溶解度较低者相对较易被吸收，毒性也较高。但另一方面，水溶性较高的物质易于由体内排出，因此可使其毒性降低。一种化学物质如果引入极性基团，即可降低其毒性。

在油和水中都不易溶解的物质，其毒性也较低，如很多金属元素和石蜡等高级烷烃。

2. 光学异构与毒性

食品中有害物质如有光学异构现象，机体组织或酶通常只能与一种光学异构体作用，而且往往是与 L-异构体起作用，而 D-异构体在体内生物活性甚低，甚至完全不具有生物活性。但也有例外，如尼古丁的 L-异构体与 D-异构体在体内毒性相等。

3. 基团的电负性与毒性

食品中有害物质如与带有负电的基团相结合，则由于受电子吸引的影响，在分子中将形成"正电中心"。此处电子云密度显著降低，与受体的负电荷相互吸引而牢固地结合，即产生毒性，由此可预测该物质与受体结合的稳定度和毒性大小。

9.3 食品中有害物质的类型

9.3.1 植物性食物中的毒素

植物性毒素又称之为有毒性植物代谢物，表9-2列出的是存在于植物食品中的一部分主要毒物，并附有其主要特征。

表 9-2 主要植物性毒素和特征

有害物质	化学性质	主要植物来源	主要毒性症状
蛋白质抑制剂	蛋白质（分子量 4000~24000）	豆类（大豆、绿豆），薯类（甘薯、土豆），谷类	阻碍生长和食品利用，胰腺肥大
血球凝集素	蛋白质（分子量 10000~124000）	豆类，小扁豆，豌豆	阻碍生长和食品利用，试管内红细胞凝聚或丝状分裂
茄苷	糖苷类	大豆，甜菜，花生，菠菜	试管内红细胞溶解
芥子苷	硫代糖苷类	油菜，芥菜，甘蓝等	甲状腺肿大，甲状腺机能亢进
氰	生氰的葡萄糖苷	豆类，亚麻，果核，木薯	HCN 中毒
棉酚色素	棉酚	棉籽	肝损伤，出血，水肿
山薰豆素	β-氨基丙腈及衍生物	鹰嘴豆	骨畸形，中枢神经损伤
过敏原	蛋白性物质	蔬菜、水果、坚果、谷物、中草药成分；粉状过敏源如花粉等	过敏反应
苏铁苷	甲基氧化偶氮甲醇	苏铁属坚果	肝脏或其他器官癌
蚕豆病致病毒素	蚕豆嘧啶葡糖苷和伴蚕豆嘧啶核苷	蚕豆	急性溶血性贫血
植物抗毒素	呋喃类化合物，异黄酮	甘薯，芹菜，蚕豆，豌豆，青刀豆	肺水肿，肝肾损伤，皮肤过敏
双稠吡咯啶生物碱	二氢吡咯	茶叶，发芽土豆	肺功能损伤，致癌物
黄樟素	烯丙基取代苯	黄樟，黑胡椒	致癌物
仓术苷	甾族糖苷	洋飞廉苍术树胶	糖原消耗

下面分别对其中的一些典型毒物做简单介绍。

1. 有毒蛋白质类

1）蛋白酶抑制剂

蛋白酶抑制剂是在许多植物的种子和荚果中存在的一种小分子蛋白质，能抑制胃蛋白酶、胰蛋白酶等多种蛋白酶对食物蛋白质的分解作用，使蛋白质不能被人体完全吸收，从而造成参与调节多种代谢活动的重要营养素的缺乏。如胰蛋白酶抑制剂、胰凝乳蛋白酶抑制剂和α-淀粉酶抑制剂，在体外实验中它们能与蛋白酶结合(或抑制蛋白酶活性)，此种结合作用的速度很快，所形成的复合物非常稳定。某些含有蛋白酶抑制剂的生鲜食品，其营养价值之所以较低，与这些蛋白酶抑制剂能影响蛋白质水解有关。当以纯化形式喂动物时，这些抑制剂的主要毒性反应为胰腺增大。

含有蛋白酶抑制剂的食物主要有两类：一是所有豆类，都含有胰蛋白酶抑制剂；二是生鸡蛋，含有抗酶蛋白质，能使鸡蛋内其他蛋白质不能与消化道内的蛋白酶接触，影响蛋白质的吸收。如果长期生食豆类或生鸡蛋，就会引起蛋白质营养不良症，表现为皮肤粗糙、弹性差，毛发稀疏、变色，表皮产生有色斑点等。由于加热可使这些蛋白酶抑制剂失活、营养价值提高，因此，豆类(尤其是大豆)和鸡蛋经过充分加热处理以后，可以基本上完全去除有关蛋白质酶抑制剂的活性。

2）凝集素

在豆类及一些豆状种子(如蓖麻)中含有一种能使红血球细胞凝集的蛋白质，称为植物血细胞凝集素(hemagglutinins)，简称凝集素(lectins)。

凝集素通过与血细胞膜高度特异性的结合而使血细胞凝集，并能刺激培养细胞的分裂。当给大白鼠口服黑豆凝集素后，明显地减少了对所有营养素的吸收。在离体的肠管试验中，观察到通过肠壁的葡萄糖吸收率比对照组低50%。因此推测凝集素的作用是与肠壁细胞结合，从而影响了肠壁对营养成分的吸收。

已知凝集素大多为糖蛋白，含糖类约4%~10%，其分子多由2或4个亚基组成，并含有二价金属离子。如刀豆球蛋白为四聚体，每条肽链由237个氨基酸组成，亚基中有Ca^{2+}和Mn^{2+}的结合位点和糖基结合部位。

若生食豆类会引起恶心、呕吐等症状，重则可致命。所有凝集素在湿热处理时均被破坏，在干热处理时则不被破坏，因此可采取加热处理、热水抽提等措施去毒。

(1) 大豆凝集素

大豆凝集素是一种糖蛋白，分子量为110000，糖的部分占5%，主要是甘露糖和N-乙酰葡萄糖胺。食生大豆的动物比食熟大豆的动物需要更多的维生素、矿物质以及其他营养素。在常压下蒸汽处理1h或高压蒸汽(98kPa)处理15min可使其失活。

(2) 菜豆属豆类的凝集素

菜豆属的豆类如菜豆、绿豆、芸豆和红花菜豆等均有凝集素存在，有不少因生食或烹调不充分而中毒的报道。菜豆属豆类的凝集素具有明显的抑制饲喂动物生长的作用，剂量高时可致死，用高压蒸汽处理15min可使其完全失活。

其他豆类如扁豆、蚕豆、立刀豆等也都有类似毒性。

(3) 蓖麻毒蛋白

蓖麻籽虽不是食用种子，但在民间也有将蓖麻油加热后作食用的情况。人、畜生食蓖麻籽或蓖麻油，轻则中毒呕吐、腹泻，重则死亡。蓖麻中的有害成分是蓖麻毒蛋白，是最早被发现的植物凝集素，其毒性极大，对小白鼠的毒性比豆类凝集素要大 1000 倍；用蒸汽加热处理可以去毒。

2. 有毒氨基酸

（1）山黧豆毒素原

山黧豆毒素原存在于山黧豆中，它实际上是由两类毒素成分构成的。其中，第一类是致神经麻痹的成分，它们是 α，γ-二氨基丁酸，γ-N-草酰基-α，γ-二氨基丁酸和 β-N-草酰基-α，γ-二氨基丙酸；第二类是致骨骼畸形的成分，即 β-N-(γ-谷氨酰)-氨基丙腈。摄食山黧豆中毒的典型症状是肌肉无力、不可逆的腿脚麻痹，严重者可导致死亡。

（2）氰基丙氨酸

氰基丙氨酸存在于蚕豆中，为一种神经性毒素，其引起的中毒症状与山黧豆中毒相似。

（3）刀豆氨酸

刀豆氨酸存在于豆科植物的蝶形花亚科植物中，为精氨酸的同系物。刀豆氨酸在人体内是一种抗精氨酸代谢物，其中毒效应也因此而起。加热或煮沸可以破坏大部分的刀豆氨酸。

（4）L-3，4-二羟基苯丙氨酸

L-3，4-二羟基苯丙氨酸又称多巴，主要存在于蚕豆中。其引起的主要中毒症状是急性溶血性贫血症。一般来讲，在摄食过量的青蚕豆 5~24h 后即开始发作，经过 24~48h 的急性发作期后，大多可以自愈。

3. 生物碱类毒素

凡是由食物原料(包括植物或动物)体内产生的、对人体有害的一些成分称为食品内源性有害成分。长期以来人们有一种错误认识，似乎不添加化学物质的食品就是安全的，甚至是绝对安全的食品。但实际上并非如此，作为食物的原料，包括植物、动物和微生物，存在着许多天然有毒物质，这也是食品安全性的重要组成之一。

生物碱(alkaloid)是指一类来源于生物界(以植物为主)的含氮有机化合物。在植物中至少有 120 多个属的植物含有生物碱。已知的生物碱有 2000 种以上。存在于食用植物中的主要是龙葵碱，如马铃薯中含有龙葵碱。生物碱大多数具有毒性。多数生物碱分子具有较复杂的环状结构，且氮原子在环状结构内，大多呈碱性。

（1）兴奋性生物碱

此类生物碱在食物中分布较广的是黄嘌呤衍生物咖啡碱、茶碱和可可碱。咖啡碱在咖啡、茶叶及可可中都存在。这类生物碱是无害的，具有刺激中枢神经兴奋的作用，常作为提神饮料的主要成分。

（2）毒性生物碱

毒性生物碱种类繁多，在植物性和蕈类食品中有秋水仙碱、双稠吡咯啶生物碱及马鞍菌素等。

秋水仙碱存在于黄花菜中，本身无毒，在胃肠内吸收缓慢，但在体内被氧化成氧化二秋水仙碱后则有剧毒。具体中毒症状表现为恶心、呕吐、腹痛、腹泻、头痛等，但干制品无毒。若食用新鲜的黄花菜，必须先经水浸或开水烫，然后再炒煮。

双稠吡咯啶生物碱广泛分布于植物界，在很多种属中均能发现，例如紫草科、菊科和豆科。此类生物碱能导致肝脏静脉闭塞，有时引起肺部中毒，最近有些生物碱已被证实有致癌作用；此类生物碱可通过茶进入人体，也可作为麦田的污染物进入人体，近年来在蜂蜜中也有发现。双稠吡咯啶生物碱只是众多植物生物碱的一部分，它们在植物中的含量同其他的生物碱一样很低，共同特征还包括均有苦味。食品中常见的生物碱的定性鉴别，可以采用生物碱与不同化学试剂的显色反应来识别。

马鞍菌素则存在于某些马鞍菌属蕈类中，易溶于热水和乙醇，低温易挥发，易氧化，对碱不稳定。其中毒的潜伏期为 8~10h，中毒时脉搏不齐、呼吸困难等。

（3）镇静及致幻生物碱

此类生物碱对人体的中枢神经具有麻醉致幻作用。主要有古柯碱、毒蝇伞菌碱、裸盖菇素及脱磷酸裸盖菇素。古柯碱存在于古柯树叶中，适量食用时有兴奋作用，过量时对神经有强烈的镇静作用会有麻醉幻觉。毒蝇伞菌碱存在于毒蝇伞菌等毒伞属蕈类中，可能会出现大量出汗、恶心、呕吐和腹痛等症状，且可以致幻。裸盖菇素及脱磷酸裸盖菇素存在于墨西哥裸盖菇、花褶菇等蕈类中，会让人精神错乱、狂舞（笑），产生极度快感或烦躁苦闷，甚至导致杀人或自杀。

4. 毒肽

毒肽（toxic peptides）中最典型的是存在于毒蕈中的鹅膏菌毒素（amatoxins）（图 9-1）和鬼笔菌毒素（phalloidins）（图 9-2）。

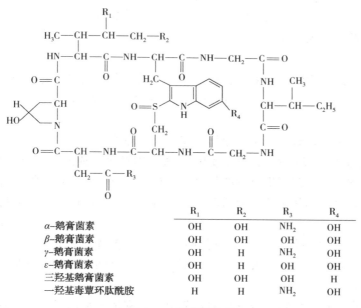

	R_1	R_2	R_3	R_4
α-鹅膏菌素	OH	OH	NH$_2$	OH
β-鹅膏菌素	OH	OH	OH	OH
γ-鹅膏菌素	OH	H	NH$_2$	OH
ε-鹅膏菌素	OH	H	OH	OH
三羟基鹅膏菌素	OH	OH	OH	H
一羟基毒蕈环肽酰胺	H	H	NH$_2$	OH

图 9-1　鹅膏菌毒素

鹅膏菌毒素是环八肽类（环庚肽），亦称毒伞肽，有 6 种同系物。鬼笔菌毒素是环七肽类（环辛肽），有 5 种同系物。它们的毒性机制基本相同，鹅膏菌毒素作用于肝细胞核，鬼笔菌毒素作用于肝细胞微粒体。鹅膏菌毒素的毒性大于鬼笔菌毒素，但其作用速度较慢，潜伏期也较长。

毒肽中毒的临床经过，一般分为六期：潜伏期、胃肠炎期、假愈期、内脏损害期、精神症状期和恢复期。

潜伏期的长短因毒蕈中两类毒肽含量的比重不同而异，一般为 10~24h。开始时出现恶心、呕吐及腹泻、腹痛等，称为胃肠炎期。胃肠炎症状消失后，病人无明显症状，或仅有乏力，不思饮食，但毒肽则逐渐侵害实质性脏器，称为假愈期。此时，轻度中毒病人损害不严

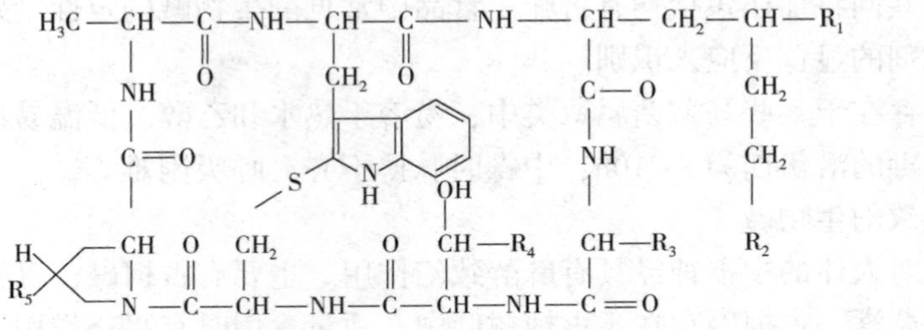

	R_1	R_2	R_3	R_4	R_5
鬼笔环肽	OH	H	CH_3	CH_3	OH
一羟基鬼笔碱	H	H	CH_3	CH_3	OH
三羟基鬼笔碱	OH	OH	CH_3	CH_3	OH
二羟基鬼笔碱	OH	H	$CH(CH_3)_2$	COOH	OH
毒菌溶血苷B	H	H	$CH_2C_6H_5$	CH_3	H

图 9-2　鬼笔菌毒素

重，可由此进入恢复期。严重病人则进入内脏损害期，损害肝、肾等脏器，使肝脏肿大，甚至发生急性肝坏死，死亡率高达90%。经过积极治疗的病例，一般在2~3周后进入恢复期，各项症状和体征渐次消失而痊愈。

5. 毒苷

苷是由糖或糖的衍生物与非糖化合物以苷键方式结合而成的一类化合物。根据苷键原子的不同分为 O-苷、S-苷、N-苷和 C-苷等类型，在自然界存在最多的是 O-苷。

1）氰苷

生氰作用是指植物具有合成生氰化物并能够水解释放出氢氰酸的能力。氰苷是由含氰基（—C≡N）的氰醇（α-羟基腈）上的羟基和 D-葡萄糖缩合生成的 β-糖苷衍生物。氰苷的主要特征是在酶促作用下水解产生有毒的氢氰酸。在一些豆类及油料植物中含有各种氰苷，如果在使用前不能完全破坏其相关的酶活性，它们就会在人体内产生硫氰酸盐。

（1）苦杏仁苷

苦杏仁苷是最常见的氰苷，是由杏仁腈与龙胆双糖缩合形成的苷，易被苦杏仁苷酶（amygdalase）与樱叶酶（prunase）水解，产生苯甲醛（有典型的杏仁香味）和氢氰酸。

（2）亚麻苦苷

亚麻苦苷存在于豆类植物、亚麻仁和木薯中。亚麻苦苷水解可产生氢氰酸，当食品被捣碎时，细胞破裂而引发了酶的作用。水解酶存在于细胞外，一旦细胞壁屏障破裂，水解酶即与细胞内氰结合，产生氢氰酸。人类氢氰酸的致死量为 0.5~3.5mg/kg（体重），捣碎的木薯根是相当毒的，偶有人们因摄入过量的生氰食品而引起中毒死亡的例子。

（3）其他代表

巢菜碱苷的化学名称为 2,6-二氨基-5(8-D-葡糖苷)-4-吡啶，具有降低红细胞中葡萄糖-6-磷脂脱氢酶的作用，引发以溶血性贫血为特征的蚕豆病，具有抗心律失常作用。存在于豆科植物蚕豆的种子、巢菜的种子中。巢菜碱苷的水解产物为巢菜糖、氢氰酸和醛。

高粱苦苷主要存在于高粱作物中，其结构如图 9-3 所示。

百脉根苦苷存在于木薯、利马豆（lima bean）中，其结构如图 9-4 所示。

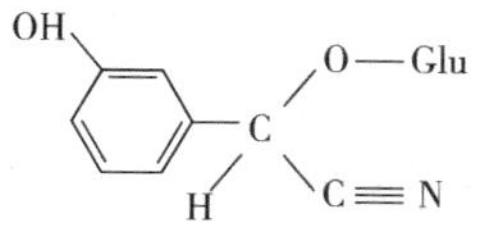

图 9-3 高粱苦苷的结构 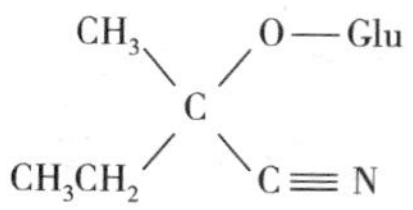　　　　　图 9-4 百脉根苦苷的结构

2）硫苷

硫代葡萄糖糖苷，也称芥子苷，是由葡萄糖与非糖部分通过硫苷键结合的化合物，具有抗甲状腺作用，主要存在于十字花科的植物中。食品中最重要的代表是芥属，含有此类糖苷的典型食品是卷心菜、花茎甘蓝、萝卜和芥菜。硫代葡萄糖苷除了有抗甲状腺功能外，它在水解后使这些植物具有刺激性气味，在食品的风味化学中具有重要意义。

芥子苷本身无毒，其配糖体在芥子酶作用下水解生成异硫氰酸酯类、噁唑烷硫酮、腈类、硫氰酸盐等有毒物质。

在植物中，硫代葡萄糖苷酶（myrosinase，EC 3.2.3.1）与底物硫代葡萄糖苷呈分离状态。硫代葡萄糖苷酶与底物硫代葡萄糖苷分处不同的部位，当细胞破裂后，酶的水解作用发生，导致不同的降解反应。在食品的制备、磨碎和搅拌及消化过程中，都有大量的异硫氰酸酯的形成。

3）皂苷

皂苷的代表物质为大豆皂苷和茄碱。其中，大豆皂苷含有数个糖残基，如葡萄糖、阿拉伯糖、半乳糖、鼠李糖、木糖和葡萄糖醛酸等。大豆皂苷为五环三萜皂苷，其皂苷原有 5 种同系物，分别为大豆皂苷元 A、B、C、D、E。大豆皂苷存在于大豆中，含量甚微。现有的研究表明，热加工以后的大豆或制品对人、畜并无损害现象。但大豆皂苷本身具有溶血作用。

皂苷对鱼或其他水生冷血动物具有高度毒性，但对高等动物的毒性则是不定的。根据结合于戊糖、己糖或糖醛酸的皂角苷配基的性质，可将它们分为皂角苷配基是固醇类和三萜烯化合物两类。人类对这类物质的兴趣，主要是因为它们的溶血作用。食品中若存在微量的皂苷，则它们对人体的毒性似乎并不大。目前认为皂苷能同内源性胆固醇形成不溶性复合物，妨碍胆固醇的再吸收、促进胆固醇的排泄，从而具有降低血清胆固醇的功能，可能成为一种重要的功能因子。

6. 亚硝酸盐

农产品中的硝酸盐在一定条件下可以转化为亚硝酸盐，例如通过微生物的还原作用，蔬菜在正常条件下储存、腐烂或腌制后亚硝酸盐的含量就大大增加。食品中人为地加入硝酸盐或亚硝酸盐的例子是在肉制品的腌制过程中，加入硝酸盐或亚硝酸盐作为护色剂和保藏剂。如果加入的是硝酸盐，在微生物的还原作用下被还原为亚硝酸盐。一般人类膳食中 80% 的亚硝酸盐来自蔬菜类食物中，所以蔬菜是人类摄入亚硝酸盐的主要途径。

一般的亚硝酸盐中毒不是由于食物本身的原因，通常为误食与食盐相似的工业废盐（含大量的亚硝酸盐）或者是食用私盐而导致的，中毒量为 0.3~0.4g 左右，致死量为 3g。亚硝酸盐中毒时发病急，表现为由于高铁血红蛋白含量过高而引起的缺氧症状，严重者出现面部及皮肤青紫、头痛、无力，甚至出现昏迷、抽筋、大小便失禁，会因呼吸困难而死亡。

7. 棉酚

棉酚存在于棉籽的色素腺中，含量为 0.4%~1.7%，在家畜和实验动物中能引起许多症

197

状，例如生殖障碍问题、肝损伤、中枢神经系统损伤。它也能使棉籽粉的营养价值降低。棉籽粉是人类日益重要的蛋白质资源。现在正在通过植物育种发展无腺体、无棉酚的棉籽，所以因为棉酚而引起的食品安全性问题不是十分严峻。棉酚的化学结构见图9-5。

8. 双稠吡咯啶生物碱类

此类生物碱广泛分布于植物界，在很多种属中均能发现，如紫草科、菊科和豆科。已分离并鉴定出结构的超过150种，它们的基本环状结构见图9-6。

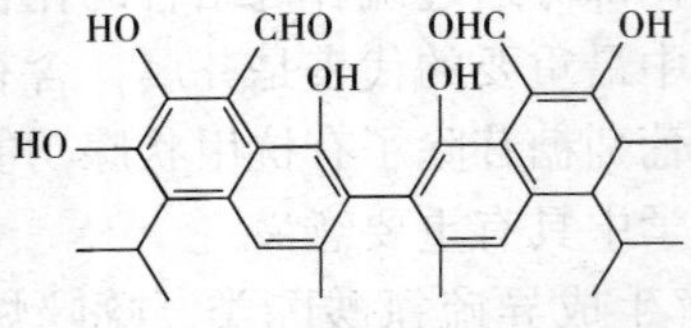

图9-5　棉酚的化学结构 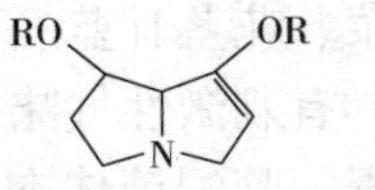　　　　图9-6　双稠吡咯啶生物碱的基本结构

含有生物碱的植物一般不作为人类的食品，对人类影响最重要的是马铃薯中的龙葵素（茄碱），见图9-7。

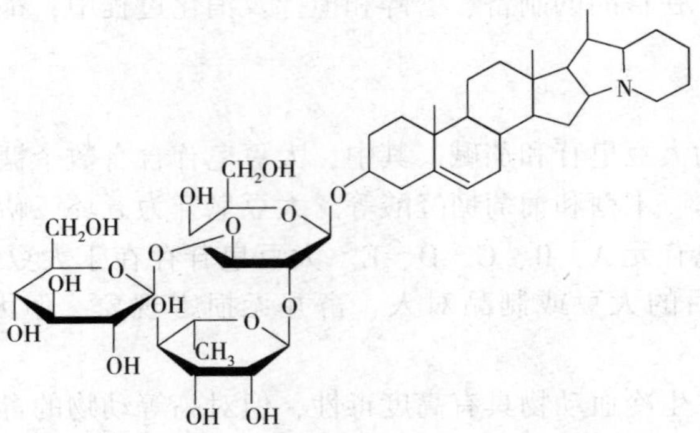

图9-7　龙葵素的化学结构

9. 植物抗毒素

植物抗毒素常被称为"应激性代谢产物"，是植物受到生物或非生物因子侵袭时在体内合成并积累的一类低分子量抗菌性物质。至今为止，几乎所有的研究都涉及豆科和茄科的某些品种。一些植物抗毒素的化学结构见图9-8。

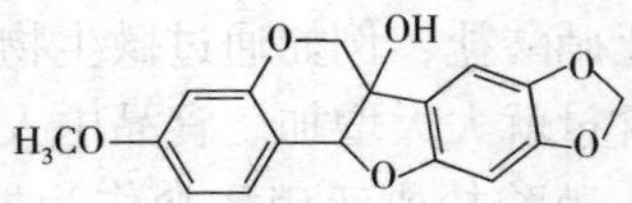

豌豆素 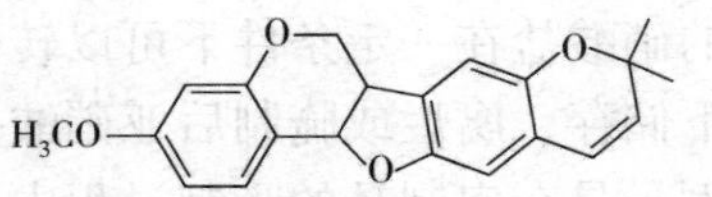　　　　　　　　　　　菜豆球蛋白

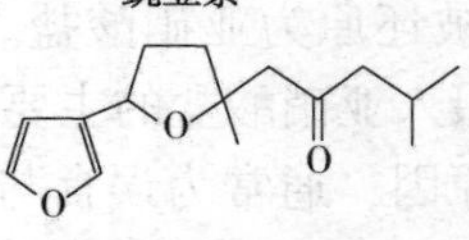

甘薯黑疤霉酮 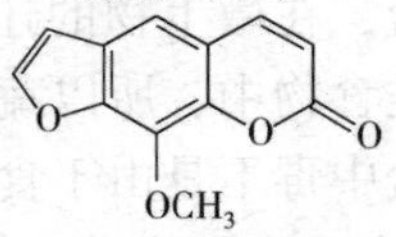　　　　　　　　1-甲氧基咖啡因

图9-8　一些植物抗毒素的化学结构

10. 植酸盐、草酸盐

植酸盐即环己醇六磷酸盐，是植物组织中储存磷元素的一种重要形式，在谷物、豆类和

198

硬果中含量较高，特别是荞麦、玉米、燕麦。一般植物中总磷的 60%~80%为植酸磷。植酸的化学结构见图9-9。

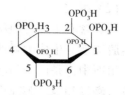

图9-9　植酸的化学结构

草酸盐大量存在于菠菜、茶叶等中，在大量摄入时不仅会妨碍人体对矿物质的利用，而且会对肾脏产生影响，所以它也是一种抗营养因子。

在植物组织中存在的有毒物质还包括秋水仙碱(生鲜黄花菜中)、桐酸和异桐酸(桐油籽中)、银杏酸和银杏酚(银杏中)、大麻酚类(大麻籽中)、蓖麻碱(蓖麻籽中)、毒芹碱(毒芹中)、莨菪碱(曼陀罗中)等。

植酸盐本身对人体无害，但是它可以与钙、镁、铁、锌等形成难溶性盐类，妨碍人体对矿物质的利用，所以是一种抗营养因子。植酸盐的化学稳定性较高，烹调时只有部分被破坏；在发酵食品中植酸盐被水解，主要是植酸酶的作用，但植酸酶的热稳定性较差，受温度、pH值等因素的影响大，容易失活。

9.3.2　动物性毒素

动物性有毒成分，多为鱼类和贝类毒性物质。这些水产物的毒素，有些是其本身具有的，有些则是机体死亡发生变化而产生的，还有一些则是食物链效应产生的。除很特殊的动物毒素(如蛇毒)外，人类对大多数动物毒性物质还研究得很不够。

1. 贝类毒素

（1）麻痹性贝类毒素

麻痹性贝类毒素专指摄食有毒的涡鞭毛藻、莲状原膝沟藻和塔马尔原膝沟藻而被毒化的双壳贝类所产生的生物毒素。这种毒素抑制呼吸和心血管调节中枢，常造成呼吸衰竭而导致死亡。

目前已知与麻痹性贝类中毒有关的软体动物有：贻贝、石房蛤、开口蛤、原壳贻贝、蛤蜊、海螂、笠贝、偏顶蛤、白鸟蛤、巨蛎等。从贝类的肠腺中分离的腹泻型贝毒素包括扇贝毒素等，其化学特征为吡喃、呋喃结构。

（2）神经毒性贝类毒素

食用被短裸甲藻细胞或毒素污染的贝类，可引起感觉异常、冷热感交替、恶心、呕吐、腹泻和运动失调，或上呼吸道综合症，但未观察到麻痹，为与引起麻痹作用的有毒贝类毒素区别，称其为神经毒素性贝类毒素。

（3）失忆性贝类毒素

失忆性贝毒的毒素成分是软骨藻酸及其一系列异构体。这些异构体可能是软骨藻酸受紫外线照射后的反应产物，而不是藻类的天然产物。

2. 鱼类毒素

（1）河豚毒素

河豚毒素是河豚鱼体内含有的一种毒素，称为河豚毒素。鱼体中含毒量在不同部位和季节有差异，卵巢和肝脏有剧毒，其次为肾脏、血液、眼睛、鳃和皮肤。鱼死后内脏毒液可渗入肌肉，而使本来无毒的肌肉也含毒。产卵期卵巢毒性最强。

该毒素微溶于水，可溶于弱酸的水溶液，易分解于碱性溶液，在低的pH值溶液中也不稳定。对热稳定，220℃以上才分解，变为褐色，不易被盐腌、日晒、烧煮等一般物理方法所破坏。且通常并不只存在于河豚鱼中，一些其他水生生物如海螺、海星中也都发现河豚毒素。

（2）组胺

鱼类含有丰富的组氨酸，鱼类存放时，鱼体中游离的组氨酸在组氨酸脱羧酶的催化下，发生脱羧反应生成大量的组胺，当其含量达到 1~4mg/g 时，就会使食用者中毒。

组胺中毒是由于组胺使毛细血管扩张和支气管收缩所致，通常表现为面部、胸部以及全身皮肤潮红和眼结膜充血，头晕、头痛、呼吸急迫，少数有恶心、呕吐腹痛、腹泻等反应，1~2 天后症状消失。这被认为是一种过敏性食物中毒，而具有组氨酸脱羧酶的细菌包括大肠埃希氏菌、产气荚膜梭菌等。

（3）肝毒和胆毒

鱼肝中毒中，最主要是食用鲨鱼、鳕鱼肝中毒。鱼肝中含有丰富的维生素 A 和其他毒素，过量摄入维生素 A 会引起视力模糊、失明和损害肝脏。鱼类的肝脏含有多不饱和脂肪酸，与外界的异物结合而形成鱼油毒素，摄食含有鱼油毒素的鱼肝就会中毒。

我国主要淡水经济鱼青鱼、草鱼、鲢鱼、鲤鱼和鳙鱼，都是胆毒鱼类，其胆毒毒性极大，耐热，乙醇也无法破坏。胆毒鱼类中毒与其胆汁中含有组胺、胆盐及氧化物有关，少数中毒者还可能与过敏因素有关。

（4）鱼卵毒和鱼腹内腔膜

鱼卵毒中毒可造成呕吐、腹痛和下痢等胃肠伤害。鱼类的腹腔内壁上都有一层薄薄的"黑膜"，既可保护鱼体内脏器官，又可阻止内脏器官分泌有害物质渗透进肌肉中。人类若长期食用可能会蓄集有害物质。

在鱼类、贝类中的一些毒素的化学结构见图 9-10。

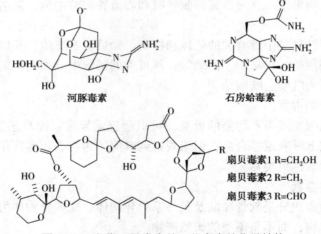

河豚毒素　　　　　　　　　石房蛤毒素

扇贝毒素1 R=CH₂OH
扇贝毒素2 R=CH₃
扇贝毒素3 R=CHO

图 9-10　鱼类、贝类中的一些毒素的化学结构

3. 海葵毒素

腔肠动物海葵、水母、珊瑚等的一些品种含有毒素，毒素中多含肽类、蛋白质。海葵毒素就是残基数为 49~53 的多肽，其特点是分子中没有半胱氨酸，是一种神经毒素。海葵毒素为蛋白质类物质，所以经过加热处理后其毒性消失，造成人类中毒的机会不多。一般为误食而引起中毒，中毒时有恶心、呕吐腹痛等症状，严重时昏迷，丧失意识直至休克死亡。

9.3.3 化学毒素

1. 重金属元素

食品中比较常见的重金属有汞、镉、铅、铬。金属毒物在体内不易分解，有的在生物体内浓集，有的则转化为毒性更大的化合物。重金属在以浮游生物为食物链的水生生物体内有明显的蓄积倾向。由于人是食物链的末端，当食用那些对某种非必需元素有很高富集的动、植物食品时，人体内某种元素就会超标，对人体有潜在的危害。食品中最引起人们关注的"重金属"是铅、镉、汞、砷。砷虽不属于重金属，但因其行为与来源以及危害都与重金属相似，通常列入重金属类研究。

有害金属进入人体后，多以原形金属或金属离子形式存在，有些还会转变成毒性更强的化合物，多数金属低剂量长期摄入后在机体的蓄积会造成慢性食源性危害。金属元素的毒性大小与其存在形式有关，如有机汞比无机汞的毒性强，其中甲基汞的毒性最强，这与在机体内的吸收能力有关，还与其他金属元素的共存有一定的关系，这种关系多数都是对复杂的代谢过程影响的结果。如铜可增加汞的毒性，但可降低钼的毒性，而钼也能显著降低铜的吸收，引起铜的缺乏。膳食成分也可以影响有毒金属的毒性，如食物蛋白质可以与有毒金属结合，延缓其在肠道的吸收。重金属在体内蓄积就会表现中毒症状。除此之外，还与金属元素侵入途径、溶解性、存在状态、金属元素本身的理化性质、参与代谢的特点及人体状态有关。

有害金属元素的中毒机制比较复杂，大致可归纳为如下。

① 置换生物分子中必需的金属离子，破坏金属酶的活性。

② 破坏生物大分子活性基团的功能基。如抑制酶系统的活性，酶蛋白形成活性的许多功能基团与重金属结合，使酶的活性降低甚至丧失活性。Hg、Ag 等金属元素与酶的半胱氨酸残基的—SH 结合，从而阻断了由—SH 参与的酶促反应。而含硫氨基酸对有毒重金属具有拮抗作用，其原因是蛋氨酸、半胱氨酸通过提供巯基减小重金属毒性。

③ 改变了生物大分子的构象或高级结构。金属元素不同其对应结合的生物大分子的构象或高级结构也不同，会影响相应的生物活性。

2. 药物污染

（1）农药污染

农药主要通过喷施的直接方式或通过污染水源、土壤、大气等间接方式污染食用作物。污染物在农药中广泛存在，对人畜产生不良影响或通过食物链对生态系统中的生物造成毒害。产生污染的主要是有机氯农药，如滴滴涕（DDT）和六六六，以有机氯、有机磷、有机汞及无机砷制剂的残留毒性最强。有机氯属于神经毒素，其中毒表现为中枢神经系统症状，有机氯农药较稳定，对人的危害主要是其较强的蓄积性。有机氯农药可引起代谢紊乱，干扰内分泌功能，降低白细胞的吞噬作用与抗体的形成，损害生殖系统，可导致孕妇流产、早产和死产。中毒者常常四肢无力、食欲不振、抽搐、头痛和头晕等。有机磷也属于神经毒素，主要是抑制血液中胆碱酯酶的活性，造成乙酰胆碱蓄积，引起神经功能紊乱。有机磷农药化学性质不稳定，易降解而失去毒性。

（2）兽药残留

现代农业科技中，牲畜饲养大都使用了兽药治疗动物疾病或提高产量。其中使用较多的是抗生素类抗菌药物，约占兽药添加剂的 60%，该类药物具有促进畜禽机体生长、提高饲料转化率、改善产品品质等作用。饲养性畜过程中，一些生产者为了追求利润会大剂量使用兽药、违禁药物，未遵守休药期以及屠宰前用药等，这些兽药的不当使用导致了兽药在动物体内残留或者进入动物性食品中，最终通过食物链进入人体，危害消费者健康，尤其是婴幼儿群体。其中，动物性食品是指肉、内脏组织、蛋和乳及其制品。根据联合国粮农组织（FAO）和世界卫生组织（WHO）定义，兽药残留是指用药后蓄积或存留在畜禽或产品（如鸡蛋、奶、肉等制品）中原型药物或其代谢物，包括与兽药有关的杂质残留。目前我国兽药残留主要集中在抗生素类、激素类、驱虫类等兽药残留。

此外，水产品中药物残留情况也较为严峻。渔药常用药物按性质和用途可大致分为 6 类：消毒剂、驱杀虫剂、抗微生物药、代谢改善和强壮剂、基因诱导剂和疫苗以及中草药。目前，渔药残留主要是抗生素、呋喃类以及激素等。人体通过食物过量摄入残留的兽药会导致食物中毒，长期积累会诱发毒性，污染周边环境，诱发过敏反应，诱导基因突变等。

3. 持久性有机物污染

持久性有机污染物（persistent organic pollutants，简称 POPs），是指持久存在于环境中，具有很长的半衰期，且能通过食物链积聚，并对人类健康及环境造成不利影响的有机化学物质。它们具有长期残留性、生物蓄积性、半挥发性和高毒性，对人类健康和环境具有严重危害的天然或人工合成的有机污染物质。

（1）二噁英及其类似物

二噁英是指具有相似结构和理化特性的一组多氯取代的平面芳烃类化合物，属于氯代含氧三环芳烃类化合物。食品中的二噁英（dioxin）污染问题是 20 世纪末一个最大的、影响面最广的食品安全性问题。二噁英和多氯联苯（polychlorinated biphenyl，PCB）的理化性质相似，是已经确定的有机氯农药以外的环境持久性污染物（persistent organic polletant，POP），这些物质的化学性质很稳定，难于为生物降解，可利用生物链富积，广泛存在于环境中。

（2）多氯联苯（polychorinalted biphcnyl，PCBs）

多氯联苯是一类由 200 多种异构体组成的化学物质，具有毒性强、结构稳定、富集性强等特点。一直以来被广泛用于电器设备绝缘、热交换机、水利系统等领域。该类物质通过水体、沉积物及底栖生物体，逐渐向生物体转移、富集放大，最后对人类构成威胁。它们具有影响大脑生长发育，影响生殖系统，诱发癌症等危害。

9.4 食品中抗营养素

9.4.1 植酸盐和草酸盐

植酸盐即环己醇六磷酸盐，是植物组织中储存磷元素的一种重要形式，一般植物中总磷的 60%～80% 为植酸磷；其化学稳定性较高，烹调时只有部分被破坏。植酸盐在谷物、豆类和硬果中含量较高，尤其是荞麦、玉米、燕麦。植酸盐本身对人体无害，与钙、镁、铁、锌等可形成难溶性盐类，妨碍人体对矿物质的利用，因此为一种抗营养因子。在发酵食品中植酸盐被水解主要是植酸酶的作用，但植酸酶的热稳定性较差，受温度、pH 值等因素的影响较大，容易失活。

草酸盐大量存在于菠菜、茶叶等中，在大量摄入时不仅会妨碍人体对矿物质的利用，且会影响肾脏，也是一种抗营养因子。

9.4.2 酚类及其衍生物

食物中酚类化合物有类黄酮、多酚、酚酸和单宁等。多酚类化合物具有很好的天然功能，但对一些必需的微量元素有络合作用，对蛋白质有沉淀作用，对酶活性有抑制功能，所以多酚类化合物是食品的天然抗营养剂。多酚类与蛋白质的相互结合反应主要通过疏水作用和氢键作用。其中棉酚及几种密切相关的色素存在于棉籽的色素腺中。棉酚是一种高度活泼的物质，在家畜和实验动物中能引起许多症状，同时可使棉籽粉的营养价值降低。

9.5 食品加工和储存中产生的有毒、有害物质

9.5.1 亚硝酸盐类及亚硝胺

在土壤、水体和动植物中均存在硝酸盐，农业生产时如果使用过多的硝酸盐化肥或气候干旱时，农产品中硝酸盐的含量偏高，奶牛在饮用盐碱水时其乳汁中的硝酸盐含量也偏高。农产品中的硝酸盐在一定条件下可以转化为亚硝酸盐，蔬菜由于微生物的关系发生腐烂或腌制后，亚硝酸盐的含量就大大增加。

通常来说人类膳食中 80% 的亚硝酸盐来自蔬菜类食物中，一般的亚硝酸盐中毒不是由于食物本身造成，通常为误食与食盐相似的工业废盐或是食用私盐而致，中毒量为 0.3 ~ 0.4g 左右，致死量为 3g。亚硝酸盐中毒时发病急，表现为由于高铁血红蛋白含量过高而引起的缺氧症状，严重者出现面部及皮肤青紫，头痛、无力，甚至出现昏迷、抽筋、大小便失禁，会因呼吸困难而死亡。

硝酸盐在哺乳动物体内可转化为亚硝酸盐，亚硝酸盐可与胺类、氨基化合物及氨基酸等形成 N-亚硝基化合物类。90% 的亚硝基化合物对动物有致突变、致畸、致癌作用。由于人体胃液的 pH 值低，适合亚硝胺、亚硝酰胺的生成，所以蔬菜中的亚硝酸盐与高蛋白食物中胺类化合物之间的反应不容忽视。

9.5.2 丙烯酰胺

2002 年瑞典科学家在炸薯条、炸土豆片、谷物、面包食品中发现了丙烯酰胺，它是具有神经毒性的潜在致癌物。后续的研究发现，在油炸、焙烤的富含淀粉类食品中丙烯酰胺的含量相对较高。其形成机理目前主要认同的是：由天门冬酰胺和还原型糖在高温加热过程中通过美拉德反应形成。丙烯酰胺有较强渗透性，可以通过未破损的皮肤、黏膜、肺和消化道吸收进入人体。丙烯酰胺可导致人类中枢和周围神经系统损伤，如头晕、幻觉等。另有毒性试验表明，丙烯酰胺对大鼠有生殖毒性，可诱导基因突变和染色体异常，还能导致试验动物多处产生肿瘤。油炸食物是我国居民日常摄入量比较大的食品种类，有较大的丙烯酰胺暴露风险，此外食品包装中丙烯酰胺也是污染来源之一。

9.5.3 4-甲基咪唑

食品中碳水化合物和含氨基化合物通过美拉德反应会产生一种褐变反应，该反应过程中通常会形成 4-甲基咪唑，在焙烤食物、烤肉、咖啡和以亚硫酸铵为原料生产的焦糖色素以及酿造食物当中都会存在。例如，酱油和食醋中 4-甲基咪唑主要来自增加颜色的焦糖色素。

4-甲基咪唑对人体可能有致癌风险，它能诱导动物长肿瘤。

9.5.4　食用油脂氧化物

食品在加工过程中形成的毒性物质，主要是指那些具有明显毒性效应或基本上认定具有致癌或致畸变作用的成分。目前，人们所肯定的比较典型的这类毒性物质，就是食用油脂的氧化成分。食用油脂在加热或氧化时，会产生分解产物和氧化产物。在大多数情况下，激烈条件下的反应，不但使食用油脂的营养价值降低，而且产生对人体有毒性作用的化合物。

油脂在200℃以上高温长时间加热，发生热氧化、热聚合、热分解和水解多种反应，产生的有害物质有油脂分解物、聚合物、环状化合物，改变了油脂的口味和营养价值。如果吃了酸败的油脂及其食品，可导致急性中毒，潜伏期1～5h，表现为突然发热，发作快，首先感觉恶心，随后出现呕吐、腹泻、发烧等症状。油炸氧化和加热产物有致癌作用，对肝脏、肾和肺等组织有损害，表现为肝脏、肺和肾脏肿大，组织坏死、脂肪沉积、血管扩张和充血。油脂应储存在封闭、隔氧的容器内，低温、避光，防止自然氧化；用油脂烹调食品时，温度一般应不超过190℃，烹调时间以40～60s为宜，以防止热解和热聚。

9.5.5　食品包装储藏中的污染物

食品在生产、加工、包装、运输和储藏中接触的容器、包装材料中的成分混入或溶解于食品中，会给食品带来安全隐患。

（1）纸包装材料

潜在的不安全性与造纸原料是否被污染、造纸中添加的助剂、纸张颜料和油墨、纸表面的微生物污染有关。例如造纸原料的农药残留，造纸中加入的防霉剂和增白剂，油墨中的铅和二甲苯等污染。

（2）塑料包装材料

塑料包装材料对食品安全性的影响主要体现在：

① 残留的单体、裂解物及老化后产生的毒物。

② 回收塑料再利用时色素和附着的污染物。

③ 包装表面的灰尘和微生物污染。

④ 包装材料中的助剂。

塑料包装材料对食品污染近年来重点关注的是塑化剂污染。塑化剂事件最早发生在2011年台湾饮料检出塑化剂而引出的台湾香精生产企业恶意添加塑化剂降低成本事件。2012年我国白酒业也爆出塑化剂残留事件，由此进一步推动了国内食品生产工艺的改进和产品品质安全的提升。塑化剂在塑料制品生产中用于增强塑料的耐用性、柔韧性、透明度，被广泛使用。主要是指邻苯二甲酸酯类物质，也被称为"环境荷尔蒙"，可以通过呼吸道、消化道及皮肤等进入人体，少量会累积在体内不易排出。长期在人体内累积会造成人体生殖系统异常、婴儿先天缺陷、男性生育能力下降等严重危害。塑化剂邻苯二甲酸分子的化学结构见图9-11。

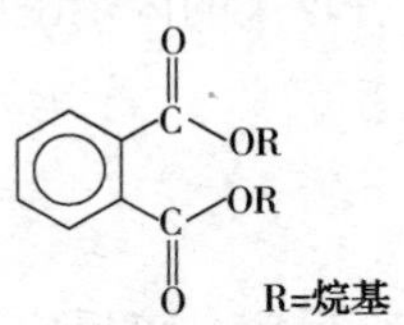

图9-11　塑化剂邻苯二甲酸分子的化学结构

R=烷基

（3）金属包装容器

金属包装容器主要以铁、铝材料为主，还包括银、铜和锡等其他金属材料。金属用于食品包装，具有优良的阻隔性能和机械性能。马口铁罐头的罐身为镀锡的薄钢板，盒内壁有涂料，防止锡的溶出，但是涂料有可能溶出；铝制品的食品安全性主要在于铸铝盒回收铝中的杂质，如砷、铅、铬等。铝可以造成大脑、肝脏、骨骼、造血系统的毒性损害。

（4）其他包装

玻璃包装相对比较安全，但也可能溶出铅和铜等，会溶于酒精和饮料中。陶瓷是将瓷釉涂在由黏土、长石和石英混合物结成的坯胎上经过焙烧而成。搪瓷器皿是将瓷釉涂在金属坯胎上，经过焙烧而成；釉料上主要有铅、锌、铬、镉、钴、锑等，大多有毒。

思考题

1. 有毒重金属中毒机制是什么？
2. 简述食品加工过程中的常见污染物及其污染的食品类型？
3. 食品常见的邻苯二甲酸酯类塑化剂污染具体指哪些物质？
4. 植物中常见的有毒苷类物质有哪些？

第10章 食品风味物质

10.1 概 述

10.1.1 食品风味概念

食品的风味是指食物在进入口腔前后，咀嚼、吞咽等过程刺激各感觉器官，在大脑中产生的综合感觉，主要是生理和心理的感觉。广义的风味是指由味觉、嗅觉、触觉、听觉、视觉、温感甚至痛觉所形成的各种与该食品相关的化学、物理、心理的综合印象。

10.1.2 食品风味分类

食品的味感分为物理味感、化学味感和心理味感（图10-1）。

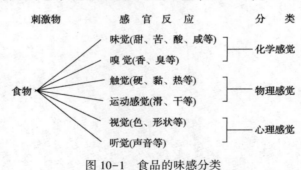

图10-1 食品的味感分类

不同国家对食品风味的分类不同。我国把食品风味分为七味：酸、甜、苦、辣、咸、鲜、涩。

10.1.3 食品风味化学的研究内容和意义

食品风味化学是专门研究食品风味、风味组成、分析方法、生成途径、变化机理和调控的科学。

风味作为食品的重要性质之一，强烈影响着食品的可接受性，影响着人的食欲和消化，更影响着食品在消费市场的生命力。

10.2 味觉与味感物质

10.2.1 味觉生理

食物的滋味虽然多种多样，但它使人们产生味感的基本途径却很相似，首先是呈味物质溶液刺激口腔内的味感受器，再通过一个收集和传递信息的神经感觉系统传导到大脑的味觉中枢，最后通过大脑的综合神经中枢系统进行分析，从而产生味感，或叫味觉。

口腔内的味感受器主要是味蕾，其次是自由神经末梢。味蕾是分布在口腔黏膜中极微小的结构。不同年龄的人味蕾数目差别较大，婴儿约有10000个味蕾，而一般成年人只有数千个。这说明人的味蕾数目随年龄的增长而减少，对味的敏感也随之降低。人的味蕾除小部分分布在软腭、咽喉和会咽等处外，大部分分布在舌头表面的乳突中，尤其在舌黏膜皱褶处的乳突侧面更为稠密。当用舌头向硬腭上研磨食物时，味蕾最易受到刺激而兴奋起来。自由神经末梢是一种囊包着的末梢，分布在整个口腔内，也是一种能识别不同化学物质的微接受器。

味觉的形成一般认为是呈味物质作用于舌面上的味蕾产生的。味蕾由30~100个变长的舌表皮细胞组成。味蕾大约10~14天更新一次，大致深度为50~60μm，宽30~70μm，嵌入舌面的乳突中，顶部有味觉孔，敏感细胞连接着神经末梢，呈味物质刺激敏感细胞产生兴奋作用，由味觉神经传入神经中枢，进入大脑皮质，产生味觉。味觉一般在1.5~4.0ms内完成。人的味蕾结构如图10-2所示。

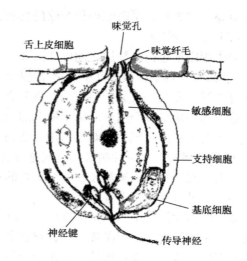

图10-2　味蕾的解剖图

10.2.2　味感物质与风味强度

10.2.2.1　感觉定理

只有当引起感受体发生变化的外部刺激处于适当范围内时，才能产生正常的感觉。刺激量过大或过小都会造成感受体无反应而不产生感觉或反应过于强烈而失去感觉。

10.2.2.2　味觉阈值

舌部的不同部位味蕾结构有差异，因此不同部位对不同的味感物质灵敏度不同，舌前部对甜味最敏感，舌尖和边缘对咸味较为敏感，靠腮两边对酸敏感，舌根部则对苦味最敏感。但这些感觉也不是绝对的，会因人而异。通常把人能感受到的某种物质的最低浓度或最低浓度变化称为阈值。物质的阈值越小，表示其敏感性越强。除上述情况外，人的味觉还受很多因素影响，如心情、环境、饥饿程度等。

味感强度可通过感官分析来测量和表达。感官分析的结果表达：察觉阈值、识别阈值、差别阈值和极限阈值(图10-3)。

① 察觉阈值：指感觉某种物质的味觉从无到有的刺激量。

② 识别阈值：指既可察觉又可识别该刺激特征的最小刺激程度或最低刺激物浓度。因人、环境而异。

③ 差别阈值：指可察觉刺激强度发生改变时刺激物浓度的最小变量。

④ 极限阈值：浓度的高限值，当刺激物浓度超过它时，刺激的强度差别不能凭感觉区别。

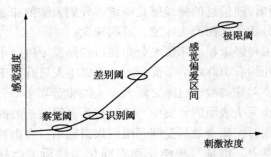

图 10-3　刺激物浓度与感觉强度

影响味感的因素主要有两个方面，即生理因素和非生理因素。

（1）生理因素

生理因素包括随性别、年龄等变化着的味觉感受系统对味物质感受的生理过程及灵敏程度。随着人的年龄的增长，各种感觉阈值都在升高，敏感程度下降，对食物的嗜好也有很大的变化。人的生理周期对食物的嗜好也有很大的影响，平时觉得很好吃的食物，在特殊时期（如妇女的妊娠期）会有很大变化。

（2）非生理因素

非生理因素包括味物质之间的相互关系，味物质的溶解性质（溶解度、溶解速度、溶解热等）、温度等各个因素。其中味物质之间的相互作用，也叫味感的相互作用，对味感的影响不容忽视。食品的成分千差万别，成分之间会相互影响，因此各种食品虽然可以具体分析出组分，却不能将各个组分的味感简单加和，而必须考虑多种相关因素。呈味物质之间的相互作用主要包括疲劳现象、对比作用、变调作用、相乘作用和阻碍作用。

① 疲劳现象：当一种刺激长时间施加在一种感官上后，该感官就会产生疲劳现象。疲劳现象发生在感官的末端神经、感受中心的神经和大脑的中枢神经上，疲劳的结果是感官对刺激感受的灵敏度急剧下降。

② 对比作用：当两个刺激同时或连续作用于同一个感受器官时，由于一个刺激的存在造成另一个刺激增强的现象称为对比增强作用。如 10% 的蔗糖水溶液中加入 1.5% 的食盐，可使蔗糖的甜味更甜爽；味精中加入少量的食盐，可使鲜味更饱满；在西瓜上撒上少量的食盐，会感到甜度提高了；粗砂糖中由于杂质的存在，会觉得比纯砂糖更甜。

③ 变调作用：当两个刺激先后施加时，一个刺激造成另一个刺激的感觉发生本质的变化时的现象，称为变调作用。先吃苦的食物，再喝白开水，会觉得水甜。所以宴席在安排菜肴的顺序上，总是先清淡，再味道稍重，最后安排甜食。这样可使人能充分感受美味佳肴的味道。

④ 相乘作用：同一种味觉的两种或两种以上的不同呈味物质混合在一起，可出现使味觉猛增的现象称为味的相乘作用，也称味的协同作用。如味精与 5′-肌苷酸（5′-IMP）共同使用，能相互增强鲜味；甘草苷的甜度为蔗糖的 50 倍，当与蔗糖共同使用时甜度为蔗糖的 100 倍。

⑤ 阻碍作用：由于某种刺激的存在导致另一种刺激的减弱或消失，称为阻碍作用或消杀作用。例如，砂糖、柠檬酸、食盐和奎宁之间，将任何两种物质以适当比例混合时，都会使其中的一种味感比单独存在时减弱，如在 1%～2% 的食盐水溶液中添加 7%～10% 的蔗糖溶液，则咸味的强度会减弱，甚至消失。

10. 2. 3　味群和味物质

食物的味觉可以分为酸、甜、咸、苦和鲜五类基本味群，同味群的味质具有相同的定味基使得其相似，但又由于各味质分子的助味基的不同而使得味觉特征丰富多彩，此外，对不同味觉的识别还与其官能团及空间结构有着密不可分的关系。一般认为酸、咸分别是由氢离子和钠离子产生的；甜味和苦味与味觉分子的 AH-B 空间构型及疏水性相关；鲜味由分子两端带负电功能团的二羧酸(氨基酸)及具亲水性的核糖磷酸的核苷酸产生，在结构上具有空间专一性要求。

10.2.3.1　甜味和甜味物质

（1）甜味理论

甜味是人们最喜欢的基本味感，甜味物质常作为饮料、糕点、饼干等焙烤食品的原料，用于改进食品的可口性。

早期人类对甜味的认识有很大的局限性，认为糖分子中含有多个羟基则可产生甜味。但有很多的物质中并不含羟基，也具有甜味，例如糖精、某些氨基酸，甚至氯仿分子也具有甜味。1967 年，沙伦伯格等人在总结前人对糖和氨基酸的研究成果的基础上，提出了有关甜味物质的甜味与其结构之间关系的 AH/B 生甜团学说（图 10-4）。

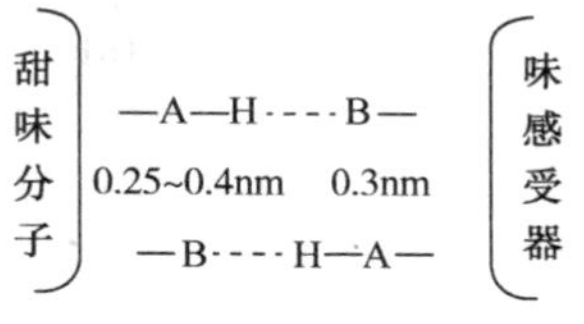

$$\left.\begin{array}{c}\text{甜}\\\text{味}\\\text{分}\\\text{子}\end{array}\right\}\begin{array}{c}\text{—A—H}\text{----}\text{B}\\\text{0.25~0.4nm}\quad\text{0.3nm}\\\text{—B}\text{----}\text{H—A}\end{array}\left.\right\}\begin{array}{c}\text{味}\\\text{感}\\\text{受}\\\text{器}\end{array}$$

图 10-4　沙伦伯格 AH/B
生甜团学说图解

该学说认为：甜味物质的分子中都含有一个电负性的 A 原子(可能是 O、N 原子)，与氢原子以共价键形成 AH 基团（如：—OH、—NH、—NH_2），在距氢 0.25~0.4nm 的范围内，必须有另外一个电负性原子 B(也可以是 O、N 原子)，在甜味受体上也有 AH 和 B 基团，两者之间通过一双氢键偶合，产生甜味感觉。甜味的强弱与这种氢键的强度有关，如图 10-5(a)所示。沙伦伯格的理论应用于分析氨基酸、氯仿、单糖等物质上，能说明该类物质具有甜味的原理，如图 10-5(b)所示。

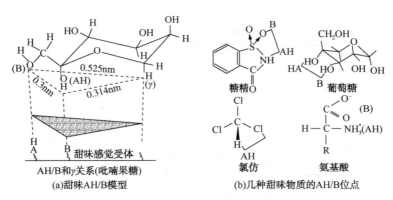

(a)甜味AH/B模型　　(b)几种甜味物质的AH/B位点

图 10-5　沙伦伯格甜味学说

沙伦伯格理论不能解释为什么具有相同 AH—B 结构的糖或 D-氨基酸的甜度相差数千倍。后来克伊尔又对沙伦伯格理论进行了补充。他认为在距 A 基团 0.35nm 和 B 基团 0.55nm 处，若有疏水基 γ 存在，能增强甜度。因为此疏水基易与甜味感受器的疏水部位结合，加强甜味物质与感受器的结合。甜味理论为寻找新的甜味物质提供了方向和依据。

（2）甜味物质

① 糖类甜味剂。糖类甜味剂包括糖、糖浆、糖醇。该类物质是否甜，取决于分子中碳数与羟基数之比，碳数比羟基数小于 2 时为甜味，2~7 时产生苦味或甜而苦，大于 7 时则味淡。

209

② 非糖天然甜味剂。部分植物的叶、果、根等常含有非糖的甜味物质，安全性较高。这是一类天然的、化学结构差别很大的甜味物质。主要有甜叶菊苷（相对甜度 200~300）（图 10-6）、甘草苷（相对甜度 100~300）（图 10-6）、苷茶素（相对甜度 400）。

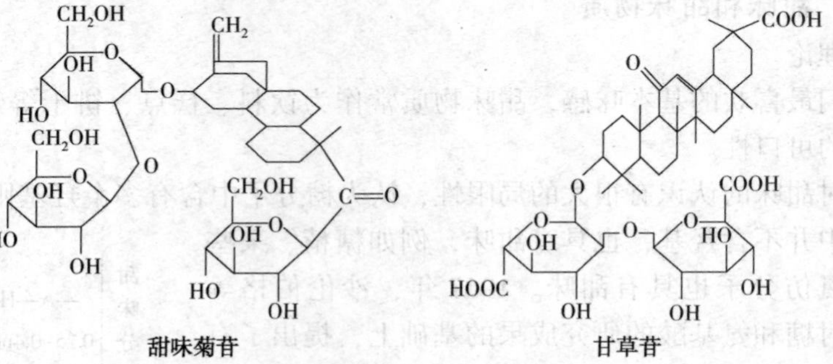

甜味菊苷　　　　　　　　　　　　　甘草苷

图 10-6　甘草苷和甜叶菊苷

③ 天然衍生物甜味剂。二氢查尔酮中的一些化合物具有甜味，而另外一些则是苦味。

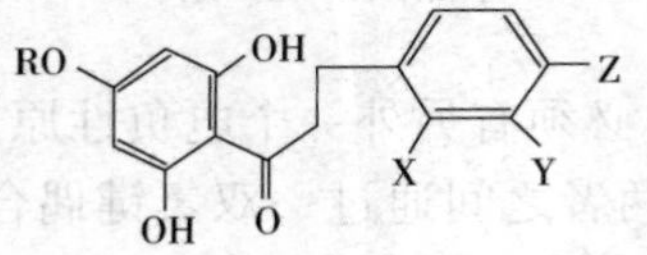

图 10-7　二氢查耳酮衍生物

研究发现，当 7 位的 R 基为 β-新橙皮糖基时二氢查尔酮有甜味，但是在 R 基为 β-芸香糖基时二氢查尔酮为苦味；另外还要求 X 是—OH 基，而 Y 是烷氧基（碳原子数为 1~3 个），见图 10-7。二氢查尔酮类的甜度一般为蔗糖的 950~2000 倍。

二氢查耳酮衍生物是柚苷、橙皮苷等黄酮类物质在碱性条件下还原生成的开环化合物。这类化合物有很强的甜味，其甜味见表 10-1。

表 10-1　具有甜味的二氢查耳酮衍生物的结构和甜度

二氢查耳酮衍生物	R	X	Y	Z	甜度
柚皮苷	新橙皮糖	H	H	OH	100
新橙皮苷	新橙皮糖	H	OH	OCH₃	1000
高新橙皮苷	新橙皮糖	H	OH	OC₂H₅	1000
4-O-正丙基新圣草柠檬苷	新橙皮糖	H	OH	OC₂H₅	2000
洋李苷	葡萄糖	H	H	OH	40

柚皮苷（naringin）是一种潜在的重要的二氢查尔酮前体物质，因为通过它的碱裂解反应形成中间化合物甲基酮，再与异香兰素发生缩合反应就可以生成查尔酮，最后经过氢化反应就可以得到具有甜味的二氢查尔酮。

④ 蛋白质。已经从自然界中分离出具有甜味的蛋白质，如沙马汀（thaumatin）Ⅰ和沙马汀Ⅱ，它们的甜度约为蔗糖的 2000 倍。沙马汀Ⅰ由 207 个氨基酸残基构成，并含有 10 个赖氨酸残基，当这些残基被全部酰化时甜味降低；当只有 4 个赖氨酸残基被酰化时甜味消失；如果用还原甲基化的方法对 7 个赖氨酸残基进行处理后，则不会影响它的甜味强度。此外，沙马汀Ⅰ同糖精、甜叶菊、安赛蜜等其他甜味剂具有很好的协同作用，目前已在口香糖、乳制品中应用。

莫内林（monellin）也是从自然界中分离出的另一种甜味蛋白质，它由非共价连接的两个肽链组成，分子量约为 10.5kD，甜度约为蔗糖的 3000 倍。莫内林与甜味受体的作用位点也被确认，甜味的产生与肽链的构象相关，因为肽链的分离会导致甜度的变化。莫内林的稳定性较差，但是通过在两个肽链间形成氨基酸残基的共价链节，则会提高它的稳定性。不过由于莫内林的甜味产生缓慢，甜味的消退也很慢，所以一般不适用于作为商业化的甜味剂。

⑤ 氨基酸。通常 L-型氨基酸多为苦味，特别是 L-亮氨酸、色氨酸等非极性氨基酸，而 D-型氨基酮则一般具有较强的甜味，如 D-丙氨酸、亮氨酸(表 10-2)。

表 10-2　不同氨基酸的味觉

名　　称	L-型	D-型	名　　称	L-型	D-型
丙氨酸	甜	强甜	蛋氨酸	苦	甜
丝氨酸	微甜	强甜	组氨酸	苦	甜
α-氨基丁酸	微甜	甜	鸟氨酸	苦	微甜
苏氨酸	微甜	微甜	赖氨酸	苦	微甜
α-氨基正戊酸	苦	甜	精氨酸	微苦	微甜
α-氨基异戊酸	苦	强甜	天冬酰胺	无味	甜
异缬氨酸	微甜	甜	苯丙氨酸	微苦	甜
亮氨酸	苦	强甜	色氨酸	苦	强甜
异亮氨酸	苦	甜	酪氨酸	微苦	甜

10.2.3.2　苦味和苦味物质

（1）苦味理论

在沙氏理论中，认为苦味源于呈味物质分子内的疏水基受到了空间阻碍，即苦味物质分子内的氢供体和氢受体之间的距离在 15nm 以内，从而形成了分子内氢键，使整个分子的疏水性增强，而这种疏水性又是与脂膜中多烯磷酸酯组合成苦味受体的必要条件，因此给人以苦味感。

从化学结构看，一般苦味物质含有—NO_2、 $N\equiv$ 、—SH、—S—、—S—S—、$\diagdown C=S \diagup$ 、—SO_3H 等基团。另外无机盐类中的 Ca^{2+}、Mg^{2+}、NH_4^+ 等阳离子也有一定程度的苦味。

奎宁（图 10-8）一般作为测定苦味的标准物质。

（2）苦味物质

① 咖啡碱、茶碱、可可碱。咖啡碱、茶碱和可可碱是生物碱类苦味物质，属于嘌呤类的衍生物（图 10-9）。

咖啡碱主要存在于咖啡和茶叶中，在茶叶中含量为 1% ~ 5%。纯品为白色具有丝绢光泽的结晶，分子中含一分子结晶水，易溶于热水，能溶

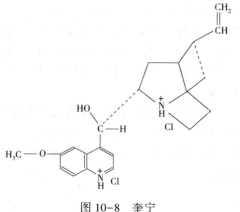

图 10-8　奎宁

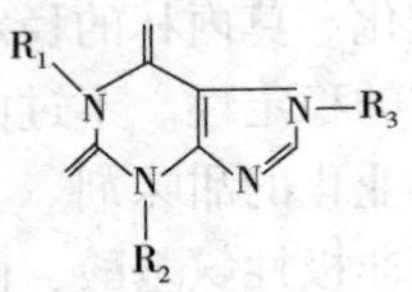

咖啡碱：$R_1=R_2=R_3=CH_3$
可可碱：$R_1=H$，$R_2=R_3=CH_3$
茶碱：$R_1=R_2=CH_3$，$R_3=H$

图 10-9　生物碱类苦味物质

于冷水、乙醇、乙醚、氯仿等。熔点 235～238℃，120℃升华。咖啡碱较稳定，在茶叶加工中损失较少。

茶碱主要存在于茶叶中，含量极微，在茶叶中的含量为 0.002% 左右，与可可碱是同分异构体，为具有丝光的针状晶体，熔点

273℃，易溶于热水，微溶于冷水。

可可碱主要存在于可可和茶叶中，在茶叶中的含量约为 0.05%，纯品为白色粉末结晶，熔点 342～343℃，290℃升华，溶于热水，难溶于冷水、乙醇和乙醚等。

② 糖苷类。苦杏仁苷、水杨苷都是糖苷类物质，一般都有苦味。存在于柑橘、柠檬、柚子中的苦味物质主要是新橙皮苷和柚皮苷，在未成熟的水果中含量很多，它的化学结构属于黄烷酮苷类，见图 10-10。

③ 啤酒中的苦味物质。啤酒中的苦味物质主要来源于啤酒花和在酿造中产生的苦味物质，约有 30 多种，其中主要是 α 酸和异 α 酸等。

α 酸，又名甲种苦味酸，它是由葎草酮、副葎草酮、蛇麻酮等物质组成的混合物（图 10-11）。

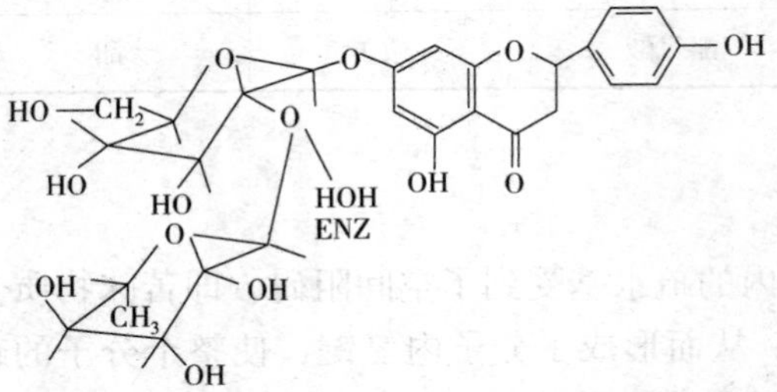

图 10-10　柚皮苷的结构

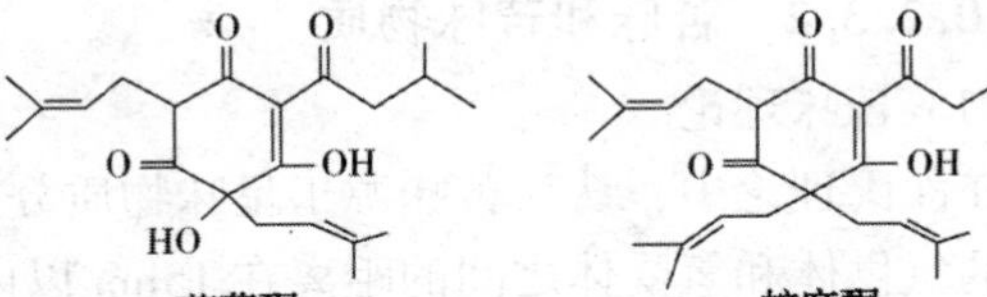

葎草酮　　　　蛇麻酮

图 10-11　葎草酮、蛇麻酮结构

异 α 酸是啤酒花与麦芽在煮沸过程中，由 40%～60% 的 α 酸异构化而形成的。在啤酒中异 α 酸是重要的苦味物质。

10.2.3.3　酸味和酸味物质

酸在经典的酸碱理论中，是氢离子所表现的化学行为。酸味的产生，是由于呈酸性的物质的稀溶液在口腔中，与舌头黏膜相接触时，溶液中的 H^+ 刺激黏膜，从而导致酸的感觉。因此，凡是在溶液中能离解产生 H^+ 的化合物都能引起酸感，H^+ 称为酸味定位基。

酸的强弱和酸味强度之间不是简单的正比例关系，酸味强度与舌黏膜的生理状态有很大的关系。

酸的浓度、强度与酸味的强度是不同的概念。因为各种酸的酸感不等于 H^+ 的浓度，在口腔中产生的酸感与酸根的结构和种类、唾液 pH 值、可滴定的酸度、缓冲效应以及其他食物特别是糖的存在有关。有人曾以酒石酸为基准，比较了一些食用酸的酸感，如表 10-3 所示。

212

表 10-3　常见食用酸(0.5mol/L)的性质

酸	味感	总酸/(g/L)	pH 值	电离常数	味感特征
盐酸	+1.43	1.85	1.70	—	
酒石酸	0	3.75	2.45	$1.04×10^{-3}$	强烈
苹果酸	-0.43	3.35	2.65	$3.9×10^{-4}$	清鲜
磷酸	-1.14	1.65	2.25	$7.52×10^{-3}$	激烈
乙酸	-1.14	3.00	2.95	$1.75×10^{-5}$	醋味
乳酸	-1.14	4.50	2.60	$1.26×10^{-4}$	尖锐
柠檬酸	-1.28	3.50	2.60	$8.4×10^{-4}$	新鲜
丙酸	-1.85	3.70	2.90	$1.34×10^{-5}$	酸酪味

常见的酸味物质有食用醋酸、柠檬酸、苹果酸、酒石酸、乳酸、抗坏血酸、葡萄糖酸和磷酸等。

10.2.3.4　辣味和辣味物质

辣味是刺激口腔黏膜、鼻腔黏膜、皮肤、三叉神经而引起的一种痛觉。适当的辣味可增进食欲，促进消化液的分泌，在食品烹调中经常使用辣味物质作调味品。大量研究资料表明，分子的辣味随其非极性尾链的增长而加剧，以 C_9 左右达到最高峰，然后陡然下降(图 10-12、图 10-13)，称之为 C_9 规律。

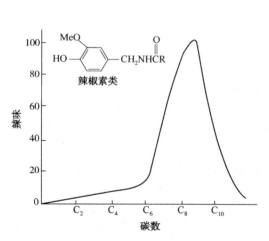

图 10-12　辣椒素与其尾链 C_9 的辣味关系　　图 10-13　生姜素与其尾链 C_9 的辣味关系

辣味物质分子极性基的极性大小及其位置与味感关系也很大。极性头部的极性大时是表面活性剂，极性小时是麻醉剂。极性处于中央的对称分子，如

$$RCON\bigcirc NCOR, RCOO\bigcirc NHCOR$$

其辣味只相当于半个分子的作用，且因其水溶性降低而辣味大减。极性基处于两端的对称分子，如

213

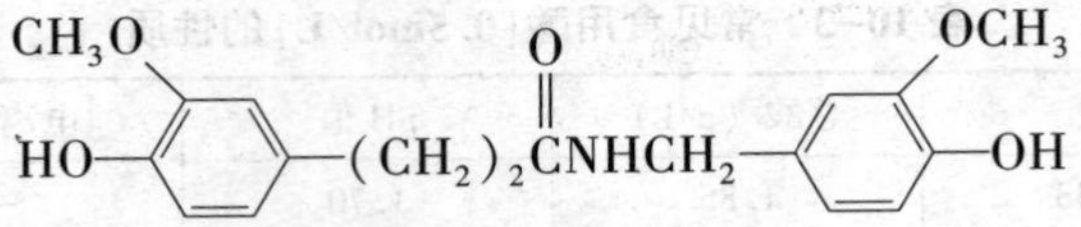

$$CH_3O \quad \text{———} \quad (CH_2)_2CNHCH_2 \text{———} \quad OCH_3$$

$$HO \text{———} \quad \text{———} \quad OH$$

则味道变淡。增加或减少极性头部的亲水性，如将

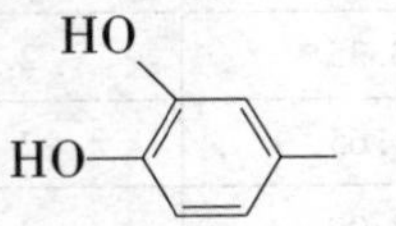

（结构图：HO、HO 取代的苯环）

改变为

（三个苯环衍生物结构：含 O—O 二氧杂环、CH₃O 取代、CH₃O 与 HO 取代）

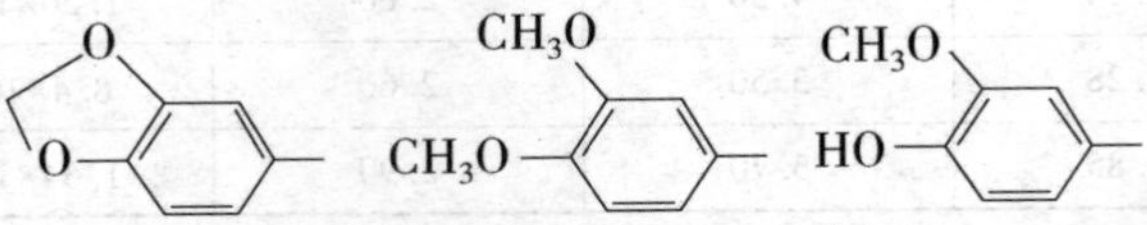

时，辣味均降低，甚至调换羟基位置也可能失去辣味，而产生甜味或苦味。

常用的辣味物质有辣椒、花椒、生姜、大蒜、葱、胡椒、芥末和许多香辛料等，几种辣味物质的结构如图 10-14 所示。

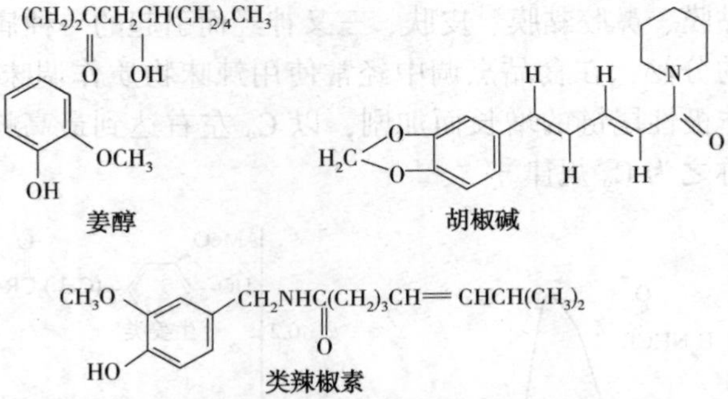

（结构图）

姜醇　　　　　　　　胡椒碱

（结构图）

类辣椒素

图 10-14　几种辣味物质结构

10.2.3.5　咸味和咸味物质

咸味在食物调味中颇为重要，没有咸味就没有美味佳肴，可见咸味在调味中的作用。咸味是中性盐所显示的味，只有 NaCl 才能产生纯粹的咸味。

近来低盐食品有益健康的主张，引起人们对钠盐替换物的兴趣，目前正在进一步了解咸味的机理，希望找到一种接近 NaCl 咸味的低钠产品。从化学结构上看，阳离子产生咸味，阴离子抑制咸味。钠离子和锂离子产生咸味，钾离子和其他阳离子产生咸味和苦味。在阴离子中，氯离子对咸味抑制最小，它本身是无味的。较复杂的阴离子不但抑制阳离子的味道，而且它们本身也产生味道。长链脂肪酸或长链烷基磺酸钠盐产生的肥皂味是由阴离子所引起的，这些味道可以完全掩蔽阳离子的味道。

描述咸味感觉机理最满意的模式是水合阳-阴离子复合物和 AH/B 感觉器位置之间的相互作用。这种复合物各自的结构是不相同的，水的羟基和盐的阴离子或阳离子都与感受器位置发生缔合。

苹果酸钠盐及葡萄糖酸钠的咸味尚可接受，可作无盐酱油的咸味料，供肾脏病等患者作为限制摄取食盐的调味料。

食盐中如含有 KCl、$MgCl_2$、$MgSO_4$ 等其他盐，就会带有苦味，应加以精制。

10.2.3.6　鲜味及鲜味物质

鲜味是呈味物质（如味精）产生的能使食品风味更为柔和、协调的特殊味感，鲜味物质与其他味感物质相配合时，有强化其他风味的作用。常用的鲜味物质主要有氨基酸和核苷酸类。

（1）谷氨酸钠（味精）

天然 α-氨基酸中，L 型的谷氨酸和天门冬氨酸的钠盐和酰胺都具有鲜味。现代产量最大的商品味精就是 L-谷氨酸的一钠盐，其构型式为

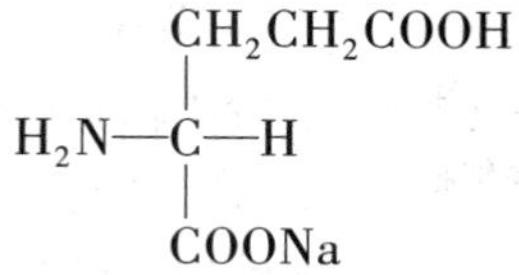

$$
\begin{array}{c}
CH_2CH_2COOH \\
| \\
H_2N-C-H \\
| \\
COONa
\end{array}
$$

D 型异构体无鲜味。早期是用面筋的酸性水解法生产，现代完全用发酵法，安全性更高。商品的谷氨酸一钠分子内含有一分子结晶水，易溶于水而不溶于酒精，纯品为无色晶体，熔点 195℃。

（2）肌苷酸和鸟苷酸

核苷酸具有鲜味在 20 世纪初就被人们知晓，但用作鲜味剂则是 20 世纪 60 年代以后的事。这类鲜味剂主要有如下三种：

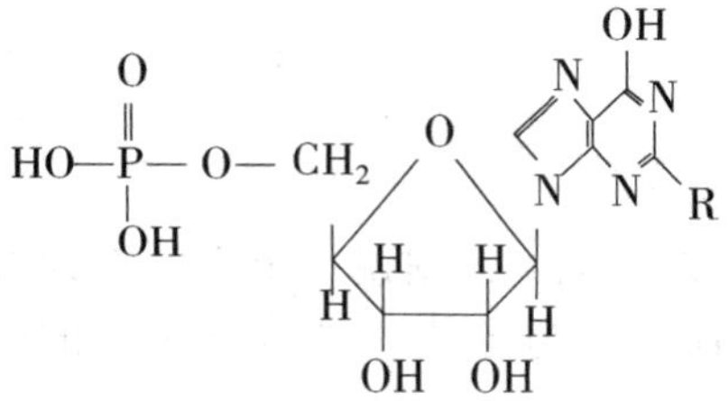

R＝H，5′-肌苷酸
R＝NH₂，5′-鸟苷酸
R＝OH，5′-黄苷酸

其中以肌苷酸鲜味最强，鸟苷酸次之。

10.2.3.7 涩味和涩味物质

涩味是涩味物质与口腔内的蛋白质发生疏水性结合交联反应产生的收敛感觉与干燥感觉。涩味不是食品的基本味觉，而是刺激触觉神经末梢造成的结果。食品中主要涩味物质有：金属、明矾、醛类、单宁。

单宁是其中的重要代表物，其结构如图 10-15 所示。

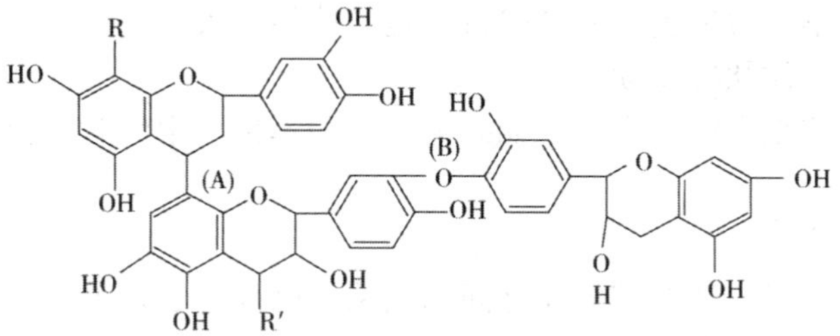

图 10-15　单宁的结构

10.3　食品的嗅觉效应

10.3.1　嗅觉产生的生理基础

嗅感是由一些挥发性物质进入人的鼻腔刺激嗅觉神经而引起的一种感觉。嗅感物质就是能引起嗅感的化学物质。其中产生的令人愉快的挥发性物质称为香气。产生令人厌恶的挥发

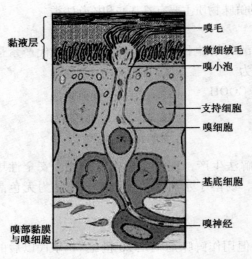

图 10-16　嗅细胞及嗅觉生理示意图

性物质称为臭气。

嗅觉的产生生理过程如下：气味分子经鼻通道到达嗅区后，鼻黏膜内的可溶性气味结合蛋白与之黏合以增加气味分子的溶解度，并将气味分子运输至接近嗅觉受体，使嗅觉受体细胞周围的气味分子浓度比外围空气中的浓度提高数千倍，气味物质通过刺激位于鼻腔后上部嗅觉上皮内含有嗅觉受体的嗅觉受体细胞产生神经冲动，经嗅神经多级传导，最后到达位于大脑梨形区域的主要嗅觉皮层而形成嗅觉。

嗅觉受体细胞也叫嗅细胞，为双极神经元细胞(图 10-16)，周围突伸向黏膜表面，末端形成带纤毛的小球。鼻腔内约有 6×10^5 个嗅细胞。

10.3.2　嗅觉的主要特性

（1）敏锐

一些嗅感物质在很低的浓度下也会被人感觉到，据说一个训练有索的鉴评专家能区分 4000 种气味。某些动物的嗅觉连现代化仪器也赶不上，如狗、鳝鱼的嗅觉约为人的 100 万倍。

（2）易疲劳、适应和习惯

当嗅觉中枢神经长期受一种气味的刺激而陷入负反馈状态时，感觉便受到抑制而产生适应。当人的注意力分散时会感觉不到气味，时间长了便会对该气味形成习惯。疲劳、适应和习惯三种现象会同时作用，难以区分。

（3）个性差异大

不同人的嗅觉差别很大，即使嗅觉敏锐的人也会因气味而异。有人认为女性一般比男性的嗅觉敏锐。对气味不敏感的极端便是嗅盲，这与遗传有关。

（4）阈值会随人身体状况变动

人的身体状况对嗅觉有明显影响，如疲劳、营养不良、生病时，会引起嗅功能下降。

10.3.3　嗅觉理论

根据气味物质的分子特征与其气味之间的关系，已提出了多种嗅觉理论，其中以嗅觉立体化学理论和振动理论最著名。

嗅觉立体化学理论是在 1952 年由 Amoore 提出，也称为主香理论。该理论认为：不同物质的气味实际上是有限几种主导气味的不同组合，而每一种主导气味可以被鼻腔内的一种相互各异的主导气味受体感知。Amoore 根据文献上各种气味出现的频率提出了 7 种主导气味，包括清淡气味(ethereal)、樟脑气味(camphora ceous)、发霉气味(musty)、花香气味(floral)、薄荷气味(minty)、辛辣气味(pungent)和腐烂气味(putrid)。嗅觉立体化学理论从一定程度上解释了分子形状相似的物质，气味之所以可能差别很大的原因是它们具有不同的功能基团。

嗅觉振动理论由 Dyson 于 1937 年第一次提出，在随后的 1950—1960 年又得到 Wright 的进一步发展。该理论认为嗅觉受体分子能与气味分子发生共振。这一理论主要基于对光学异构体和同位素取代物质气味的对比研究。一般，对映异构体具有相同的远红外光谱，但它们的气味可能差别很大。而用氘取代气味分子则能改变分子的振动频率，但对该物质的气味影响很小。

10.3.4　食品中嗅感物质的一般特征

食品中嗅感物质的一般特征有：①具有挥发性，沸点较低；②既具有水溶性（能透过嗅觉感受器的黏膜层）又具有脂溶性（能通过感受细胞的脂膜）；③分子量较小，在 26～300 之间。无机物主要为 NO_2、NH_3、SO_2、H_2S 等气体，有强烈气味，而挥发性有机物大多具有气味。

10.4　食品中风味物质形成的途径

尽管风味化合物千差万别，然而它们的生成途径主要有以下五个方面：生物合成、酶的作用、发酵作用、高温分解作用和食物调香。

10.4.1　生物合成作用

食物中的香气物质大多数是食物原料在生长、成熟和储藏过程中通过生物合成作用形成的，这是食品原料或鲜食食品香气物质的主要来源。不同食物香气物质生物合成的途径不同，合成的香气物质种类也完全不同。食物中的香气成分主要是以氨基酸、脂肪酸、羟基酸、单糖、糖苷和色素为前体，通过进一步的生物合成而形成。

10.4.1.1　以氨基酸为前体的生物合成

在各种水果和许多蔬菜的香气成分中，许多低碳数的醇、醛、酸、酯等香气化合物都是以支链氨基酸为前体通过生物合成形成的；而一些酚类、醚类则是以芳香族氨基酸为前体通过生物合成的（图 10-17）；此外，葱、蒜、韭菜等蔬菜中的含硫香气成分是以半胱氨酸为前体，而甘蓝、海藻等中的甲硫醚则是以甲硫氨酸为前体通过生物合成的。

香蕉的特征香气物质乙酸异戊酯和苹果的香气特征物之一 3-甲基丁酸乙酯，就是以支链氨基酸 L-亮氨酸为前体，通过生物合成产生的（图 10-18）。

有些蔬菜的特征香气成分中含有吡嗪类化合物，例如，甜柿子椒和豌豆中含有 2-甲氧基-3-异丁基-吡嗪，生菜和甜菜中含有 2-甲氧基-3-仲丁基吡嗪，叶用莴苣和土豆中含有 2-甲氧基-3-异丙基-吡嗪等，也是以亮氨酸为前体在植物体内通过生物合成产生的（图 10-19）。

除亮氨酸外，植物还能将其他类似的氨基酸按上述生物合成途径产生香气物质。例如，存在于各种花中的具有玫瑰花和丁香花芳香的 2-苯基乙醇，就是由苯丙氨酸经上述途径合成的（图 10-20）。此外，某些微生物，包括酵母、产生麦芽香气的乳链球菌（*Streptococcus*）等也能按上述途径转变大部分氨基酸。

洋葱、大蒜、香菇、海藻等的主要特征性香气物质分别是 *S*-氧化硫代丙醛、二烯丙基硫代亚磺酸酯（蒜素）、香菇酸、甲硫醚等，它们是以半胱氨酸、甲硫氨酸及其衍生物为前体通过生物合成作用而形成的。其中，洋葱、大蒜和香菇特征性香气物质的前体分别是 *S*-(1-丙烯基)-L-半胱氨酸亚砜、*S*-(2-丙烯基)-L-半胱氨酸亚砜和 *S*-烷基-L-半胱氨酸亚砜，它们形成的途径分别见图 10-21、图 10-22 和图 10-23。

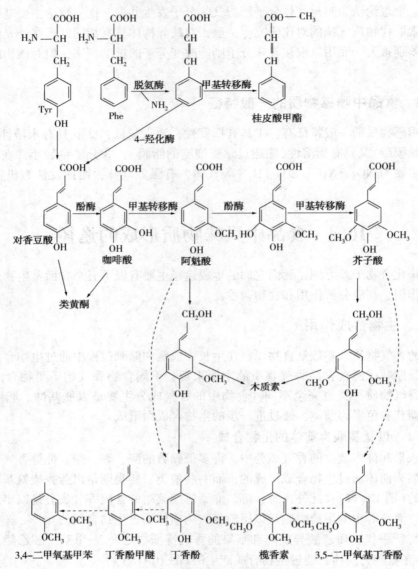

图 10-17　植物中丁香酚类物质的形成途径

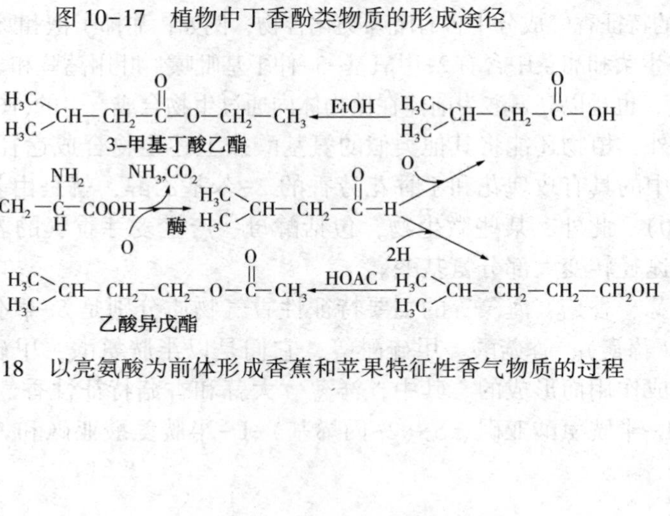

图 10-18　以亮氨酸为前体形成香蕉和苹果特征性香气物质的过程

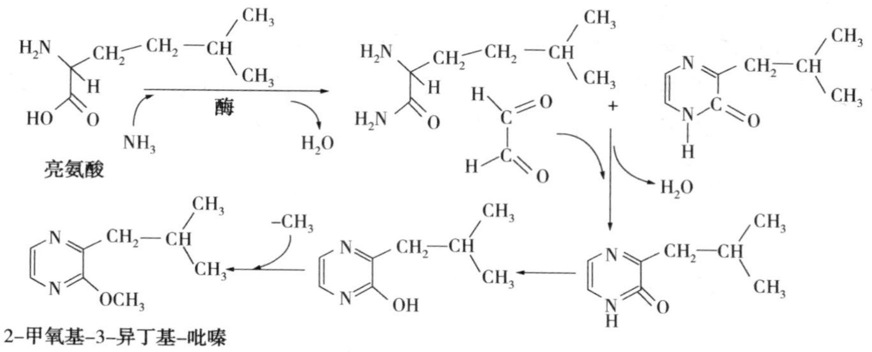

图 10-19　生土豆、豌豆和豌豆英特征性香气成分形成途径

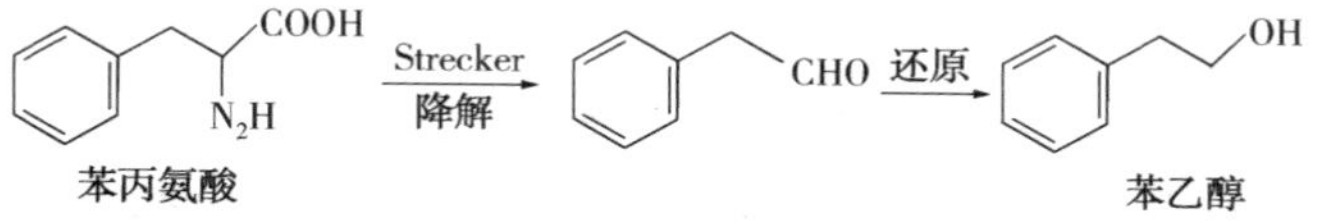

图 10-20　苯乙醇的形成过程

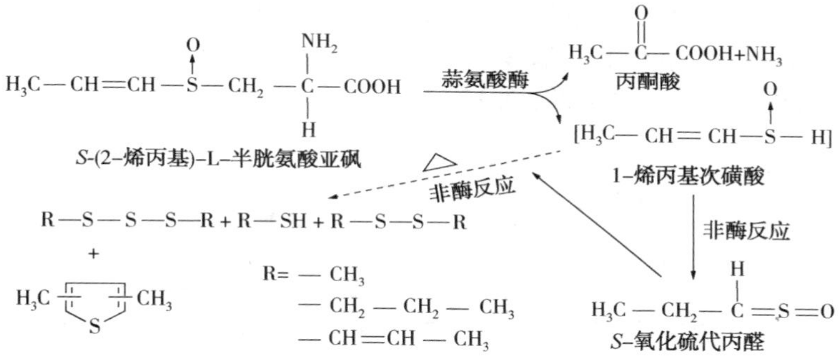

图 10-21　洋葱特征性香气物质形成的途径

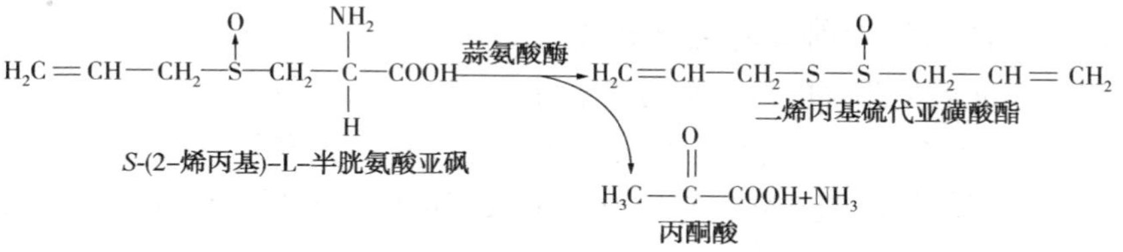

图 10-22　大蒜特征性香气物质形成的途径

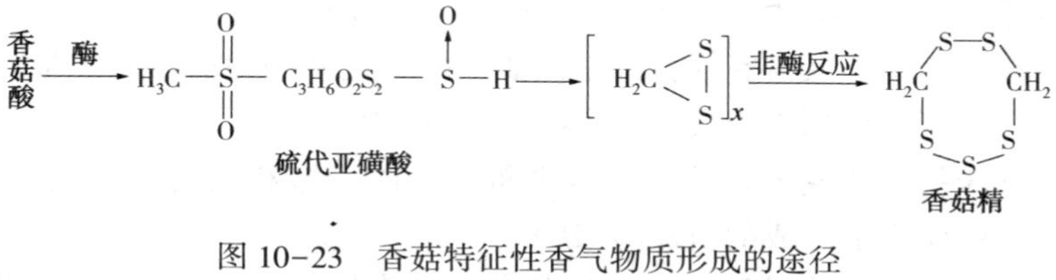

图 10-23　香菇特征性香气物质形成的途径

10.4.1.2　以羟基酸为前体的生物合成

在柑橘类水果及其他一些水果中，重要的香气成分之一是萜烯类化合物，包括开链萜和

环萜，是生物体内通过异戊二烯途径合成的，其前体是甲瓦龙酸（一种 C_6 的羟基酸），它在酶的催化下先生成焦磷酸异戊烯酯，然后再分成两条不同的途径进行合成（图 10-24）。这些反应的产物大多呈现出天然芳香，如柠檬醛、橙花醛是柠檬的特征香气成分；β-甜橙醛是甜橙的特征香气分子；诺卡酮是柚子的重要香气物质等。

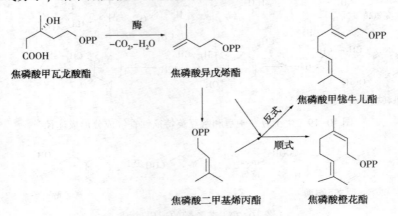

图 10-24　羟基酸形成萜烯类香气物质的途径

具有明显椰子和桃子特征香气的 C_8 ~ C_{12} 内酯以及在乳制品香气中扮演主要角色的 δ-辛内酯，主要是以脂肪酸 β-氧化的羟基酸产物或脂肪水解产生的羟基酸为前体在酶的催化下发生环化反应（cyclic reaction）形成的（图 10-25）。

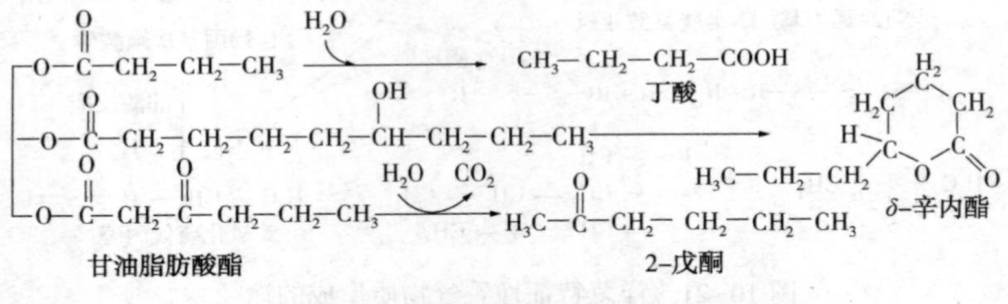

图 10-25　羟基酸环化形成香气物质的途径

10.4.1.3　以脂肪酸为前体的生物合成

在水果和一些瓜果类蔬菜的香气成分中，常发现含有 C_6 和 C_9 的醇、醛类（包括饱和或不饱和化合物）以及由 C_6 和 C_9 的脂肪酸所形成的酯，它们大多是以脂肪酸为前体通过生物合成而形成的。按其催化酶的不同，主要有两类反应机理：由脂肪氧合酶产生的香气成分和由脂肪 β-氧化产生的香气物质。

苹果、香蕉、葡萄、菠萝、桃子中的己醛，香瓜、西瓜的特征性香气物质 2-$trans$-壬烯醛和 3-cis-壬烯醇，番茄的特征性香气物质 3-cis-己烯醛和 2-cis-己烯醇以及黄瓜的特征性香气物质 2-$trans$，6-cis-壬二烯醛等，都是以亚油酸和亚麻酸为前体，在脂肪氧合酶、裂解酶、异构酶、氧化酶等的作用下合成的（图 10-26、图 10-27）。

大豆制品豆腥味的主要成分是己醛，该物质也是以不饱和脂肪酸（亚油酸和亚麻酸）为前体在脂肪氧合酶的作用下形成的（图 10-28）。

梨、杏、桃等水果在成熟时都会产生令人愉快的果香，这些香气成分很多是由长链脂肪酸经 β-氧化衍生而成的 C_6 ~ C_{12} 化合物。例如，由亚油酸通过 β-氧化途径生成的（2E，4Z）-癸二烯酸乙酯，就是梨的特征香气成分（图 10-29）。

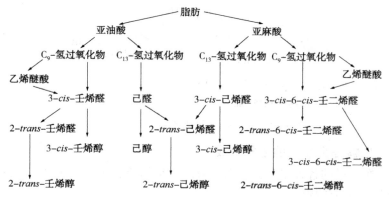

图 10-26　以脂肪酸为前体生物合成香气物质的途径

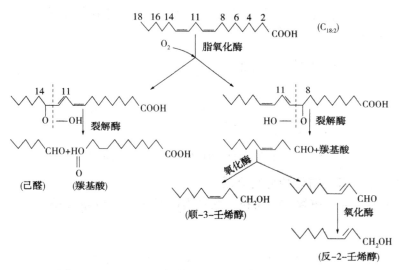

图 10-27　油酸在生物体内的氧化产生风味物质的过程

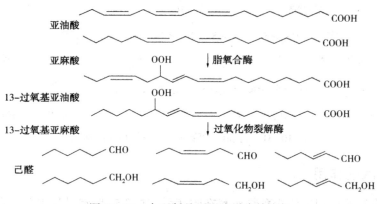

图 10-28　大豆制品豆腥味形成的途径

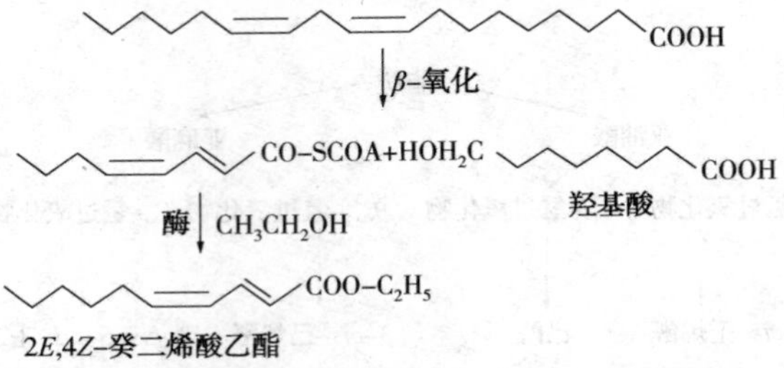

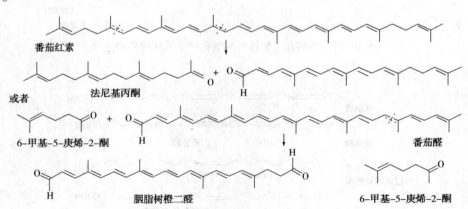

$$\begin{array}{c} \text{(结构式)} \\ \downarrow \beta\text{-氧化} \\ \text{CO-SCOA+HOH}_2\text{C} \quad \text{(结构式)} \quad \text{COOH} \quad \text{羟基酸} \\ \text{酶} \downarrow \text{CH}_3\text{CH}_2\text{OH} \\ \text{COO-C}_2\text{H}_5 \\ 2E,4Z\text{-癸二烯酸乙酯} \end{array}$$

图 10-29　脂肪酸 β-氧化产生香气物质的途径

10.4.1.4　以糖苷为前体的生物合成

在水果中存在大量的各种单糖，不但构成了水果的味感成分，而且也是许多香气成分如醇、醛、酸、酯类的前体物质。

十字花科蔬菜，包括山葵、辣根、芥末、雪里蕻等的特征性香气物质是异硫氰酸酯、硫氰酸酯和一些腈类化合物。一般认为这些辛辣味的物质并不是直接存在于植物中，而是植物细胞遭到破坏时，其中辛辣物质的前体硫代葡萄糖苷在一定外界条件下由芥子苷酶催化降解而形成的(图 10-30)。

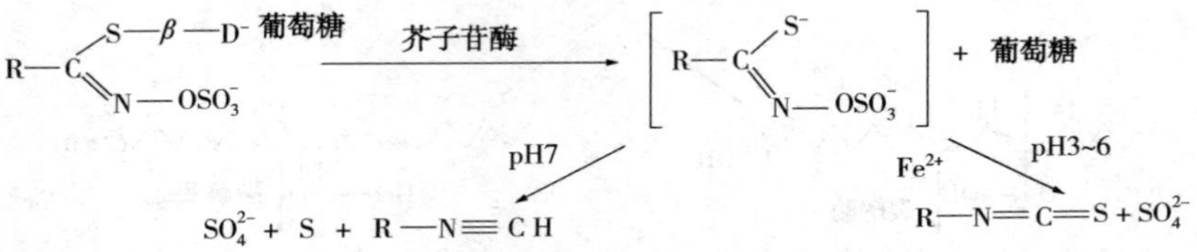

$$\begin{array}{c} R-C \begin{array}{l} S-\beta-D\text{-葡萄糖} \\ \parallel \\ N-OSO_3^- \end{array} \xrightarrow{\text{芥子苷酶}} \left[R-C \begin{array}{l} S^- \\ \parallel \\ N-OSO_3^- \end{array} \right] + \text{葡萄糖} \\ \swarrow pH7 \qquad\qquad Fe^{2+} \searrow pH3\sim6 \\ SO_4^{2-} + S + R-N\equiv CH \qquad\qquad R-N=C=S + SO_4^{2-} \end{array}$$

图 10-30　十字花科植物特征性香气物质形成的途径

10.4.1.5　以色素为前体的生物合成

番茄中的 6-甲基-5-庚烯-2-酮和法尼基丙酮是由番茄红素在酶的催化下生成的(图 10-31)。

$$\text{(结构式)}$$

番茄红素

或者　　法尼基丙酮　　　　　　　　　　　　　　　　　　　番茄醛

6-甲基-5-庚烯-2-酮　　　　　　　　　　　　　　　　6-甲基-5-庚烯-2-酮

胭脂树橙二醛

图 10-31　番茄红素降解形成香气物质的途径

10.4.2　酶的作用

酶对食品香气的作用主要指食物原料在收获后的加工或储藏过程中在一系列酶的催化下形成香气物质的过程，包括酶的直接作用和酶的间接作用。所谓酶的直接作用是指酶催化某

222

一香气物质前体直接形成香气物质的作用，而酶的间接作用主要是指氧化酶催化形成的氧化产物对香气物质前体进行氧化而形成香气物质的作用。葱、蒜、卷心菜、芥菜的香气形成属于酶的直接作用，而红茶的香气形成则是典型的酶间接作用的例子。

10.4.3　高温作用

10.4.3.1　通过美拉德反应形成香气

美拉德反应是形成高温加热食品香气物质的主要途径(图 10-32)。图 10-33～图 10-37是美拉德反应中主要香气物质咪唑、吡咯啉、吡咯、吡嗪和氧杂茂和硫杂茂的形成途径。

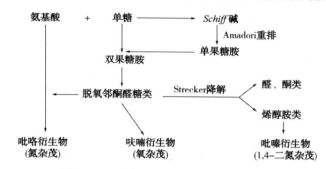

图 10-32　美拉德反应中形成的香气物质

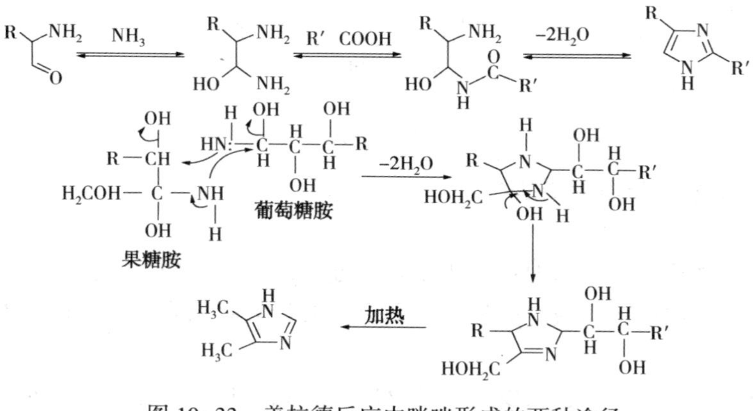

图 10-33　美拉德反应中咪唑形成的两种途径

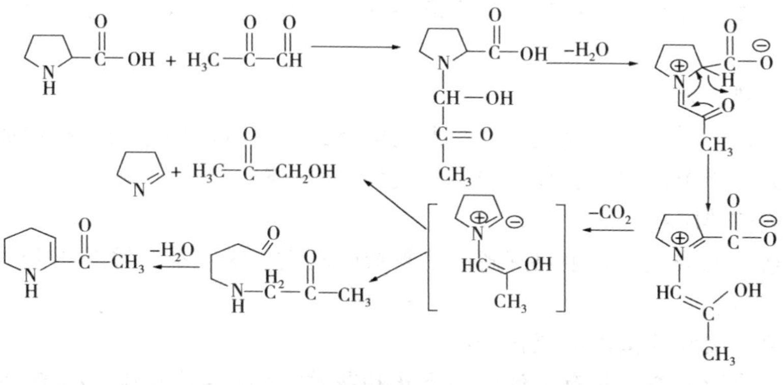

图 10-34　美拉德反应中脯氨酸经 Strecker 降解形成吡咯啉的途径

223

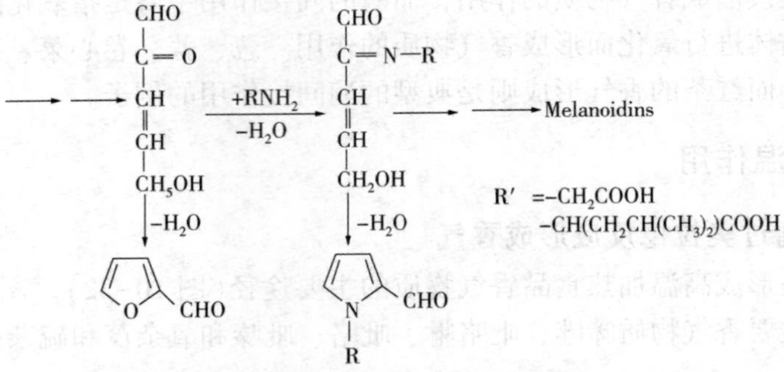

图 10-35 美拉德反应中吡咯形成的途径

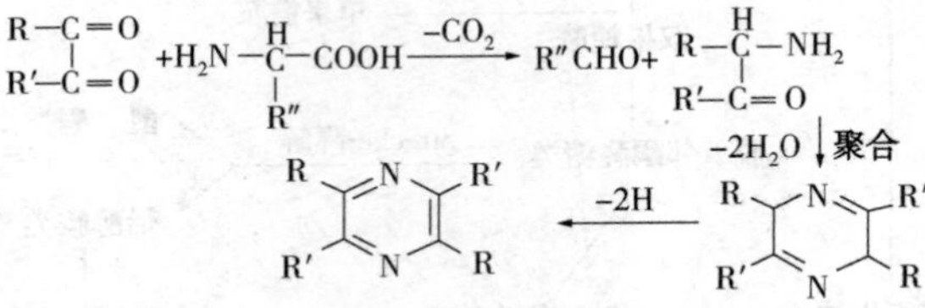

图 10-36 美拉德反应中吡嗪形成的途径

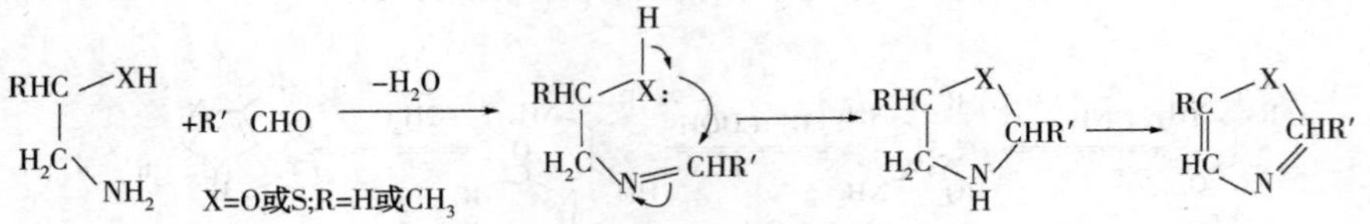

图 10-37 美拉德反应中氧杂茂和硫杂茂形成的途径

10.4.3.2 通过热降解形成香气

（1）糖的热降解

糖在没有含氮物质存在的情况下，当受热温度较低或时间较短时，会产生一种牛奶糖样的香气特征；若受热温度较高或时间较长，则会形成甘苦而无甜香味的焦糖素。

（2）氨基酸的热降解

氨基酸在较高温度受热时，会发生脱羧反应或脱氨、脱羧反应，但生成的胺类产物往往具有不愉快的气味。若在热的继续作用下，这时生成的产物可以进一步相互作用，生成具有良好香气的化合物。在热处理过程中对食品香气影响较大的氨基酸主要是含硫氨基酸和杂环氨基酸。

（3）脂肪的热氧化降解

脂肪易被氧化，受热更易氧化。在烹调的肉制品中发现的由脂肪降解形成的香气物质包括脂肪烃、醛类、酮类、醇类、羧酸类和酯类（图 10-38）。

（4）硫胺素的热降解

纯的硫胺素并无香气，发生热降解后能形成呋喃类、嘧啶类、噻吩类和含硫化合物等香气成分（图 10-39）。

（5）类胡萝卜素和叶黄素的氧化降解

有一些化合物能使茶叶具有浓郁的甜香味和花香，如顺-茶螺烷、β-紫罗兰酮等，它们主要来自 β-胡萝卜素或叶黄素的氧化分解（图 10-40）。

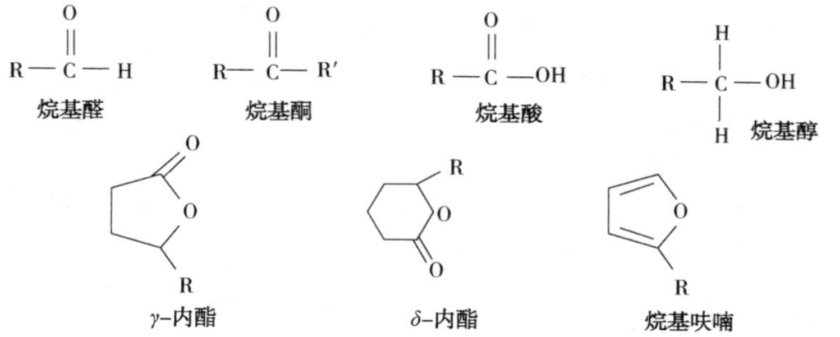

图 10-38 由脂肪热氧化降解形成的香气物质

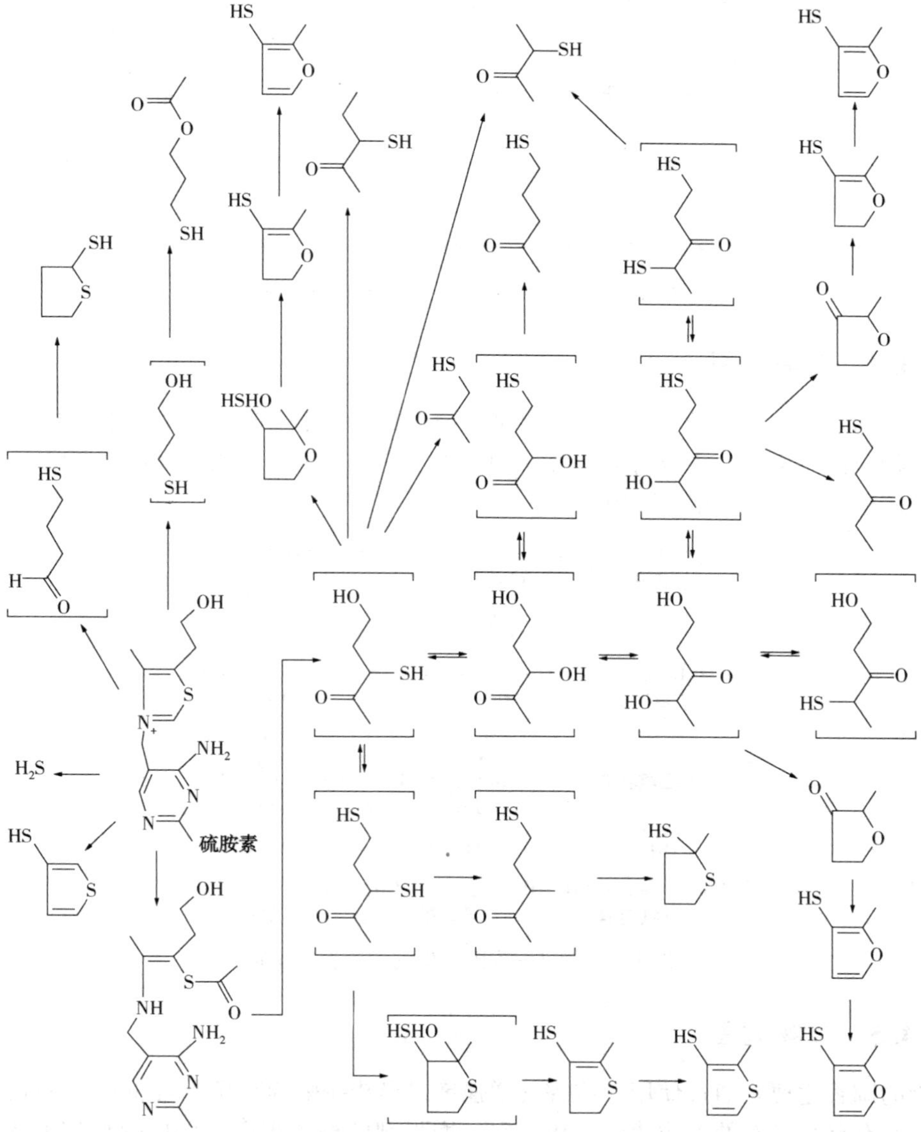

图 10-39 硫胺素热降解途径

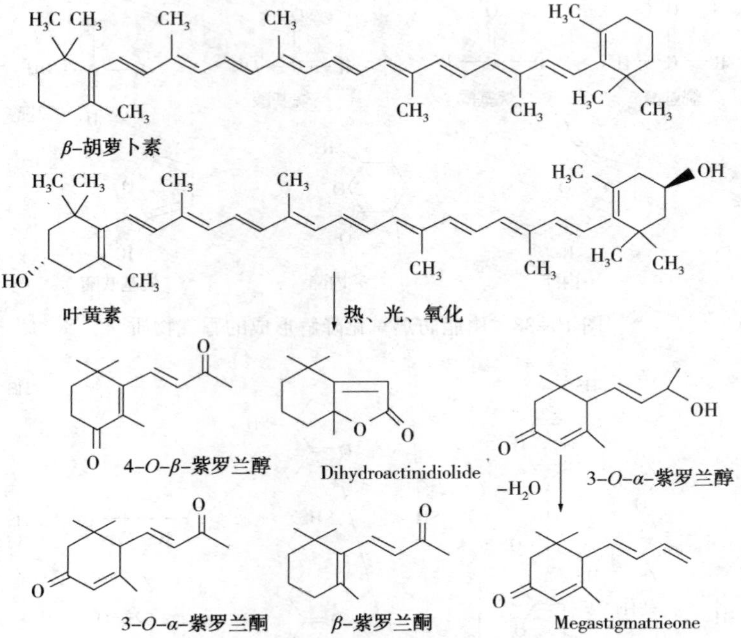

β-胡萝卜素

叶黄素

热、光、氧化

4-O-β-紫罗兰醇   Dihydroactinidiolide   3-O-α-紫罗兰醇

$-H_2O$

3-O-α-紫罗兰酮 β-紫罗兰酮   Megastigmatrieone

图 10-40 β-胡萝卜素、叶黄素的降解途径

10.4.4 发酵作用

发酵食品及其调味品的香气成分主要是由微生物作用于发酵基质中的蛋白质、糖类、脂肪和其他物质而产生的,主要有醇、醛、酮、酸、酯类等物质。微生物发酵形成香气物质比较典型的例子就是乳酸发酵(图 10-41)。

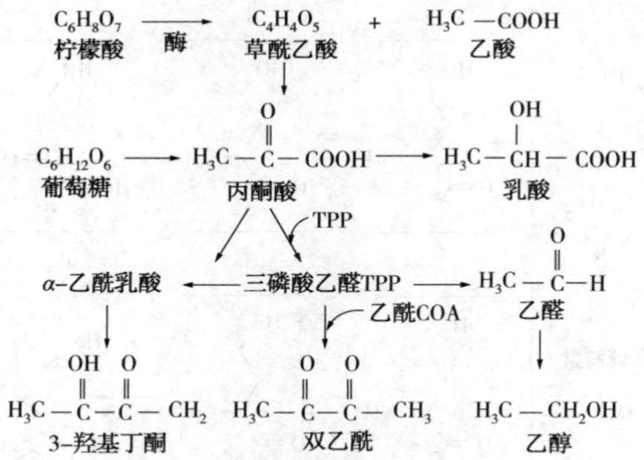

$C_6H_8O_7$ 柠檬酸 酶 $C_4H_4O_5$ 草酰乙酸 + $H_3C-COOH$ 乙酸

$C_6H_{12}O_6$ 葡萄糖 → $H_3C-C-COOH$ 丙酮酸 → $H_3C-CH-COOH$ 乳酸

TPP

α-乙酰乳酸 ← 三磷酸乙醛TPP → H_3C-C-H 乙醛

乙酰COA

3-羟基丁酮   双乙酰   乙醇 H_3C-CH_2OH

图 10-41 乳酸发酵产生的主要香气物质

10.4.5 食物调香

食物的调香主要是通过使用一些香气增强剂或异味掩蔽剂来显著增加原有食品的香气强度或掩蔽原有食品具有的不愉快的气味。香气增强剂的种类很多,但广泛使用的主要是 L-谷氨酸钠、5′-肌苷酸、5′-鸟苷酸、麦芽酚和乙基麦芽酚。香气增强剂本身也可以用作异味掩蔽剂,除此之外使用的异味掩蔽剂还很多,如在烹调鱼时,添加适量食醋可以使鱼腥味明

显减弱。

另外，许多食品也是通过外加增香剂或其他方法（如烟熏法）使香气成分渗入到食品的表面和内部而产生香气的。

10.5 食品加工过程中的香气控制

食品加工是一个复杂的体系，其中伴有食物形态、结构、质地、营养和风味的复杂变化，在这些变化后面发生着极其复杂的物理化学变化。以食品加工过程中食物的香气变化为例，有些食品加工过程能极大地提高食品的香气，如花生的炒制、面包的焙烤、牛肉的烹调以及油炸食品的生产，同时有些食品加工过程又伴随着食品香气的丢失或不良气味的出现，如巴氏杀菌（pasteurisation）、果汁的蒸煮味、常温储藏绿茶的香气劣变、蒸煮牛肉的过熟味以及脱水制品的焦糊味的出现等。任何一个食品加工过程总是伴有或轻或重的香气变化（生成与损失），因此，在食品加工中如何控制食品的香气生成与减少香气损失就非常重要。

10.5.1 原料的选择

影响一个食品香气的因素众多。其中之一就是加工或储藏食品所使用的原料。不同属性（种类、产地、成熟度、新陈状况以及采后情况）的原料有截然不同的香气。甚至同一原料的不同品种的香气差异都可能很大。研究表明，呼吸高峰期采收的水果其香气比呼吸高峰前采收的要好很多。所以，选择合适的原料是确保食品具备良好香气的一个途径。

10.5.2 加工工艺

食品加工工艺对食品香气形成的影响是重大的。同样的原料经不同工艺加工可以得到香气截然不同的产品，尤其是食品加工工艺中的加热工艺。对比经超高温瞬时杀菌（ultra-high temperature sterilization）、巴氏杀菌和冻藏的苹果汁的香气，发现冻藏果汁气味保持最好，其次是超高温瞬时灭菌，而巴氏灭菌的果汁有明显的异味。在绿茶炒青茶中，有揉捻工艺名茶常呈清香型，无揉捻工艺的名茶常呈花香型，揉捻茶中多数香气成分低于未揉捻茶，尤其是顺-3-己烯醇和萜烯醇等。杀青和干燥是炒青绿茶香气形成的关键阶段。适度摊放能增加茶叶中主要呈香物质游离态的含量。不同干燥方式对茶叶香气的影响是明显的。

10.5.3 储藏条件

茶叶在储存过程中会发生氧化而导致品质劣变，如陈味产生，质量下降。气调储藏的苹果其香气比冷藏的苹果要差。而气调储藏后将苹果置于冷藏条件下继续储藏约半个月其香气与一直在冷藏条件下储藏的苹果无明显差异。超低氧环境对保持水果的硬度等非常有利，但往往对水果香气的形成有负面影响。在不同储藏条件下储藏，水果中的呈香物质的组成模式也会不同，这主要是不同的储藏条件选择性地抑制或加速了其中的某些香气形成途径的结果。

10.5.4 包装方式

包装方式对食品香气的影响主要体现在两个方面，一是通过改变食品所处的环境条件，进而影响食品内部的物质转化或新陈代谢而最终导致食品的香气变化；其次是不同的包装材料对所包装食品香气的选择性吸收。有意思的是，包装方式会选择性影响食品的某些代谢过程，如不同类型套袋的苹果中醛、酮、醇类香气物质没有明显差异，而双层套袋的苹果中酯类的含量偏低。包装方式对茶品质保存的影响研究发现储存 2 个月后，脱氧、真空及充氮包装都可有效地减缓茶品质劣变。而对油脂含量较高的食品密闭、真空、充氮包装对其香气劣变有明显的抑制作用。不同包装材料对香气成分的不同吸附能力也是影响食品香气的一个重要方面。当然目前采用的活性香气释放包装方式也是改良或保持食品香气的一个有效途径。

10.5.5　食品添加物

有些食品成分或添加物能与香气成分发生一定的相互作用。如蛋白质与香气物质之间有较强的结合作用。所以，新鲜的牛奶要避免与异味物质接触，否则这些异味物质会被吸附到牛奶上而产生不愉快的气味。β-环糊精具有特殊的分子结构和稳定的化学性质，不易受酶、酸、碱、光和热的作用而分解，可包埋香气物质，减少其挥发损失。因此采用 β-环糊精、糊精、麦芽糊精、可溶性淀粉等对产品增香的效果表明，香气能够持久，并且添加这类物质还可掩饰产品的不良气味。

思考题

1. 味觉感觉的生理基础是什么？
2. 说明味觉各阈值的含义。
3. 简述味的相互作用含义并举例说明。
4. 简述各甜味学说。
5. 针对不同的味觉类群，分别列举 3~5 种不同的代表物质。
6. 食品风味物质有哪些？有什么特点？
7. 嗅感物质的一般特征有哪些？
8. 食品中风味物质形成的途径有哪些？
9. 食品加工、储存过程中哪些操作或因素会影响其风味？

参 考 文 献

[1] 赵俊芳.食品化学[M].北京：中国科学技术出版社，2012.

[2] 阚建全，段玉峰，姜发堂.食品化学[M].北京：中国计量出版社，2009.

[3] 汪东风.食品化学[M].北京：化学工业出版社，2014.

[4] 丁芳林.食品化学[M].武汉：华中科技大学出版社，2010.

[5] 迟玉杰.食品化学[M].北京：化学工业出版社，2012.

[6] 谢明勇.食品化学[M].北京：化学工业出版社，2012.

[7] 陈福玉，叶永铭，庞彩霞.食品化学[M].北京：中国质检出版社，2012.

[8] 杨玉红.食品化学[M].北京：中国轻工业出版社，2012.

[9] 夏红.食品化学[M].第2版.北京：中国农业出版社，2008.

[10] 程云燕，麻文胜.食品化学[M].北京：科学出版社，2008.

[11] 石阶平，霍军生.食品化学[M].北京：中国农业大学出版社，2008.

[12] 李凤玉，梁文珍.食品分析与检验[M].北京：中国农业大学出版社，2009.

[13] 吴俊明.食品化学[M].北京：科学出版社，2004.

[14] 杜克生.食品生物化学[M].北京：中国轻工业出版社，2009.

[15] 赵新准.食品化学[M].北京：化学工业出版社，2005.

[16] 葛宇.食品中人工合成色素使用法规及检测标准进展[J].质量与标准化，2011，(9)：31-35.

[17] 马永昆，刘晓庚.食品化学[M].南京：东南大学出版社，2007.

[18] 夏延斌.食品化学[M].北京：中国轻工业出版社，2001.

[19] 李培青.食品生物化学[M].北京：中国轻工业出版社，2007.

[20] 谢笔钧.食品化学[M].北京：科学出版社，2004.

[21] 徐玮，汪东风.食品化学实验与习题[M].北京：化学工业出版社，2008.

[22] 季鸿昆.烹饪化学[M].北京：中国轻工业出版社，2008.

[23] 管斌，林宏主编.食品蛋白质化学[M].北京：化学工业出版社，2005.

[24] 孙远明等.食品营养学[M].北京：中国农业大学出版社，2006.

[25] 黄晓玉，刘邻渭.食品化学综合实验[M].北京：中国农业大学出版社，2002.

[26] 矫秀燕.我国动物性食品中兽药残留的现状、问题及对策[J].中国畜牧兽医文摘，2017，33(1)，28.

[27] 李亚辉.动物性食品中兽药残留的危害及其原因分析[J].中国畜牧兽医文摘，2016，32(11)，45.

[28] 崔金梅，高丽华，刘婷.食品中4-甲基咪唑的分析方法[J].中国酿造，2016，35(11)，7-13.

[29] 陈芳，袁媛，刘野，胡小松.食品中丙烯酰胺的研究进展[J].中国粮油学报，2016，21(2)，129-133.

[30] 熊岑，李苑雯，郑彦婕，李卫岗，黎永乐，曾泳艇.静电场轨道阱质谱分析技术在食品分析中的应用进展[J].食品科学，2015(36)，13，283-287.

[31] David E. N. Food Chemistry[M].Fects on File Inc，2007.

[32] 罗伯特·J.怀特赫斯特(Robert J. Whitehurst)，马尔滕·范·奥乐特(Maarten van Oort).酶在食品加工中的应用[M].上海：华东理工大学出版社，2017.

[33] 巴延德尔勒，叶兴乾，孙玉敬.酶在果蔬加工中的应用[M].北京：中国轻工业出版社，2015.

[34] 赵学超.酶在食品加工中的应用[M].上海：华东理工大学出版社，2017.

[35] 陈清西.酶学及其研究技术[M].厦门：厦门大学出版社，2015.

[36] 邱松山，王彦安，林梦红，姜翠翠，李春海.发酵荔枝渣制备微生物油脂[J].食品与发酵工业，2015，41(8)：117-122.

[37] 马正智，胡国华，方国生.我国溶菌酶的研究与应用进展[J].中国食品添加剂，2007，(2)：177-182.

[38] 周济铭.酶工程[M].北京：化学工业出版社，2008.

[39] 陈守文. 酶工程[M]. 北京：科学出版社，2015.

[40] 袁勤生，吴梧桐. 酶类药物学[M]. 北京：中国医药科技出版社，2011.

[41] 梅乐和，岑沛霖. 现代酶工程[M]. 北京：化学工业出版社，2008.

[42] 郭勇. 酶工程[M]. 北京：中国轻工业出版社，1999.

[43] 胡爱军，郑捷. 食品工业酶技术[M]. 北京：化学工业出版社，2014.

[44] 何晓梅，张颖，武丽. 酶在速溶茶加工工艺中的应用[J]. 茶叶，2013，39(3)：127-129.

[45] 付赢萱，刘通讯. 多酚氧化酶对普洱茶渥堆发酵过程中品质变化的影响[J]. 现代食品科技，2015，(3)：197-201.

[46] 武永福，张宁. 酶在速溶绿茶浸提中的应用研究[J]. 粮油加工，2010，10：105-108.

[47] 刘欣. 食品酶学[M]. 北京：中国轻工业出版社，2006.

[48] 郭勇. 酶工程原理与技术(第2版)[M]. 北京：高等教育出版社，2010.